T0074346

Nutzen statistisch-stochastischer Modelle in der Kanalzustandsprognose

Andrzej Raganowicz

Nutzen statistisch-stochastischer Modelle in der Kanalzustandsprognose

Methoden, Modelle und wasserwirtschaftliche Anwendung

Andrzej Raganowicz
Zweckverband zur Abwasserbeseitigung im
Hachinger Tal
München, Deutschland

ISBN 978-3-658-16116-3 ISBN 978-3-658-16117-0 (eBook)
DOI 10.1007/978-3-658-16117-0

Die Deutsche Nationalbibliothek verzeichnet diese Publikation in der Deutschen Nationalbibliografie; detaillierte bibliografische Daten sind im Internet über http://dnb.d-nb.de abrufbar.

Springer Vieweg

Gedruckt auf säurefreiem und chlorfrei gebleichtem Papier

Springer Vieweg ist Teil von Springer Nature
Die eingetragene Gesellschaft ist Springer Fachmedien Wiesbaden GmbH
Die Anschrift der Gesellschaft ist: Abraham-Lincoln-Str. 46, 65189 Wiesbaden, Germany

Vorwort

Im Rahmen dieser Monographie werden statistisch-stochastische Modellierungen des technischen Zustands einer Kanalisation präsentiert. Die untersuchte Anlage entwässert im Trennsystem drei am südöstlichen Rand von München im Einzugsgebiet des Hachinger Bachs gelegene Kommunen: Oberhaching, Taufkirchen und Unterhaching. Diese Untersuchungen basieren auf zwei kompletten optischen Inspektionen, die der Zweckverband zur Abwasserbeseitigung im Hachinger Tal (Betreiber dieses Kanalnetzes) in den Zeiträumen von 1998 bis 2001 und 2009 bis 2013 durchführte. Die TV-Inspektionen umfassten die Betonkanäle DN 600/1100 mm, DN 800/1200 mm und DN 900/1350 mm, Steinzeugkanäle DN 200–400 mm sowie Grundstücksanschlüsse DN 150 mm. Bei den statistisch-stochastischen Modellierungen wurde der Einfluss des Rohrwerkstoffs, des Grundwassers und der Gründungstiefe auf den technischen Zustand der Abwasserkanäle anschaulich verdeutlicht. Um die Kanalzustandsanalyse zu vereinfachen, wurde ein kritischer technischer Zustand definiert. Er beschreibt den Übergang der Kanäle vom Reparatur- zum Sanierungszustand, der für den Kanalbetrieb sehr bedeutsam ist.

Im Anfangsabschnitt wird auf den Übergang von den ältesten Kanalisationen zum modernen Kanalbetrieb Bezug genommen und ein kurzer Abriss der westlichen Abwasserbeseitigung gegeben. Anschließend werden die bekanntesten Zustandsprognosen für Kanal- und Wassernetze unter Berücksichtigung der technisch-ökonomischen Aspekte und eigener Untersuchungsmethodik präsentiert.

Die statistische Modellierung des kritischen Zustands von öffentlichen Kanälen, die das Hachinger Tal entwässern, basiert auf der zweiparametrigen Weibull-Verteilung. Die Weibull-Parameter wurden nach der vertikalen Momentmethode geschätzt. In dieser Untersuchungsphase wurde der Einfluss des Rohrwerkstoffs, des Grundwassers sowie der Gründungstiefe auf den kritischen Zustand der Kanäle analysiert.

In der nächsten Phase basierte die Modellierung des kritischen Zustands der Kanäle ebenfalls auf der Weibull-Verteilung und Momentmethode. Die Schätzung der Weibull-Parameter wurde jedoch mithilfe der mathematischen Simulationen nach der Monte-Carlo-Methode durchgeführt. Die Kombination der Weibull-Verteilung mit der Monte-Carlo-Methode erlaubte, die vorhandenen Stichproben beliebig zu erweitern und dadurch sicherere Untersuchungsergebnisse zu gewinnen. Die Anwendung der Monte-Carlo-Methode verlangte sehr lange Ketten von Pseudozufallszahlen, die sich nicht wiederholen. Für diese Zwecke wurde der Generator der gleichverteilten Zufallszahlen – „multiplicative linear congruential generator“ – verwendet. Alle Berechnungs- und Simulationsalgorithmen sind vom Autor ausgearbeitet und basieren auf dem Programm EXCEL 2010.

Die vorgeschlagene Untersuchungsmethodik erwies sich als ein effektives Verfahren für die Kanalzustandsprognose. Sie ermöglichte es, eine repräsentative Analyse der baulich-betrieblichen Kanalkondition durchzuführen und basierend auf dieser den notwendigen Sanierungsumfang festzulegen.

Die Population der empirischen Daten garantiert, dass die Modellierungsergebnisse als maßgebend zu betrachten sind. Die Vielseitigkeit und Universalität der vorgeschlagenen Untersuchungsmethodik kann bei der Lösung vieler wasserwirtschaftlicher Probleme vorteilhaft sein.

München, 2016 Andrzej Raganowicz

Symbolverzeichnis

a Konstanter Wert des Zufallszahlgenerators
A_j Kriterium der Kanalzuverlässigkeit
b Formparameter der Weibull-Verteilung
$\hat{b}$ Formparameter der Weibull-Verteilung nach beliebiger Schätzungsmethode
B Breite einer Altersgruppe von Kanalhaltungen
BP Bewertungspunkte
BP_j Bewertungspunkte für Kriterium j
BZ Bewertungszahl
c Konstanter Wert des Zufallszahlgenerators
CzU Schadenshäufigkeit
D Länge des Kanalnetzes in Metern
D^- Negativer Abstand zwischen empirischer und theoretischer Verteilungsfunktion
D^+ Positiver Abstand zwischen empirischer und theoretischer Verteilungsfunktion
D_i Länge der Haltung i in Metern
D_{kryt} Kritischer Abstand zwischen der empirischen der theoretischen Verteilungsfunktion
D_{max} Maximaler Abstand zwischen der empirischen und der theoretischen Verteilungsfunktion
DU Schadensläge bezogen auf die Haltungslänge
$E(T^k)$ Funktion, die den Moment k schätzt
$f(t)$ Dichtefunktion
$f^*(t)$ Empirische Dichtefunktion
F^{-1} Umgekehrte Verteilungsfunktion
F_j Faktor für Kriterium j
$F(t)$ Theoretische Verteilungsfunktion
$F^*(t)$ Empirische Verteilungsfunktion
$F(t)_{\mathrm{W}}$ Verteilungsfunktion nach Weibull
g_j Gewicht der Schicht j
G Gründungstiefe des Kanals
h_{rel} Ausfallhäufigkeit für Altersgruppe i
H Hydraulikfaktor

H_0	Null-Hypothese
H_1	Konvergenzhypothese
$H(m)$	Summe der Ausfallhäufigkeit
HZ	Haltungszahl
$\mathrm{HZ}_{\mathrm{endg}}$	Endgültige Haltungszahl
i	Natürliche Zahlen $1, 2, \ldots, n$
INT	Integer-Funktion, die Nachkommastellen eliminiert, z. B. INT(2,9) = 2
K_{ij}	Vorläufige Zustandsklasse einer Kanalhaltung
KA_f	Kanalartfaktor
L_i	Länge der Haltung in Metern
L_{ges}	Gesamtlänge der untersuchten Haltungen in Metern
m	Konstanter Wert des Zufallszahlgenerators
m_k	Moment k einer empirischen Verteilung
M	Gefördertes Medium
M_k	Moment k einer theoretischen Verteilung
n	Stichprobenumfang
n_i	Umfang Altersgruppe i
n_j	Anzahl der Randbedingungen
n_k	Empirisches Moment k
N	Umfang einer großen Stichprobe
N_j	Umfang der Schicht j
OH	hydraulische Belastung des Kanalnetzes
OL	Länge einer Kanalhaltung in Metern
p	Populationsanteil der Grundgesamtheit
p_j	Anteil der Schicht j
PG	Untergrundfaktor
Q	Abwasserfaktor
$R(t)$	Theoretische Zuverlässigkeitsfunktion
$R^*(t)$	Empirische Zuverlässigkeitsfunktion
R_{jk}	Randbedingung
RS	Faktor der Abwasserart
SC	Schutzzone
SD	Schadensdichte
SL	Schadenslänge in Metern
SD_j	gewichtete Schadenshäufigkeit
SO	Wasserschutzzone
SR_f	Schutz-/Rechtsfaktor
SYH	Systemzahl
SYL	Systemzahl des Kanalnetzes
SZ	Sanierungspriorität
t	Kanalalter in Jahren
$\bar{t}$	Mittelwert des Kanalalters in Jahren

t^{k*}	Simuliertes Kanalalter in Jahren
t_m	Summe von Differenzen $(t_i - t_{i-1})$ für $i = 1, 2, \ldots, n$
$t_{\max}$	Maximales Kanalalter in Jahren
$t_{\min}$	Minimales Kanalalter in Jahren
t_n	Zeitpunkt des Übergangs in eine schlechtere Zustandsklasse
T	Charakteristische Lebensdauer der Weibull-Verteilung in Jahren
$\hat{T}$	Charakteristische Lebensdauer der Weibull-Verteilung nach beliebiger Schätzungsmethode in Jahren
U	Gleichverteilte Zufallszahlen
UG	Untergrund
U^{k*}	Gleichverteilte Zufallszahlen aus dem Bereich (0,1)
V_1, V_2	Faktoren der vertikalen Momentmethode
WG	Abstand zwischen Grundwasserspiegel und Kanalsohle in Metern
x	Zufallszahl
xx_l	Zwei letzte Stellen der Kanalzustandsbewertung
Y	Werte der umgekehrten Verteilungsfunktion
z	Normalverteilte Zufallszahlen
ZK_f	Zustandsklassenfaktor
ZP	Zustandspunkte
ZP_0	Vorläufige Zustandspunkte bezogen auf eine Zustandsklasse
ZP_j	Zustandspunkte eines Kanalzustands
ZP_{zj}	Zusätzliche Zustandspunkte eines Kanalzustands
α	Irrtumswahrscheinlichkeit
ΔK_i	Vertrauensbereich für die angenommene Irrtumswahrscheinlichkeit
ΔL_i	Schadenslänge in Metern
λ	Formparameter der Exponentialverteilung
$\lambda(t)$	Ausfalldichte
π_o, π_u	Obere und untere Grenze des Vertrauensbereichs

Inhaltsverzeichnis

1 Einführende Informationen

Die Kanalisation stellt die wichtigste und teuerste Komponente der städtischen Infrastruktur dar, die seit Tausenden von Jahren die Entwicklung großer und kleiner menschlicher Siedlungen stimuliert. Die archäologischen Ausgrabungen liefern materielle Beweise, dass gut entwickelte Wasserversorgungs- sowie Wasserentsorgungssysteme aus der Zeit um 3500 v. Chr. stammen. In der Antike, etwa 500 v. Chr., entstanden die zwei größten und bekanntesten Entwässerungsbauwerke – die Cloaca Maxima in Rom und das Great Drain in Athen. Die beiden Abwassersysteme sind bis heute teilweise in Betrieb.

Im Mittelalter kümmerten sich die Menschen nicht sonderlich um ein hygienisches Ableiten des Schmutzwassers. Ein Umdenkprozess fand in der Zeit der technischen Revolution und der rapiden Entwicklung der großen europäischen Städte statt. Die Anfänge der modernen Stadtentwässerung in Europa liegen in der ersten Hälfte des 19. Jahrhunderts. In allen historischen Zentren von europäischen Städten werden Kanalnetze betrieben, die vor 150–200 Jahren erbaut worden sind.

1.1 Meilensteine der Stadtentwässerungsgeschichte

Die ältesten Funde von Abwasserentsorgungssystemen stammen aus der nordsyrischen Ortschaft Habuba Kariba am Oberlauf des Euphrat [1]. Diese Stadt hatte ihre Glanzzeit für etwa 150 Jahre zwischen 3500 und 3000 v. Chr. Die deutschen Archäologen fanden in den 70er-Jahren des letzten Jahrhunderts Wasserversorgungs- sowie Wasserentsorgungsleitungen. Die größeren Kanäle wiesen einen rechteckigen Querschnitt auf, bestehend aus einer Sohle und zwei Seitenwänden. Diese Konstruktion hatte eine solide Bettung, die sich aus einer Kiesschicht und zwei gestampften Lagen aus einem Stroh-Häcksel-Lehm-Gemisch zusammensetzte. Die kleineren Kanäle stellten eine perfekte Lösung in Form von Muffenrohrleitungen aus gebranntem Ton dar. Jedes Rohr hatte ein weites und ein enges Ende, sodass die Spitze in die Muffe eingesteckt werden konnte. Diese zwei Leitungstypen waren miteinander kombiniert.

A. Raganowicz, *Nutzen statistisch-stochastischer Modelle in der Kanalzustandsprognose*,
DOI 10.1007/978-3-658-16117-0_1

Eine der größten antiken Kanalisationen ist das Athener Great Drain [1]. Die Anfänge dieses Entwässerungssystems im Bereich der Athener Agora sind auf das 5. Jahrhundert v. Chr. zurückzuführen. Die Konstruktion dieses Kanals hat eine Höhe von einem Meter und wurde aus Bruchsteinen sowie Steinplatten gebaut. Im Lauf der Zeit bekam dieser Sammler viele Zuläufe für Regen- und Schmutzwasser von den bebauten Flächen. Der Bau des Great Drain begleitete die städtische Entwicklung, sodass die antike Stadt Athen einen großen zivilisatorischen Fortschritt erreichte.

Die römische Cloaca Maxima ist schon über 2500 Jahre alt – und heute zum Teil immer noch in Betrieb. Die Anfänge der Abwasserentsorgung der Stadt Rom führen in die etruskische Zeit zurück. Der König Tarquinius Priscus (6. Jahrhundert v. Ch.) begann mit der Entwässerung von Flussniederungen nahe des späteren Forum Romanum [1]. Dort wurde ein großer unterirdischer Kanal, die Cloaca Maxima, gebaut. Sie leitete das Regen- und Schmutzwasser aus den zwei römischen Hügeln Campidoglio und Palatino. Die Cloaca Maxima folgte einem natürlichen und später kanalisierten und begradigten Gewässerlauf, der in den Tiber mündete (Abb. 1.1). Nach dem Jahr 200 v. Chr. bekam der offene Graben ein Gewölbe. Die Abmessungen der römischen Cloaca Maxima betragen bis zu drei Meter Breite und mehr als vier Meter Höhe (Abb. 1.2). Das größte Teil dieses Bauwerks besteht aus Tuff- und Kalksteinblöcken. Die Fugen zwischen Tuffblöcken wurden nicht mit einem Mörtel verfugt, sondern einzelne Blöcke verbanden eiserne Schnallen mit einer Bleibeschichtung. Eine ähnliche Bautechnik wurde bei der Errichtung des Kolosseums (70–80 n. Chr.) angewendet.

Im Mittelalter kümmerten sich die europäischen Stadtverwaltungen kaum um eine hygienische Abwasserbeseitigung. Deshalb ist besonders zu betonen, dass die Ritter des

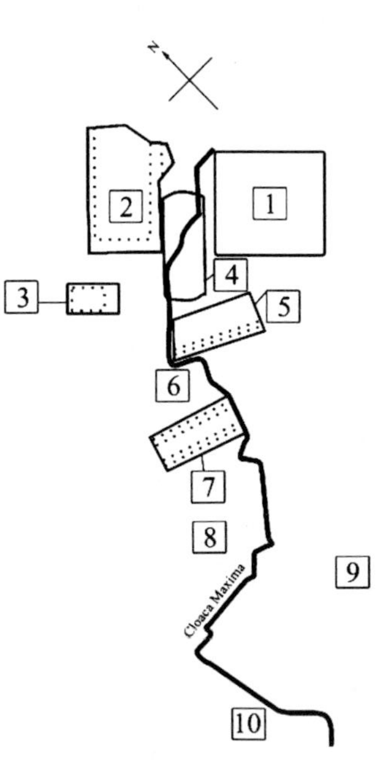

Abb. 1.1 Die Trasse der antiken Cloaca Maxima [1]. *1* Tempio della Pace, *2* Foro di Augusto, *3* Foro die Cesare, *4* Foro die Nervax, *5* Basilica Emilia, *6* Basilica Giulia, *7* Foro Romano, *8* Velabro, *9* Palatino, *10* Foro Boaria

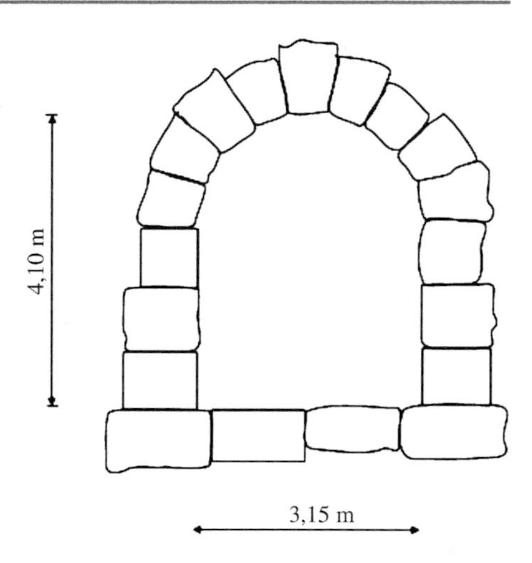

Abb. 1.2 Querschnitt der antiken Cloaca Maxima [1]

Deutschen Ordens in den von ihnen gebauten Städten und Schlössern moderne abwassertechnische Infrastrukturen einführten. Manche von Rittern des Deutschen Ordens gebaute Entwässerungssysteme, wie die Kanalisation der Stadt Rössel (Ostpreußen, Polen) aus dem 14. Jahrhundert, sind noch heute im Betrieb [2].

Ein großer Umdenkprozess fand nach vielen hundert Jahren in der ersten Hälfte des 19. Jahrhunderts statt. Die technische Revolution führte zur dynamischen Entwicklung der europäischen Großstädte, die plötzlich enorme Mengen von Arbeitskräften benötigten. Die vorhandenen unhygienischen Entwässerungssysteme waren nicht im Einklang mit der urbanen Entwicklung und verursachten wiederkehrende Epidemien. Daher waren die europäischen Stadtverwaltungen dazu gezwungen, moderne Abwasserbeseitigungssysteme zu planen und zu bauen. Die Vorreiterrolle übernahmen die Städte London und Paris. Die erste Stadt im kontinentalen Europa, die schon im Jahr 1871 über eine Wasserversorgung sowie eine Abwasserbeseitigung mit einer Kläranlage verfügte, war jedoch die Stadt Danzig [3, 4]. Beim Danziger Konzept ist die Komplexität der Wasser-Abwasser-Investition zu bewundern. Sie bestand aus einer Trinkwasserfassung (Drainagesystem in Danzig Prangenau), einem Wassernetz, einem Mischwasserkanalnetz, einer zentralen Pumpstation auf der Insel Kämpe und einer Kläranlage in Form der Rieselfelder in Danzig Heibuden. Die Oberkante der aktiven Filtrationsfläche war auf der Höhe von 3,0 m ü. NN, wobei der Grundwasserspiegel zwischen 1,5 und 2,5 m ü. NN schwankte. Im Untergrund der Rieselfelder befanden sich lockere Meeressande mit der Korngröße von 0,1 bis 0,5 mm. Die Filtrationsfläche betrug in der Anfangsphase 180 ha und wurde nach ein paar Jahren um 140 ha erweitert.

Die Stadt Hamburg war die erste deutsche Stadt, die schon im Jahr 1853 über ein gut ausgebautes Wasser-Abwasser-System verfügte. Die beiden Netze entwarf Wiliam Lindley (1808–1900), der die Bauarbeiten auch persönlich überwachte. In den Jahren 1871–1875 wurde in Hamburg ein Kollektor verlegt, der die Abwässer aus dem rechten Ufer der

Stadt sammelte und in die Elbe einleitete. Im Jahr 1863 fing die Stadt Frankfurt am Main mit dem Entwurf und dem Bau einer Abwasserkanalisation an.

Eine Expertengruppe unter Leitung von Dr. Virchow unterbreitete 1872 Vorschläge dazu, wie die hygienischen Missstände in Berlin beseitigt werden sollten. Schon 1873 begann James Hobrecht mit dem Bau einer Abwasserkanalisation. Die Stadt wurde in zwölf Radialsysteme unterteilt, die an den Tiefpunkten die Pumpstationen für Mischwasser erhielten. Diese Bauwerke transportierten das Abwasser aus der Stadt heraus und leiteten dieses auf die Rieselfelder. Im Jahr 1889 waren bereits eine Million Einwohner an dieses Abwassersystem angeschlossen.

Viele europäische Städte betreiben moderne Abwassersysteme, deren älteste Fragmente aus der ersten Hälfte des 19. Jahrhunderts stammen. Sie sind nach dem 150–200-jährigen Dienst teilweise sanierungsbedürftig, aber sie weisen häufig einen besseren technischen Zustand als die Leitungen aus den 1970er- und 1980er-Jahren auf. Diese historischen Bauwerke bilden heutzutage eine faszinierende unterirdische Welt, die in der ursprünglichen Form erhalten bleiben sollte. Die Betreiber der alten Kanalisationen müssen sich die Sanierung jeder historischen Haltung sehr sorgfältig überlegen, bevor diese schönen Bauwerke mit einem Kunststoff-Liner abgedeckt werden. Die modernen Baustoffe erlauben, was selten wirtschaftlich ist, solche Kanäle zu reparieren, ohne die vorhandene Bausubstanz zu verändern.

1.2 Hintergründe zu Netzbetrieb und Sanierungsentscheidung

1.2.1 Verwaltung, Unterhalt, Sanierung und Ausbau des Kanalnetzes – State of the Art

Das Ziel des Kanalbetriebs ist die Funktionsfähigkeit des Netzes. Das bedeutet, dass die Abwasserleitungen in der Lage sein müssen, gewisse Mengen von Abwasser von Punkt A nach Punkt B zu transportieren. Um funktionsfähig zu sein, müssen die Kanäle zudem dicht und standsicher sein. Die Standsicherheit ist im Arbeitsblatt ATV-A 127 [5], die Dichtheit in der DIN EN 1610 [6] definiert. Aus rechtlicher Sicht ist die Standsicherheit besonders wichtig. Im Zeitraum der Lebensdauer müssen die Kanäle diese Forderung erfüllen. Die rechtliche Verantwortung für den Zustand trägt der Kanalnetzbetreiber. Undichte Kanäle, die im Schwankungsbereich des Grundwassers fungieren, tragen zu Erhöhung der Betriebskosten bei. Sie belasten hydraulisch die Pumpwerke und die Kläranlage und beeinflussen die Reinigungsprozesse negativ. In besonderen Fällen können sie auch bauliche Katastrophen verursachen. Bei den Abwasserexfiltrationen sind die Verunreinigungen des Bodens und des Grundwassers zu erwarten [7–9].

► **Fazit** Die Kanäle müssen im Rahmen der technischen Lebensdauer funktionsfähig, dicht und standsicher sein – eine anspruchsvolle und interdisziplinäre Aufgabe. Ihre Bewältigung bereitet Probleme, weil die Abwassersysteme einem komplizierten und unregelmäßigen Alterungsprozess unterliegen [10].

Der technische Zustand von Abwasserkanälen ist abhängig von vielen Faktoren. Zu ihnen zählen die Qualität der Planung, die Herstellung der Rohre, die Ausführung, der Betrieb, die inneren und äußeren Belastungen, die Untergrundverhältnisse und die Eigenschaften des Abwassers. Eine weitere wichtige Rolle spielt der Zeitpunkt der Kanalverlegung. Von den vielen Faktoren hat der Betrieb einen entscheidenden Einfluss auf den technischen Zustand von Abwasserkanälen. Die moderne Exploitation eines Kanalsystems stellt einen interdisziplinären Zweig der technischen Wissenschaft dar und umfasst die Bereiche Verwaltung, Unterhalt, Sanierung und Ausbau des Netzes.

Die Verwaltung befasst sich mit der Erstellung von Haushaltsplänen, Gebührenkalkulationen, Analysen der Kosten und des Vermögens sowie der Bereitstellung von Finanzmitteln für Investitionen. Zu den Aufgaben des Kanalunterhalts gehören Hochdruckreinigung, einfache Sichtprüfung, Monitoring, Pflege und Aktualisierung der Kanaldatenbank sowie Reparaturmaßnahmen. Die Kanalsanierung (Renovierung) ist ein neues Gebiet der Bautechnik. Die ersten Versuche der Kanalsanierung wurden in den 1960er-Jahren durchgeführt. Im Jahr 1971 sanierte Eric Wood erfolgreich im Londoner Viertel Hackney mithilfe eines Liners (Inliner) eine Kanalhaltung aus Beton DN 600/1170 mm, die eine Länge von 70 m aufwies [11]. Diese Sanierungstechnik basierte auf dem Einsatz eines 9 mm dicken Nadelfilzschlauchs, dem ein loser Folienschlauch inne lag. Der Nadelfilzschlauch wurde mit ungesättigtem Polyesterharz (UP-Harz) getränkt und mit einer Winde in die zu sanierende Kanalhaltung eingezogen. Anschließend wurde der Schlauch mit Druckluft aufgestellt und bei Umgebungstemperatur ausgehärtet. Auf diese Weise entstand ein Rohr aus Kunststoff im Altrohr. Für die Betreiber war die Lebensdauer von solchen Produkten von großer Bedeutung. Anhand der entnommenen Materialproben und der Langzeitversuche wurde die Lebensdauer von Linern festgelegt. Man kann davon ausgehen, dass diese Konstruktionen 40–50 Jahre betrieben werden können. Inzwischen hat die Sanierungsbranche große Fortschritte gemacht, sodass diese Technologien ein relativ hohes technisches Niveau erreicht haben.

Die Instandhaltung von Abwasserkanälen mithilfe eines Liners ist heutzutage die populärste Technik. Sie hat viele Vorteile gegenüber anderen Methoden. Überzeugend ist das finanzielle Argument, weil die Kosten der Liner-Technik um etwa 50 % günstiger als die eines Ausbaus sind [12]. Das nächste Argument ist der grabenlose Charakter der Sanierung, was für die innenstädtischen Bereiche eine besonders große logistische Bedeutung hat [13, 14]. Bei der Planung von Sanierungsarbeiten sind die lokalen Randbedingungen, die Eigenschaften des Abwassers, die Güteklasse des Vorfluters sowie die spezifischen Anforderungen des Betreibers zu berücksichtigen. Die Linertechnologien haben konkrete Anwendungsgrenzen, die nicht überschritten werden sollten. Wenn die Voraussetzungen für eine Sanierungsmaßnahme nicht erfüllt sind, besteht fast immer die Möglichkeit, die betroffene Leitung zu erneuern. Der Neubau ist die sicherste und teuerste Sanierungsmethode. Eine interessante grabenlose Technik der Erneuerung als Alternative für den konventionellen Ausbau bietet die Berstliner-Methode [15]. Dieses Verfahren bricht die alte Rohrleitung auf und verdrängt sie in den umgebenden Untergrund. Gleichzeitig wird ein neues Rohr gleicher oder größerer Nennweite eingezogen. Je nach Krafteinleitung

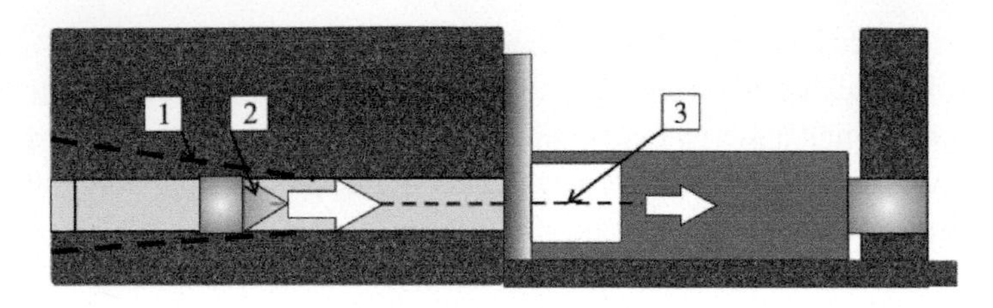

Abb. 1.3 Schematische Darstellung des statischen Berstlining-Verfahrens. *1* Altrohr, *2* Berstkörper, *3* Seil [15]

unterscheidet man zwischen dem dynamischen und dem statischen Berstliner. Beim dynamischen Berstliner unterstützt eine Seilwinde Berst- und Einziehvorgang. Als Verdrängungskörper dient ein druckluftbetriebener Bersthammer. Die Rammenergie wird auf die Altrohrleitung übertragen, sodass diese aufgebrochen wird. Beim statischen Berstliner findet die Krafteinleitung hydraulisch über ein Gestänge statt. Das leiterartig verbundene Gestänge zieht einen Berstkörper durch das alte Rohr, zerstört es und führt zugleich das neue Rohr ein. Das statische Berstlining-Verfahren für Leitungen DN 80–500 mm wird schematisch in Abb. 1.3 aufgezeigt.

Der letzte Bereich des Betriebs ist der Ausbau des bestehenden Kanalnetzes. Für den Neubau der Abwasserkanäle existieren grundsätzlich zwei Verfahren – die konventionelle Verlegung der Rohre im Rohrgraben und die grabenlose Bauweise. Die grabenlosen Verfahren werden aufgrund der technischen Vorteile v. a. in dicht bebauten Stadtzentren angewendet. Sie haben sich in Deutschland aufgrund der relativ hohen Kosten noch nicht etablieren können. Eine interessante Alternative zum konventionellen Verfahren stellt die Flüssigbodentechnik dar. Bei dem Verfahren wird die Leitungszone oder der komplette Rohrgraben mit dem sog. Flüssigboden verfüllt. Dieses Füllmaterial setzt sich aus Wasser, Zuschlagstoffen mit entsprechender Korngröße, Plastifikatoren und Bindemitteln zusammen. Aus diesen Komponenten entsteht eine fließfähige, selbstverdichtende Bindemittelsuspension (ein feinkörniger Porenleichtbeton). Nach der Aushärtung weist dieses Material interessante bauphysikalische Eigenschaften auf. Die Anwendung von Flüssigboden erlaubt, eine gleichmäßige Verdichtung der Leitungszone (optimale Bettung der Rohrleitung) zu erreichen [16]. Die Suspension kann in einem Werk hergestellt und anschließend mit Fahrmischer an die Baustelle geliefert werden. Es besteht außerdem die Möglichkeit, dieses Produkt direkt vor Ort auf Basis des Rohrgrabenaushubs herzustellen.

1.2.2 Motivation der Untersuchungen

Die durchgeführte Analyse zeigt, dass die Sanierung eine wichtige und teure Komponente des Kanalbetriebs darstellt. Aus diesem Grund ist es entscheidend, bei der Analyse des Kanalzustands die Grenze festzulegen, ab der die Sanierungsmaßnahmen notwendig sind. Diese Kenntnis ermöglicht, das Sanierungsvolumen und den Finanzbedarf zu bestimmen und dadurch eine schnellere Kanalnetzalterung zu vermeiden. Gemäß der Schadenstheorie ist eine Kanalhaltung sanierungsbedürftig, wenn eine rapide Entwicklung der dokumentierten Schäden zu erwarten ist. Sie kann bei bestimmten Randbedingungen zu einer Baukatastrophe führen. Ein solches Szenario hat für die Kanalnetzbetreiber unangenehme technisch-rechtliche Konsequenzen. Heutzutage, dank des modernen Monitorings und der Kanalzustandsanalyse, ist dieser neuralgische Zeitpunkt rechtzeitig festzustellen. Unter Berücksichtigung der mittleren Kanalnetzgröße erhält man im Rahmen einer kompletten optischen Inspektion eine beachtliche Datenmenge, die nachfolgend bearbeitet werden sollte. Um diese Aufgabe in einem vernünftigen Zeitraum zu bewältigen, werden spezielle Algorithmen benötigt.

Trotz der technischen Fortschritte kommt es sehr oft in verschieden Ländern zu Kanalkatastrophen. Die größte und spektakulärste Kanalkatastrophe fand im Jahr 1957 in Seattle (USA) statt. Von 1909 bis 1913 wurde die kollabierte Leitung aus Mauerwerk DN 2000 mm 45 m unter der Geländeoberkante bergmännisch verlegt. Aufgrund von Grundwasserinfiltrationen entstand über dem Rohrscheitel ein großer Hohlraum. Dadurch drückten die Erdmassen in Richtung des Kanalinneren und verursachten einen Rohrbruch, der einen Krater mit der Fläche von 30 × 40 m und der Tiefe von 45 m zur Folge hatte.

In dieser Monographie werden die Ergebnisse einer eingehenden Analyse des baulich-technischen Zustands des Schmutzwasserkanalnetzes präsentiert, das drei südlich von München gelegene Kommunen Oberhaching, Taufkirchen und Unterhaching entwässert. Anhand der empirischen Daten, die aus zwei kompletten optischen Inspektionen stammen, werden die theoretischen Kurven prognostiziert, die den Übergang der Kanalhaltungen von der Reparatur- bis zu der Sanierungszone beschreiben. Bei diesen statistisch-stochastischen Modellierungen wird der technische Zustand unter Berücksichtigung des Rohrwerkstoffs, der Gründungstiefe sowie der Untergrundverhältnisse analysiert. Zur Vereinfachung der Modellierungen wurde angenommen, dass alle Straßen im Verbandsgebiet, in denen Kanäle verlegt sind, der gleichen Verkehrsbelastung unterliegen. Die statistisch-stochastischen Untersuchungen umfassen Hauptsammler aus Ortbeton, öffentliche Steinzeugkanäle sowie Grundstücksanschlüsse aus Steinzeug, die oberhalb und unterhalb des Grundwassers funktionieren. Bei den öffentlichen Kanälen und Grundstücksanschlüssen wurde zudem die Gründungstiefe berücksichtigt. Die statistische Untersuchungsphase basiert auf der Weibull-Verteilung und der Momentmethode. Durch Schätzung der Weibull-Parameter mithilfe der Monte-Carlo-Methode wurden genauere Prognoseergebnisse erzielt.

1.3 Grundlagen und Ziel statistisch-stochastischer Kanalzustandsprognosen

Die Ergebnisse von zwei kompletten optischen Inspektionen bildeten die Grundlagen der statistisch-stochastischen Zustandsprognosen des Kanalnetzes, das das Einzugsgebiet des Hachinger Bachs entwässert. Die untersuchte Kanalisation leitet Abwasser aus den drei Gemeinden Oberhaching, Taufkirchen und Unterhaching ab, die insgesamt etwa 50.000 Einwohner haben. Die Größe der vorhandenen Datenbasis war ausreichend, um eine originelle Methodik der Kanalzustandsprognose zu konzipieren. Für die statistischen Modellierungen wurde die zweiparametrige Weibull-Verteilung mit der Momentmethode verwendet. Die Kombination der Weibull-Verteilung mit der Monte-Carlo-Methode war ein gelungenes Experiment, um die Genauigkeit der Kanalzustandsanalyse zu verbessern.

Hauptziel dieser Untersuchungen war, eine Methodik der Zustandsprognose unter Berücksichtigung von verschiedenen betrieblichen Randbedingungen zu erarbeiten. Anhand dieser Prognose galt es, den realen technischen Kanalnetzzustand zu bestimmen, der ermöglicht, die notwendigen Reparatur- und Sanierungsmaßnahmen wirtschaftlich zu planen. Dieser Aspekt hat heutzutage umso größere Bedeutung, weil die anfallende Abwassermenge durch die sparenden Systeme reduziert wird. Aus wasserwirtschaftlicher Sicht ist dieser Vorgang positiv zu beurteilen. Für die Netzbetreiber hat dieser aber negative technische sowie finanzielle Konsequenzen. Die Kanäle müssen nachhaltig saniert werden, um die geplante technische Lebensdauer zu erreichen oder sogar zu verlängern. Die Kanalsanierung bietet eine gute Chance, verschiedene Verfahren und Technologien unter den spezifischen lokalen Aspekten zu testen und in besonderen Fällen zu modernisieren.

Die Kanalsanierung ist eine neue technische Disziplin, die wissenschaftliche Erkenntnisse der Verfahrenstechnik, der Materialwissenschaft und des Grundbaus vereinen muss und neue eigene Methoden zu etablieren hat. Sie wurde von erfahrenen und begabten Praktikern konzipiert. Eine sorgfältig erstellte Zustandsprognose sollte einer wirtschaftlichen Kanalsanierungsplanung zugrunde liegen. Die Realisierung der Sanierungsmaßnahmen verlangt von den Kanalnetzbetreibern nicht nur theoretische Kenntnisse, sondern auch praktische Erfahrungen. Die durchgeführten Untersuchungen und Analysen des technischen Zustands der im Hachinger Tal entwässernden Kanalisation erlauben das Hauptziel dieser Arbeiten folgendermaßen zu formulieren:

- Die Anwendung der Weibull-Verteilung in Verbindung mit der Monte-Carlo-Methode ermöglicht, den kritischen technischen Zustand aufgrund der empirischen Daten des untersuchten Kanalnetzes zu bestimmen. Eine solche Vorgehensweise erlaubt einen Einblick in viele betriebliche Aspekte. Diese Erkenntnisse sind von relevanter theoretischer sowie praktischer Bedeutung.

Die Anwendung der Monte-Carlo-Methode, die sich auf gleichverteilte Zufallszahlen stützt, macht es möglich, die zur Verfügung stehenden Stichproben von empirischen Daten im stochastischen Sinn beliebig zu erweitern. Der Stichprobenumfang ist für die Genauigkeit der quantitativen Kanalzustandsanalysen maßgebend, die der Sanierungsplanung zugrunde liegen. Die Ergebnisse der Kanalzustandsprognose wurden zudem zweidimensional unter dem Aspekt des Alters der untersuchten Kanalhaltungen beurteilt. Diese aufwendigen und umfangreichen Untersuchungen dienen dem generellen Ziel, den Kanalbetrieb so zu optimieren, dass die Kanäle bei minimalen Ausgaben die angenommene technische Lebensdauer erreichen.

1.4 Übersicht von Zustandsprognosen für Wasser- und Abwassersysteme

Die städtische Infrastruktur ist die fundamentale Voraussetzung für die vielseitige Entwicklung von Städten und Kommunen. Die Kanalnetze stellen ein großes Vermögen dar, das infolge der Alterungsprozesse systematisch reduziert wird. Diese destruktiven Ereignisse bereiten den Betreibern lang- und kurzfristige Probleme und verlangen, entsprechende Maßnahmen vorzunehmen. Die ständige Verschlechterung des technischen Zustands von Wasser- und Abwassersystemen zwingt die europäischen Städte, in die Renovierung dieser Objekte jährlich etwa zwei Billionen Euro zu investieren. In den nächsten Dekaden muss mit einer Steigerung der Sanierungskosten gerechnet werden. Zur Verlangsamung dieser negativen Prozesse wurde in einigen Ländern ein automatischer Betrieb der städtischen Infrastruktur eingeführt. Daher entstanden große Datenbanken, die eine solide Grundlage der geplanten Zustandsprognosen bilden. Sie sollen unter Berücksichtigung der rationellen Sanierungsinvestitionen zur Optimierung des Kanalbetriebs führen.

Die ersten Zustandsprognosen wurden in den 1970er-Jahren für die Wassersysteme, die nach anderen Prinzipien als die Freispiegelkanäle funktionieren, erstellt. Trotzdem können viele technische Grundsätze der Wassernetze auf Kanalnetze übertragen werden. Eine Übersicht von Zustandsprognosen für Wassersysteme erläutert auch manche Probleme und Besonderheiten der Zuverlässigkeit von Kanalnetzen.

1.4.1 Zustandsprognosen für Wassersysteme

Die Zustandsprognosen für Wassersysteme können in zwei Gruppen eingeteilt werden: die analytischen Prognosen und die Zuverlässigkeitsprognosen. Die erste analytische Zustandsprognose wurde im Jahr 1979 von Shamir und Horward [17] erstellt. Sie basiert auf der Bestimmung des optimalen Zeitpunkts, an dem eine beschädigte Wasserleitung ausgewechselt werden sollte. Der zu analysierende Parameter ist die Anzahl von Havarien bezogen auf die Leitungslänge im Zeitraum von einem Jahr.

Dieses Shamir-Horward-Regressionsmodell wurde von Walski und Pelliccia unter Berücksichtigung von zwei zusätzlichen Faktoren – der Geschichte der Havarie sowie der Leitungsdurchmesser – weiterentwickelt [18]. Ein weiteres Regressionsmodell wurde von Clark erarbeitet [19]. Dieses Modell analysiert die Zeit zwischen der ersten Havarie und der Auswechslung der Systemkomponenten. Zu diesem Zweck entwickelte Clark zwei Formeln: eine zur Bestimmung der Zeit bis zum ersten Netzausfall und die zweite zur Bestimmung der Anzahl der nächsten Ausfälle.

Kaara [20] und Andreou [21] verwendeten in der nächsten Phase der Zuverlässigkeitsuntersuchungen von Wassernetzen die semiparametrische Cox-Verteilung. Andreou entwickelte dieses Modell für die Zustandsprognose des Wassersystems der amerikanischen Stadt Northeastern [22]. Diese Untersuchungen basieren auf zwei Ausfallphasen – langsamer und schneller Ausfallphase, wobei die schnellere mit mindestens drei Ausfällen begann. Sie zeigen, dass der erste Ausfall den größten Einfluss auf den technischen Zustand des Netzes hat (Anfang des Betriebs), der abhängig vom Alter war. Das Alter spielt auch eine entscheidende Rolle bei dem zweiten und den nächsten Ausfällen. Die Wahrscheinlichkeit des fünften Ausfalls hat einen konstanten Wert.

Vagnerini [23] modellierte die Häufigkeit der Ausfälle mithilfe einer Exponentialverteilung unter Berücksichtigung des Rohrmaterials. Er stellte fest, dass die Schadenshäufigkeit einen konstanten Wert besitzt und der Zeitpunkt der Entstehung des ersten Schadens abhängig vom Rohrmaterial ist. Anhand der proportionalen Cox-Verteilung sowie der Weibull-Verteilung erstellte Lei [24] eine Zustandsprognose für das Wassersystem der schwedischen Stadt Trondheim. Bei dieser Prognose war der erste Schaden maßgebend, wobei jede Sanierungsmaßnahme mit einem Schaden gleichgesetzt war.

„Reliability Base System for the Maintenance Management of the Underground Networks of Utilities" ist ein europäisches Zuverlässigkeitsmodell (UniNets) für Wassersysteme, das im Jahr 1997 veröffentlicht wurde. Der Algorithmus setzt sich aus drei Modulen zusammen, die strukturell, hydraulisch und netzwerklich sind. Diese entscheiden über die Notwendigkeit der Sanierungsmaßnahmen. Dieses System hat zum Ziel, Sanierungsmaßnahmen zu optimieren. UniNets definiert die strukturelle Zuverlässigkeit eines Netzes abhängig von der Zeit unter der Annahme, dass jede einzelne Leitung standsicher ist. Camarinopoulos [25] modifizierte dieses Modell; er ging davon aus, dass die Belastungen gemäß Poisson-Verteilung einen stochastischen Charakter haben. Er führte eine Schadensfläche ein, um die Schadensentwicklung zu bestimmen.

Die ursprüngliche Version des UniNets-Programms war nur für Graugussrohre konzipiert. Die Schadensanalyse wurde auf den Flächen- und Lochkorrosionen aufgebaut. Eine Leitung wurde als sanierungsbedürftig eingestuft, wenn die Korrosionstiefe die Wandstärke erreichte. Zur Beschreibung des technischen Zustands waren sogar 16 Parameter nötig. Anhand dieses Modells wurde für jede einzelne Leitung die Lebensdauer festgelegt, die durch 50 % Wahrscheinlichkeit eines ersten Ausfalls definiert war. UniNets fand aufgrund von vielen Beschränkungen keine breite Anwendung. Dieses komplexe Zustandsmodell gestattet leider keine hydraulische Analyse des gesamten Netzes.

Mit dem technischen Zustand von Graugussnetzen befassten sich Gustafson und Clancy. Für Modellierungsuntersuchungen verwendeten sie das Semi-Markov-Modell in Verbindung mit mathematischen Simulationen nach der Monte-Carlo-Methode [26]. Jede Zustandsklasse wird hier durch die Anzahl von Ausfällen und die Zeit zwischen den Ausfällen definiert. Der Zeitpunkt des ersten Ausfalls wird mithilfe einer Gammaverteilung bestimmt. Basierend auf den durchgeführten Untersuchungen stellten die Autoren eine direkte Verbindung zwischen dem mittleren Zeitraum zwischen zwei Ausfällen und der Ausfallszeit sowie dem Einfluss der Ausfallszeit auf den Übergang von einer zur anderen, schlechteren Zustandsklasse fest.

Eine andere Gruppe bilden Simulationsmodelle nach der Monte-Carlo-Methode und analytische Modelle („reliability of water networks"). Letztere transformieren das topologische Netzsystem in serielle und parallele Modelle. Wagner [27] schlug ein Zuverlässigkeitsmodell vor, das die Ausfälle (Schäden) von Rohrleitungen und Pumpen simulierte.

Das Wagner-Modell setzt sich aus zwei Algorithmen zusammen, wobei der erste gemäß Exponentialverteilung die Anzahl der Ausfälle und der zweite die hydraulischen Parameter (Durchfluss, Druck) in den Netzknoten generiert. Das Modell sieht drei technische Wassernetzzustände vor:

- den normalen Zustand, bei dem die Wasserentnahme garantiert ist;
- den reduzierten Service, bei dem der Druck den minimalen Wert noch nicht erreicht hat und die Wasserentnahme möglich ist sowie
- den kritischen Zustand (Ausfall), bei dem die Wasserentnahme in einem oder mehreren Netzknoten nicht möglich ist.

Quipu und Shamsi [28] verknüpften die Netzzuverlässigkeit mit dem exponentialverteilten Ausfallsfaktor jeder Wasserleitung. Diesem Modell liegt der sog. minimale Wasserentnahmeweg zugrunde. Die Durchflüsse werden in jeder Leitung hydraulisch simuliert. Die Diagramme der Zuverlässigkeitsflächen visualisieren die Untersuchungsergebnisse. Dieses Modell gibt Gelegenheit, die Betriebsprioritäten aufgrund des angenommen Zuverlässigkeitsniveaus des Netzes festzulegen.

Wu [29] betrachtete quantitativ anhand der Relation zwischen Entnahmepunkt und Wasserquelle die Zuverlässigkeitsprobleme eines Wassernetzes. Er ergänzte den minimalen Wasserentnahmeweg um einen Effektivitätsfaktor des untersuchten Netzes. Nach dem Wu-Modell wird die Effektivität eines Wasserentnahmewegs als dessen Fähigkeit interpretiert, eine gewisse Wassermenge zu fördern. Eine Modellmodifizierung ergab, dass ein Wassernetz große hydraulische Kapazitäten hat, wodurch wesentlich genauere Modellierungsergebnisse erreicht wurden.

Hansen und Van [30] versuchten, ein hydrostatisches Modell mit einem Zuverlässigkeitsmodell zu verbinden, um die Fähigkeit eines Netzes zu testen, eine bestimmte Wassermenge an einen Entnahmepunkt zu liefern. Die Modellierungen wurden in zwei Phasen durchgeführt. Die erste Phase definierte die Konfiguration des Netzes und die Lage der relevanten Knoten. Jedem Knoten wurde eine undichte Stelle des Netzes zugeordnet. In der zweiten Phase simulierten die Autoren die Zuverlässigkeit jedes Netzteils. Nach dem Modell von Hansen und Van wurde eine Zuverlässigkeitsprognose für das Wassersystem der schwedischen Stadt Trondheim erstellt. Die Daten, die sich auf die Anzahl der Ausfälle von Leitungen, Pumpen und Schiebern beziehen, bildeten die Untersuchungsgrundlagen.

Die präsentierten Zuverlässigkeitsmodelle zeigen, dass typische Merkmale der Wassernetze direkt auf Abwasserkanalnetze übertragbar sind. Parameter wie die Anzahl der Schäden pro Leitung, der Zeitraum zwischen der Inbetriebnahme und dem ersten Ausfall einer Leitung sowie die Zeit zwischen zwei Ausfällen können bei den Kanalzustandsprognosen in Betracht gezogen werden.

1.4.2 Kanalzustandsprognosen

Das Hauptziel der Kanalzustandsprognosen ist, den Betrieb von Abwassernetzen besonders unter dem Gesichtspunkt der Sanierungsmaßnahmen zu optimieren. Die Entwicklungsetappen dieses Wissenschaftszweigs sind mit konkreten Modellen verbunden, die die Namen ihrer Autoren tragen. Die ersten Kanalzustandsprognosen wurden Ende des 20. Jahrhunderts erstellt. Alle Modelle basieren auf einer Zustandsklassifikation, die aus zwei Zuständen resultiert: aus dem strukturellen Zustand, der sich auf die Schäden bezieht, und aus dem operativen Zustand, der die Funktionsfähigkeit eines Objekts beschreibt. Aus der Fachliteratur ist zu entnehmen, dass der strukturelle Zustand für die Zustandsklassifikation maßgeblich ist [31]. Ziel dieser Untersuchungen ist, eine Methodik zu erarbeiten, die die baulichen Schäden, die Untergrundverhältnisse sowie die betrieblichen Randbedingungen berücksichtigt. Die Untersuchung stellt eine interessante Aufgabe dar, weil es diesbezüglich keine Standardlösungen gibt. Basierend auf solchen Charakteristika kann beispielsweise mithilfe einer Mehrfachregression eine Kanalzustandsprognose erstellt werden. Damit werden Übergangsfunktionen generiert, die die Alterungsprozesse des untersuchten Kanalnetzes beschreiben.

Moderne Systeme zur Bestimmung des technischen Kanalzustands verwenden heutzutage eine automatische optische Inspektion und eine automatische Zustandsklassifizierung. Damit bleiben den Verantwortlichen die mühsamen und zeitintensiven Nachsichten sowie die Bewertungen der TV-Dokumentation in Gänze erspart. Diese gewonnene Zeit kann in eine Kanalzustandsprognose und eine qualifizierte Sanierungsplanung investiert werden. Die automatischen Inspektionen und Zustandsklassifizierungen haben bis jetzt in Deutschland keine breite Anwendung gefunden.

Moesli und Shehab-Eldeen [32] konzipierten aufgrund der neuronalen Analyse ein Schadensklassifizierungssystem, womit die vier Schadenskategorien Rohrbruch, Durchmesserveränderung, Versatz und Abplatzung des Rohrmaterials bestimmt werden.

Bengassem und Benris [33] lehnten ihre Zustandsklassifizierung des Kanalnetzes an die Fuzzylogik an und konzipierten auf dieser Grundlage eine Sanierungsplanung für das untersuchte Objekt. Pro Kanalhaltung wurden 100 Bedingungen analysiert, die die strukturelle, hydraulische sowie allgemeine Funktionalität eines Kanals beeinflussen.

Chae und Abraham [34] entwickelten anhand der neuronalen Analyse und Fuzzylogik die automatische Inspektion und Zustandsklassifizierung, um Kanalschäden zu erkennen und zu dokumentieren.

Sinha und Fieguth [35] präsentierten einen Algorithmus, der die innere Seite eines Kanals automatisch analysiert. Im Rahmen der Operationsfolge des vorherigen Bilds findet in der ersten Phase die automatische Schadensklassifikation und in der nächsten Phase die automatische Zustandsklassifikation statt.

Die späteren Modelle ermöglichen aufgrund der automatischen Schadens- und Zustandsklassifizierung unter Berücksichtigung von verschiedenen Randbedingungen die Prognose der technischen Kondition eines Kanals. Solch eine Methodik wurde von Hasegawa [36] beschrieben.

Eine originelle Kanalzustandsprognose, die auf den Übergangskurven von einer zur nächstschlechteren Zustandsklasse basiert, schlugen Bauer und Herz vor [37]. Die Modellierungen des technischen Zustands werden anhand der statistischen Cohort-Survival-Methode durchgeführt, die für demographische Prognosen standardmäßig verwendet wird. Dabei wird der Einfluss des Rohrmaterials, der Gründungstiefe und des Alters auf den Kanalzustand analysiert.

Yan und Vairavamoorthy [38] präsentierten eine andere Variante der Kanalzustandsprognose, die auf Anwendung der Fuzzylogik basiert. Viele lokale Randbedingungen, wie z. B. Untergrundverhältnisse, werden mithilfe der Fuzzylogik in ein digitales Format umgewandelt, um deren Einfluss auf den Kanalzustand festzustellen.

Ruwanpura [31] kombinierte die mathematischen Simulationen mit verschiedenen Modellen, z. B. mit dem Markov-Modell oder mit Differenzialgleichungen, um eine Kanalzustandsprognose zu erstellen. Die Ruwanpur-Prognose berücksichtigt das Alter, das Rohrmaterial sowie die Haltungslänge.

Das Baik-Modell [39] schätzt anhand der Markov-Ketten die Übergangswahrscheinlichkeit der Kanalhaltungen von einer zu der schlechteren Zustandsklasse ab. Dieses Modell erlaubt, den Kanalbetrieb durch die wirtschaftliche Planung von optischen Inspektionen und Sanierungsmaßnahmen zu optimieren.

Chughtai und Zayed [40] boten eine proaktive Methodik für die Festlegung des technischen Kanalzustands an, die viele Kriterien berücksichtigt. Die historischen Daten von zwei großen kanadischen Kanalnetzen wurden von Chughtai und Zayed sortiert und zweistufig nach dem englischen WRC-Regelwerk (Water Research Centre) klassifiziert. Darauf basierend erstellten sie eine Kanalzustandsprognose. Die Übergangskurven wurden mithilfe von Mehrfachregression für Beton-, Asbest- und Polyvinylchlorid-Rohre unter Beachtung vieler Faktoren konstruiert. Die Untersuchungsergebnisse nutzten die Netzbetreiber für die Festlegung des kritischen technischen Netzzustands, um die Betriebsprioritäten bezüglich der optischen Inspektion und Sanierung zu bestimmen.

Elbeltagi und Dawood [41] untersuchten im Stadtviertel Shoha der ägyptischen Großstadt Dakhlia die Freispiegelkanalisation. Sie führten nach dem ASCE-Regelwerk (American Society of Civil Engineers) die zweistufige, strukturelle und operative Zustandsklassifikation des untersuchten Objekts durch. Die beiden Systeme bieten fünf Zustandsklassen, von der besten Klasse (5) bis zu der schlechtesten (1), an. Die Alterungsprozesse unter dem Aspekt der notwendigen Sanierungsmaßnahmen wurden anhand des Markov-Modells modelliert. Die Autoren analysierten in Rahmen der kurzen dreijährigen Zyklen die Veränderungen des technischen Zustands von Kanälen. Sie stellten fest, dass die Kanalhaltungen innerhalb dieser Zeit von einer zu der schlechteren Zustandsklasse übergehen. Aufgrund der Untersuchungsergebnisse erstellten die Betreiber detaillierte Inspektions- und Sanierungspläne.

Die präsentierte Übersicht der internationalen Fachliteratur zum Thema Zustandsprognosen für Wasser- und Abwassersysteme zeigt, dass diese Modelle auf verschiedenen Annahmen und Untersuchungsmethoden basieren. Zu den am häufigsten verwendeten mathematischen Instrumenten zählen die Markov-Ketten, die Fuzzylogik und die Mehrfachregression. Es ist zu betonen, dass diese Methoden lange Zeit ausschließlich für Wassersysteme Anwendung fanden. Obwohl die beiden Systeme im rechtlichen Sinn die höchste Priorität genießen, sind Ausfälle von Wassernetzen i. d. R. spektakulärer als die von Abwassernetzen. Wenn ein Stadtviertel gewisse Zeit ohne Wasser auskommen muss, hat das eine große soziale Bedeutung. Im Gegenteil dazu bleiben die Ausfälle von Abwassernetzen für die Bevölkerung sehr oft unbemerkt. Die Wissenschaftler und Betreiber sind sehr schnell zu dem Konsens gekommen, dass die Abwassernetze ein beachtliches Vermögen darstellen und genauso wie die Wassernetze altern. Aus diesem Grund wurden Kanalzustandsprognosen erstellt, um die optischen Inspektionen und Sanierungsmaßnahmen effizient planen zu können. Der technische Zustand von Abwassernetzen wird standardmäßig nach ASCE-, WRC-System und im europäischen Raum nach DIN EN 13508-2 [42] klassifiziert und abhängig von deren Alter analysiert. Im Rahmen der Kanalzustandsprognosen können Randbedingungen wie Rohrwerkstoff, Gründungstiefe, Belastung und Untergrundverhältnisse wahrgenommen werden.

1.5 Die Untersuchungsmethodik

Die vom Autor vorgeschlagene Kanalzustandsprognose beruht auf der Weibull-Verteilung in Verbindung mit den mathematischen Simulationen nach der Monte-Carlo-Methode. Diese Lösung wurde bis jetzt nur auf Zustandsprognosen von Wassersystemen angewendet. Die Modellierungen basieren auf der Bewertung von Ergebnissen der optischen Inspektion und der daraus resultierenden Korrelation zwischen dem baulichen Zustand und dem Alter der Kanäle.

Die Untersuchungen umfassen Freispiegelschmutzwasserkanäle, die das Einzugsgebiet des Hachinger Bachs entwässern. Im Hachinger Tal, südlich von München sind drei bayerische Kommunen – Oberhaching, Taufkirchen und Unterhaching gelegen. Das Hachinger Kanalnetz besteht aus den Betonkanälen DN 600/1100–900/1350 mm, Ortskanälen aus Steinzeug DN 200–400 mm und Grundstücksanschlüssen, die ebenfalls aus Steinzeug DN 100–200 mm bestehen. Die Zustandsklassifizierung der öffentlichen Kanäle wurde nach dem Arbeitsblatt ATV-M 149 [43] durchgeführt. Diese Bewertungsregeln sehen fünf Zustände vor und bauen auf der Annahme auf, dass der größte Schaden für die bauliche Kondition einer Kanalhaltung maßgebend ist. Die endgültige Zustandsklasse ist von vielen Faktoren wie der Aggressivität des Abwassers, der Grundwasserinfiltrationen, der Wasserschutzgebiete und weiteren Aspekten abhängig. Die Zustandsklassifizierung von Grundstücksanschlüssen beruht auf der DIN 1986-30 [44], die nur drei bauliche Zustände berücksichtigt. Das Alter der untersuchten Kanäle wurde aufgrund der vorhandenen Baudokumentation festgelegt. Die aufwendige und komplizierte Kanalzustandsprognose wurde vom Autor auf einen sog. kritischen Zustand reduziert, der als Übergang der Kanalhaltungen (Kanalstrecke zwischen zwei Einstiegschächten) vom Reparatur- zum Sanierungszustand zu interpretieren ist.

Bei den Modellierungen des kritischen Kanalzustands wurden die lokalen und betrieblichen Bedingungen der Kanalart, des Rohrwerkstoffs, der Gründungstiefe sowie des Grundwassers berücksichtigt.

1.6 Wirtschaftliche und applikative Bedeutung der vorgenommenen Modellierungen

Die Analyse der kritischen Übergangskurve bietet die Gelegenheit, das lineare Abwasserobjekt qualitativ sowie quantitativ zu beurteilen. Eine der wichtigsten Informationen, die aus der Prognose des kritischen Zustands resultiert, ist der notwendige Sanierungsumfang. Eine gut geplante und ausgeführte Kanalsanierung stellt eine wichtige Komponente der Kanalbetriebsoptimierung dar.

Ein wichtiges Ergebnis der qualitativen Analyse ist die Festlegung der Grenze zwischen der langsamen und der schnellen Alterung des Netzes.

Die Prognose des kritischen Kanalzustands mithilfe der Weibull-Verteilung in Verbindung mit der Monte-Carlo-Methode zeichnet eine breite Anwendbarkeit aus. Die vorgeschlagene Modellierungsmethodik kann für die vielseitige Optimierung von anderen infrastrukturellen Objekten verwendet werden. Damit lassen sich, ohne Modellkorrekturen vorzunehmen, Grundwasser- und Fremdwasserprognosen erstellen [45, 46].

Literatur

1. Illi M.: Von der Schissgruob zur modernen Stadtentwässerung, Verlag Neue Züricher Zeitung, Zürich 1987.
2. Poschmann A.: Bilder aus alter und neuer Zeit, Selbstverlag, Rössel 1937.
3. Salomon H.: Die städtische Abwasserbeseitigung in Deutschland, II. Band, 3. Lieferung, Verlag von Gustav Fischer, Jena 1907.
4. Wiebe E.: Die Reinigung und Entwässerung der Stadt Danzig, Verlag von Ernst & Korn, Berlin 1865.
5. ATV-A 127, Richtlinie für die statische Berechnung von Entwässerungskanälen und -leitungen, 2. Auflage 1988.
6. DIN EN 1610, Verlegung und Prüfung von Abwasserleitungen und -kanälen, Beuth Verlag GmbH, Berlin 2010.
7. Dohman M.: Undichte Abwasserleitungen und -kanäle – eine Bedrohung für die Umwelt? 3 R international 28, H. 2, 1989.
8. Dohman M.: Wassergefährdung durch undichte Kanäle – Erfassung und Bewertung, Springer Verlag, Berlin 1999.
9. Hartmann A.: Untersuchungen von Schäden an öffentlichen Schmutz- und Mischwasserkanälen hinsichtlich der Auswirkung auf Grundwasser und Boden, Abschlussbericht BMFT – Forschungsvorhaben 02 WK 9344/00, Braunschweig 1996.
10. Stunz M.: Instandhaltung: Grundlagen – Strategien – Werkstätte, Springer-Verlag, Berlin Heidelberg 2012.
11. Kröller W.: Von Kanaltapete zum „Standard-Sanierungsverfahren", UmweltBau 2/2008.

12. Pecher R.: Kostengünstige und wirtschaftliche Kanalnetzplanung – Einflussgrößen auf die Abwassergebühren, Abwassertechnik-Abfalltechnik+Recycling (awt) (48) Nr. 6, 1997.
13. Kuliczkowski A.: Probleme der grabenlosen Kanalsanierung, Monographie Nr. 13, TU Kielce, 2004.
14. Stein D.: Sanierung von Abwasserkanälen, Korrespondenz Abwasser (46) Nr. 7, 1999.
15. Werbemittel der Firma Kanal- und Rohrtechnik GmbH aus Chemnitz (inklusiv Internetseite: www.kurt-chemnitz.de)
16. Raganowicz A.: Application of liquid soil in an experimental construction of sewer pipeline, Underground Infrastructure of Urban Areas 2, Taylor & Francis Group, London, UK 2011.
17. Shamir U., Howard D. D.: An Analytic Approach to Scheduling Pipe Replacement, Journal AWWA 71, 1979.
18. Walskis Planin T. M., Pelliccia A.: Economic Analysis of Water Main Breaks, Journal of Water Resources Planning and Management 74, 1982.
19. Clark R. M., Stafford C. L., Goodrich J. A.: Water Distribution systems: A Spatial and Cost Evaluation, Journal of the Water Resources Planning and Management Division 108, 1982.
20. Kaara A. F.: A decision support model fort the investment planning of the reconstruction and rehabilitation of mature water distribution systems, PhD thesis, MIT, Cambridge, MA, 1984.
21. Andreou S.: Maintenance Decision For Deteriorating Water Pipelines, Journal of Pipelines, 7, 1987.
22. Cox D. R.: Regression Models and Lifetables (with discussion), Journal of the Royal Statistical Society, 1972.
23. Vegnerini R.: Studio dell'affidabilita du una rete di distribuzione idrica cittadina il caso di Reggio Emilia, Analisi e proposte metodologiche, PhD thesis, Universita degli Studi di Firennze, 1996.
24. Lei J.: Statistical approach for discribing lifetimes of water mains – Case Trondheim Municpality, STF22 A97320, SINTEF, Trondheim, 1997.
25. Camarinopoulos L., Chatzoulis A., Frontistou-Yannas S., Kallidrornitis V.: Structural Reliability of Water Mains in: Proceedings of ESREL'96, Probabilistic Safety Assessment and Management, 1996.
26. Gustafson J. M., Clancy D. V.: Using Monte-Carlo simulation to develop economic decision criteria for the replacement of cast iron water mains, in: Proceeding of annual conference of AWWA, Chicago-Illinois, 20–24 June 1999.
27. Wagner J. M., Shamir U., Marks D. H.: Water Distribution Reliability: Analytical Methods, Journal of Water Resources Planning and Management 114, 1988.
28. Quimpo R. G., Shamsi U. M., Reliability-Based Distribution-System Maintenance, Journal of Water Resources Planning and Management-ASCE 117, 1991.
29. Wu S. J., Yoon J. H. Quimpo R. G.: Capacity-Weighted Water Distribution-System Reliability, Reliability Engineering & System Safety 42, 1993.
30. Hansen G. K., Vatn J.: Combining hydrostatic and reliability models for water distribution networks, Proceedings of Foresight and Precaution Conference, Edinburg, 15th–17th May 2000.
31. Ruwanpura J., Ariaratnam S., El-Assaly A.: Prediction models for sewer infrastructure utilizing rule-based simulation, Civil Engineering Environment System 21(3), 2004.
32. Moselhi O., Shehab-Eldeen T.: Classification of defects in sewer pipes using neural networks, Journal Infrastructure System 6(3), 2000.
33. Bengassem J., Bennis S.: Fuzzy Expert System for Sewer Networks Diagnosis, Proceedings International Conference on Decision Making in Urban and Civil Engineering, Lyon, 2000.
34. Chae M., Abraham D.: Neuro-fuzzy approaches for sanitary sewer pipeline condition assessment, Journal Computer Engineering 15(1), 2001.
35. Sinha S., Fieguth P.: Segmentation of buried concrete pipe images, Auto. Constr. 15(1), 2006.

36. Hasegawa K., Wada Y., Miura H.: New assessment system for premeditated management and maintenance of sewer pipe networks, Proceeding, 8th International Conference on Urban Storm Drainage, Sydney, 1999.
37. Baur R., Herz R.: Selective inspection planning with aging forecast for sewer types, Water Science Technology 46(6-7), 2002.
38. Yan J. Vairavamoorthy K.: Fuzzy approach for pipe condition assessment, Proceeding, New Pipeline Technologies, Security and Safety, ASCE, Reston, Va., 2003.
39. Baik H. S., Jeong H. S., Abraham D. M.: Estimating Transition Probabilities in Markov Chain-Based Deterioration Models for Management of Wastewater Systems, Journal of Water Resources Planning and Management 132(1), 2006.
40. Chughtai F., Zayed T.: Sewer pipeline operational condition prediction using multiple regression, Proceeding, Pipelines Conference ASCE, Boston, 2007.
41. Elbetagi I. A., Elbetagi E. E., Dawood M. A.: Frame Work of Condition Assessment for Sewer Pipelines, in: International Journal of Engineering Research and Applications (IJERA), Vol. 3, 2013.
42. DIN EN 13508-2, Zustandserfassung von Entwässerungssystemen außerhalb von Gebäuden, Teil 2: Kodierungssystem für die optische Inspektion, 2003.
43. ATV-M 149, Zustandserfassung, -klassifizierung und –bewertung von Entwässerungssystemen außerhalb von Gebäuden, 1999.
44. DIN 1986-30, Entwässerungsanlagen für Gebäude und Grundstücke – Teil 30, Instandhaltung, 2012.
45. Raganowicz A.: Stochastische Auswertung der Grundwasserstände als Planungsgrundlage für Niederschlagswasserversickerungsanlagen, WasserWirtschaft (11), 2014.
46. Raganowicz A.: Fremdwasserprognose für die Hachinger Kanalisation, WasserWirtschaft (4), 2016.

Populäre Kanalisationssysteme und Untersuchungsmethoden des technischen Kanalzustandes

2

Es gibt zwei Hauptabwasserbeseitigungsarten, die die Kanalnetzkonfiguration definieren und bestimmen. Die dominierende Art der Entwässerung, besonders in Städten und Großstädten, ist die zentrale Abwasserbeseitigung. Sie besteht aus einer zentralen Kläranlage und einem gut ausgebauten Kanalnetz. Die Freispiegelkanäle, wo es die Geländemorphologie erlaubt, entwässern im Misch-, Trenn- und in reduzierten Mischverfahren. Diese Systeme können in den lokalen Niederungen von Pumpstationen mit kurzen Transportleitungen unterstützt werden. Beim Mischverfahren wird das Schmutzwasser gemeinsam mit dem Niederschlagswasser in einem Netz in Richtung der Kläranlage abgeleitet. Um relativ sauberes Niederschlagswasser in der Kläranlage nicht mitzubehandeln, wurde das Trennverfahren eingeführt. Das Niederschlagswasser wird dabei direkt einem Gewässer oder dem Grundwasser zugeführt.

Die dezentrale Abwasserbeseitigung gründet auf dem Prinzip, dass jedes Grundstück (Haus oder Wohnhaus) über eine kleine Kläranlage verfügt. Diese Anlagen müssen heutzutage mit einer biologischen Reinigungsstufe ausgestattet sein. Das gereinigte Abwasser wird über eine Versickerungsanlage in den Untergrund geleitet. Zu den dezentralen Systemen gehören auch Druck- und Vakuumentwässerung. Sie können Abwässer ländlicher Regionen wirtschaftlich entsorgen. Die Vakuumentwässerung wird sehr oft in geomorphologischen Senken oder in Gebieten, wo die Geländeoberkante unter dem Meeresniveau und dem Wasserspiegel des lokalen Flusses liegt, eingesetzt.

2.1 Freispiegelkanalisation

Allgemein wird zwischen zentraler und dezentraler Kanalisation unterschieden. Das zentrale System besteht aus einem gut ausgebauten Kanalnetz und einer Kläranlage, die am Ende und am tiefsten Punkt des zu entwässernden Einzugsgebiets lokalisiert ist. Dies erfordert einen leitungsfähigen (starken) Vorfluter. Große städtische Agglomerationen verfügen häufig über zwei oder mehrere Kläranlagen. Der Bau dieses Systems verursacht

A. Raganowicz, *Nutzen statistisch-stochastischer Modelle in der Kanalzustandsprognose*,
DOI 10.1007/978-3-658-16117-0_2

sehr hohe Investitionskosten. Zur Erfüllung der aktuellen Anforderungen des Gewässerschutzes müssen die Abwässer mindestens eine 90 %ige Reinigungsstufe erreichen. Jede Erhöhung dieses Reinigungsniveaus ist mit sehr hohen Investitions- und Betriebskosten verbunden.

Alternativ können die Abwässer dezentral gereinigt werden, sodass jedes Haus oder Wohnblock über eine sog. Kleinkläranlage verfügt. Praktisch wird dieses System in schwach urbanisierten Gebieten angewendet, die von großen Zentren weit entfernt sind und über einen schwachen Vorfluter verfügen. Der Anschluss solcher Satelliten an eine zentrale Kanalisation über eine Transportleitung ist häufig unwirtschaftlich. Um die richtige Entscheidung zu treffen, sollten die Kostenvergleichsberechnungen mit einem Zeithorizont von 10 oder 20 Jahren durchgeführt werden. Bei der dezentralen Lösung ist die Forderung der biologischen Reinigungsstufe sowie Abwasseranalytik zu berücksichtigen.

Namenhafte wissenschaftliche Institute prophezeien für herkömmliche Kanalnetze mit zentralen Kläranlagen keine gute Zukunft. Sie sagen für die dezentralen Systeme eine bessere Perspektive voraus. Die Abwasserbeseitigung sollte künftig lokal mit dem kompletten Recycling von Reststoffen gelöst werden.

Die populärste Variante der zentralen Abwasserbeseitigung ist die Freispiegelkanalisation. Diese Art des Netzes ist sehr teuer in der Investitionsphase, obwohl der Betrieb günstig und unabhängig von Fremdenergie ist. Bei ungünstiger Topographie des Geländes ist eine tiefere Gründung der Kanäle erforderlich. Bei der Kanaltrassierung müssen oft verschiedene Hindernisse wie Flüsse oder Bäche überwunden werden, die der kostenintensiven Düker bedürfen. Die tiefen Gründungen von Dükern bereiten zusätzliche technische und betriebliche Probleme [1]. In der Praxis müssen Freispiegelsysteme wegen lokaler Niederungen von Pumpwerken unterstützt werden. Bei Freispiegelkanalisationen ist zwischen Misch- und Trennsystemen zu unterscheiden.

2.1.1 Mischsystem

Die ältesten Kanalisationsfragmente in großen europäischen Städten entwässern i. d. R. mithilfe von Mischsystemen. Diese Systeme wurden später in Trennsysteme umgebaut, die schon im Jahr 1900 sehr populär waren.

Bei der Entwässerung im Mischsystem werden alle Abwässer und Regenwasser in einen gemeinsamen Kanal abgeleitet. Wenn der Regenwasseranteil in der Wasserbilanz sehr groß ist, müssen die Mischwasserkanäle dementsprechend groß dimensioniert werden. Während der intensiven Niederschläge werden Mischwasserkanalisationen und Kläranlagen hydraulisch überlastet. Aus diesem Grund benötigen sie gewisse Retentionsmöglichkeiten. Die Regenüberlaufbecken sind in der Lage, große Wassermengen mechanisch zu reinigen und zurückzuhalten. Nach dem Zweiten Weltkrieg basierte die bayerische Abwasserbeseitigung im ländlichen Raum auf Mischkanalisation, Kläranlage und Regenüberlauf (Abb. 2.1). Dieses Abwassermodell war bis Anfang der 1990er-Jahre im Einsatz.

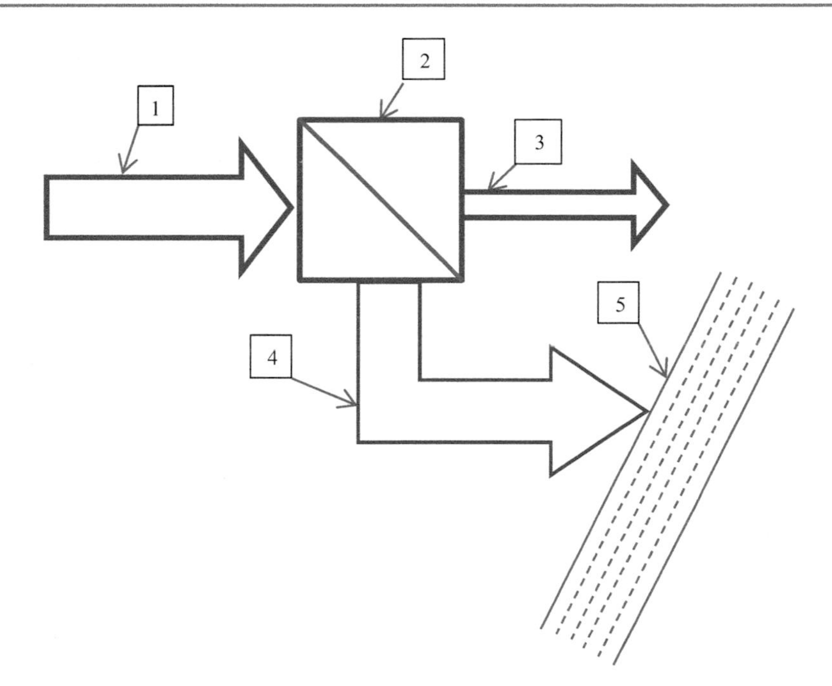

Abb. 2.1 Schematische Darstellung des Regenüberlaufs. *1* Zulauf zum Regenüberlauf, *2* Regenüberlauf, *3* Ablauf, *4* Entlastung, *5* Vorfluter [2]

Anschließend wurden systematisch die Regenüberläufe durch Regenüberlaufbecken sowie Rückstaukanäle mit oben oder unten liegendem Überlauf ersetzt [2].

Infolge der seit 2000 wiederkehrenden und intensiven Niederschläge ist der Betrieb von Mischwasserkanalisationen aus hydraulischer Sicht sehr problematisch. Eine große Wassermenge, die innerhalb von wenigen Minuten entsteht, kann nicht abgeleitet werden und führt zu Austritten des Mischwassers aus der Kanalisation. Die Verantwortung für eventuelle Schäden trägt der Betreiber. Die Häufigkeit der Abwasseraustritte als ein Aspekt der hydraulischen Bemessung wird im Arbeitsblatt DWA-A 118 [3] geregelt.

In der Novelle des Wasserhaushaltsgesetzes (WHG) aus dem Jahr 2009 ist eine wichtige Regelung erschienen. Sie besagt, dass das Schmutzwasser mit dem Regenwasser nicht zu vermischen sei [4]. Dieser Passus hat für die Abwasserbeseitigung eine außerordentliche Bedeutung. Seit 2009 dürfen in Deutschland Mischwasserkanäle nicht mehr geplant und gebaut werden. In Rahmen des Bestandschutzes und aus wirtschaftlichen Gründen können jedoch die bestehenden Mischwassersysteme weiter betrieben werden. Der Bestandschutz bezieht sich auch auf Modernisierungen von Mischwasserkanälen. Das Niederschlagswasser soll versickern oder verrieseln, wo die Untergrundverhältnisse dies erlauben, wodurch die Grundwasserneubildung unterstützt wird. Der Grundwasserschutz genießt in Deutschland die höchste Priorität, weil 80 % des Trinkwassers aus dem Untergrund gewonnen werden.

Ein genereller Umbau von Misch- zu Trennsystemen wird vom WHG [4] nicht gefordert und wäre auch volkswirtschaftlich gesehen nicht vernünftig.

Die Modernisierung der bestehenden Freispiegelkanäle, besonders in historischen Stadtzentren, stellt eine aktuelle und technisch anspruchsvolle Aufgabe mit finanziellen Konsequenzen dar. Es handelt sich um neue Materialien und Modernisierungstechnologien, die eine entsprechende Leistungsfähigkeit und Lebensdauer der Kanäle gewährleisten.

2.1.2 Trennsystem

Das klassische Trennsystem besteht aus einem separaten Regenwasserkanal mit Einleitung in ein Gewässer und separatem Schmutzwasserkanal mit Einleitung in eine Kläranlage. Da das Regenwasser stark verschmutzt ist, müssen auf den Regenwassernetzen Regenüberlaufbecken installiert werden. Der Bau und Betrieb einer Trennkanalisation ist mit hohen Kosten verbunden. Sie beansprucht viel Platz im Straßenquerschnitt. Außerdem sind Fehlanschlüsse nicht auszuschließen. Weist der Untergrund eine entsprechende Wasserdurchlässigkeit auf, ist die Regenwasserversickerung zu empfehlen. Das Bayerische Umweltministerium propagiert grundsätzlich eine breitflächige Regenwasserversickerung. Bei dicht bebauten Flächen und knappen Platzverhältnissen sind Niederschlagswasserversickerungsanlagen (Mulden, Rigolen) zu planen und zu bauen. Die Sohle einer Versickerungsanlage darf nach der bayerischen Verordnung über die erlaubnisfreie schadlose Versickerung des gesamten Niederschlagswasser (NWFreiV; [5]) nicht tiefer als 5 m unter der Geländeoberkante liegen. Weil die hohen Grundwasserstände die Funktionalität der Versickerungsanlagen negativ beeinflussen und die Reinigungseffektivität der Pufferzone verringern, verlangt diese Verordnung einen Mindestabstand von einem Meter zwischen Anlagensohle und Grundwasserspiegel. Der maßgebende Grundwasserstand wird als Mittelwert der jahreshöchsten Grundwasserstände definiert. Weitere Informationen und Planungsdetails von Versickerungsanlagen sind dem Merkblatt DWA-M 153 [6] zu entnehmen.

Bei dem Begriff reduziertes Trennverfahren handelt es sich um einen Teil des Netzes, auf dem ein separates Niederschlagswassernetz mit Regenwasserbehandlungsanlagen (Regenklärbecken oder Bodenfilter) installiert ist.

2.1.3 Reduziertes Mischsystem

Beim Ausbau der bestehenden Mischkanalisation müssen aktuelle wasserwirtschaftliche Anforderungen berücksichtigt werden. Ein wichtiger Faktor ist die hydraulische Kapazität der Kläranlage. Um diese Probleme zu lösen, sollte der weitere Ausbau im Trennsystem erfolgen. Versickert oder verrieselt das Niederschlagswasser ortsnah oder wird über eine Kanalisation in ein Gewässer eingeleitet, spricht man von einem reduzierten Mischsystem.

Eine wirtschaftlich konzipierte und betriebene Kanalisation weist eine kurze Kanallänge pro Einwohner auf. Im Bundesmittel beträgt dieser Faktor gemäß DWA-Umfrage 2013 7,14 m pro Einwohner und in Bayern 7,94 m pro Einwohner [7]. Im Hachinger Tal erreicht die Kanallänge pro Einwohner den Wert von 3,03 m. Es deutet auf einen typischen, für Großstädte infrastrukturellen Vorteil hin.

2.2 Druckkanalisation

Dicht bebaute Gebiete lassen sich wirtschaftlich kanalisieren. Hingegen ist die zentrale Abwasserbeseitigung im schwach strukturierten ländlichen Raum aus Kostengründen problematisch. Deshalb stellt die Druckkanalisation in schwach besiedelten Regionen eine gute Alternative zur Abwasserbeseitigung dar. Die Drucksysteme werden meistens im Trennverfahren eingesetzt. Sie bieten in Gebieten mit hohen Grundwasserständen, bei ziemlich ebener Einzugsfläche oder im stark hügeligen Gelände wirtschaftliche Vorteile.

Beim Drucksystem wird das Schmutzwasser aus einem oder mehreren Häusern im freien Gefälle einem Schacht auf dem Grundstück zugeführt und von dort aus mit Pumpen oder pneumatisch mit Luftdruck über ein geschlossenes Leitungsnetz in die Kläranlage gefördert. Die Druckleitungen können an die Geländemorphologie anhand der Mindestgründungstiefe angepasst werden. Längere Netze müssen mit Luftdruck, der in einer Blasstation erzeugt wird, regelmäßig gereinigt werden. Der Betrieb von Druckkanalisationen verteuert sich aufgrund der notwendigen Fremdenergie. Hingegen sind die Investitionskosten relativ niedrig.

Die erste größere Druckentwässerung wurde Ende der 1960er-Jahre in Hamburg gebaut. Das Schema jedes Drucknetzes gründet auf einem Kreis mit vielen Verzweigungen (Abb. 2.2). Die Anschlüsse verfügen über konventionelle oder pneumatische Pumpstationen. Die bisherigen Erfahrungen zeigen, dass eine Druckentwässerung maximal 15.000 Einwohner bedienen kann.

Die Planungsgrundlagen für Druckentwässerungssysteme sind im Arbeitsblatt DWA-A 116-2 [8] und in der DIN EN 1671 [9] definiert. Im Vorfeld der Planungsphase sind u. a. Kostenvergleichsrechnungen nach der Länderarbeitsgemeinschaft Wasser (LAWA; [10]) durchzuführen, um die wirtschaftlichste Projektalternative (Freispiegelkanalisation/Druckentwässerung) auszuwählen. Die laufenden Kosten, die bei der alternativen Druckentwässerung eine besonders wichtige Rolle spielen, werden mit einem Zeithorizont von 50 Jahren berücksichtigt. Bei größeren Baumaßnahmen wird in aktuell eine Ökobilanz verlangt, um den Einfluss des geplanten Bauwerks auf das Ökosystem festzulegen.

Die Vakuumentwässerung (Unterdruckentwässerung) stellt eine Alternative zur Druckentwässerung dar, wobei die Randbedingungen ähnlich sind. Das Schmutzwasser wird aus den Übergabeschächten mit dem in der zentralen Vakuumstation erzeugten Unterdruck angesaugt, weitergefördert und in die Kläranlage eingeleitet. In jeden Übergabeschacht auf dem Grundstück wird ein Ventil installiert, das eine regelmäßige Wartung benötigt, um die

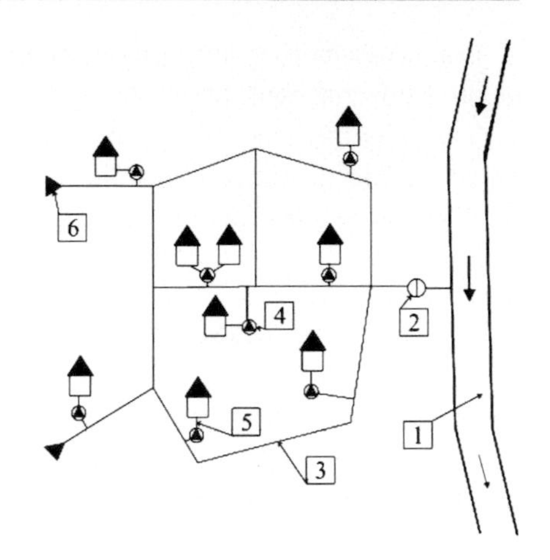

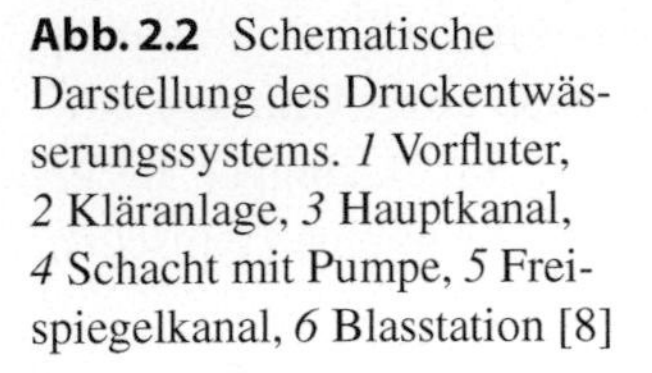
Abb. 2.2 Schematische Darstellung des Druckentwässerungssystems. *1* Vorfluter, *2* Kläranlage, *3* Hauptkanal, *4* Schacht mit Pumpe, *5* Freispiegelkanal, *6* Blasstation [8]

Beförderung vom Abwasser zu gewährleisten. Das Haus ist mit einem Übergabeschacht über eine Freispiegelleitung verbunden. Dieses System zeichnet sich durch dieselben Vor- und Nachteile wie die Druckentwässerung aus. Die Untersuchungen von Günthert [11] beweisen, dass die Druckentwässerung hinsichtlich der Bau- und Betriebskosten bei kleineren und die Vakuumentwässerung eher bei größeren Siedlungen wirtschaftlich ist. Das Vakuumentwässerungssystem wird in Abb. 2.3 schematisch dargestellt.

Die vorliegende Monographie befasst sich ausschließlich mit dem kritischen technischen Zustand von Freispiegelkanälen. Der Zweckverband zur Abwasserbeseitigung im Hachinger Tal betreibt seine Kanalisation unter typischen Voralpenlandverhältnissen. Dank des guten Süd-Nord-Gefälles können die Abwässer aus dem Einzugsgebiet des Hachinger Bachs gravitätisch gefördert werden. Dennoch war die Installation einiger Pump-

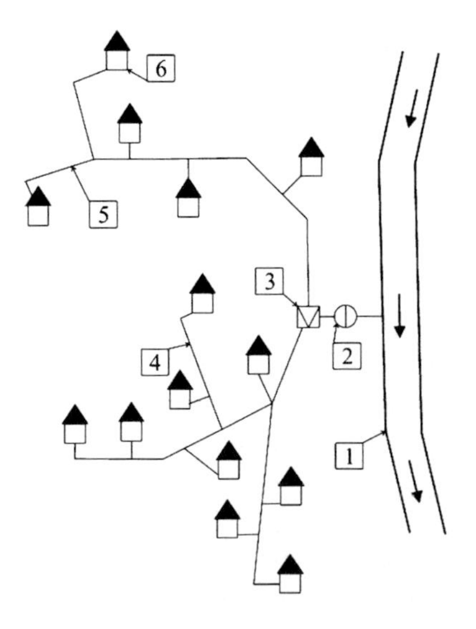

Abb. 2.3 Schema der Vakuumentwässerung. *1* Vorfluter, *2* Kläranlage, *3* Vakuumstation, *4* Zulauf, *5* Hauptleitung, *6* Haus, Grundstück [12]

stationen mit Transportdruckleitungen in den lokalen Senken notwendig. Diese Bauwerke haben für das gesamte Freispiegelnetz eine untergeordnete Bedeutung.

2.3 Analyse und Beurteilung des Hachinger Kanalnetzes

Das Hachinger Kanalnetz entwässert abwassertechnisch im Trennverfahren das Einzugsgebiet des Hachinger Bachs, das aus den Kommunen Oberhaching, Taufkirchen und Unterhaching besteht, die südlich von München liegen (Abb. 2.4). Die Gemeinde Oberhaching hat 13.000 Einwohner, Taufkirchen 19.000 und Unterhaching 23.000 Einwohner (Stand 2015). Vor 50 Jahren übertrugen diese drei Kommunen die hoheitliche Aufgabe der Abwasserentsorgung auf den Zweckverband zur Abwasserbeseitigung im Hachinger Tal. Die ersten Kanäle wurden in den 1950er-Jahren in Unterhaching verlegt. Aufgrund

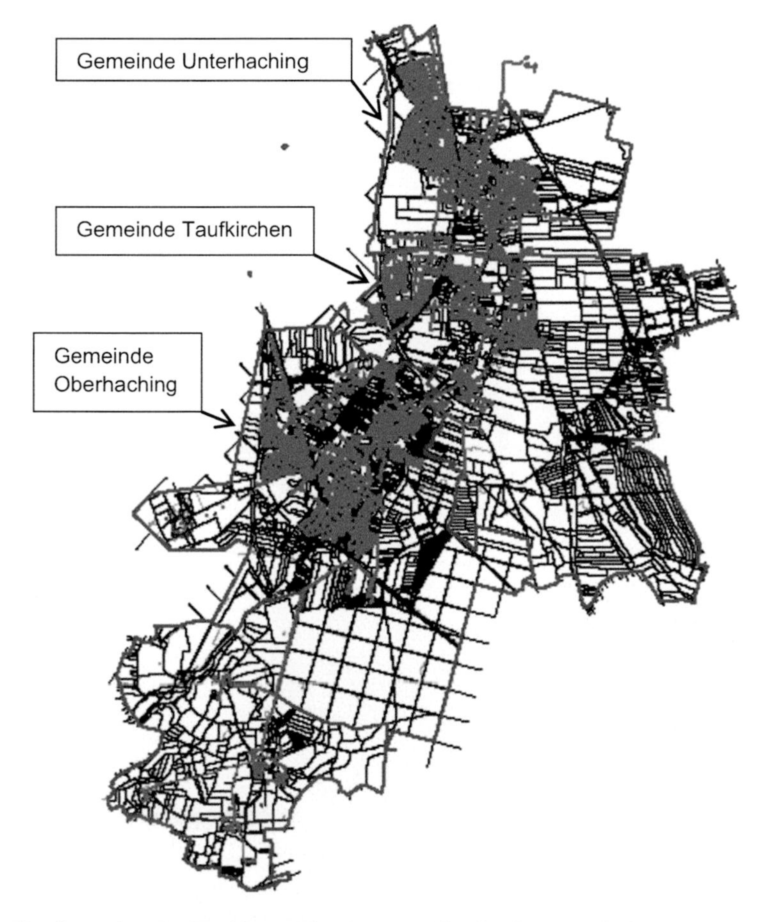

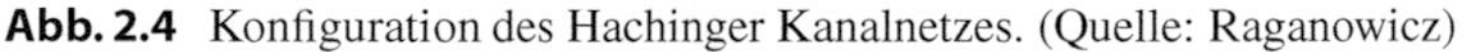
Abb. 2.4 Konfiguration des Hachinger Kanalnetzes. (Quelle: Raganowicz)

der günstigen Untergrundverhältnisse kann das Niederschlagswasser in den Untergrund sickern. Da der Hachinger Bach ein schwacher Vorfluter ist, war es aus wasserwirtschaftlicher sowie ökonomischer Sicht notwendig, das Netz an die Münchner Kanalisation anzuschließen. Bis zum Jahr 2000 erfolgte der Ausbau nach den Normen der Stadt München (Münchener Normalien; [13]).

2.3.1 Allgemeine Charakteristik

Der Zweckverband zur Abwasserbeseitigung im Hachinger Tal betreibt diese Schmutzwasserkanalisation nach dem bayerischen Modell bis zur Grundstücksgrenze. Sie besteht im Wesentlichen aus den Hauptsammlern (Betonkanäle DN 600/1100–900/1350 mm), den öffentlichen Kanälen (Steinzeug DN 200–400 mm) sowie den öffentlichen Grundstücksanschlüssen (Steinzeug DN 100–200 mm). In Abb. 2.5 ist die Struktur von Rohrmaterialien dargestellt. Aus deutschem Steinzeug bestehen **78** % des Kanalnetzes. Der Anteil von Betonkanälen beträgt nur **14** %. Sporadisch sind Rohre aus hartem Polyethylen (HD-PE) zu etwa **4** % und duktilem Guss, ebenfalls etwa **4** % anzutreffen. In Abb. 2.6 ist die Durchmesserstruktur der Hachinger Kanäle dargestellt. Sie zeigt, dass 80 % der Kanäle den Durchmesser DN 250 mm aufweisen.

Die Münchner Normen sahen vor, dass Kanäle mit einem Durchmesser bis DN 500 mm ausschließlich aus deutschem Steinzeug verlegt wurden. Die Rohre aus Steinzeug soll-

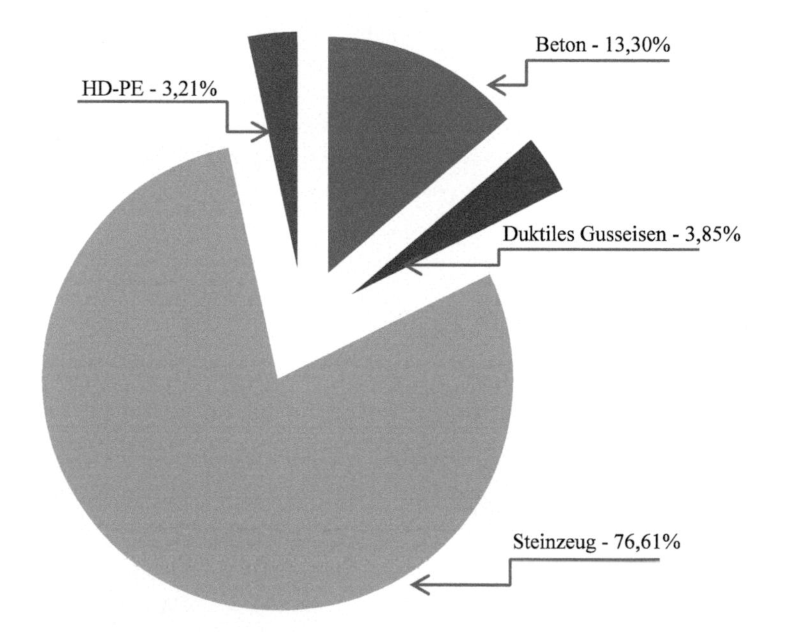

Abb. 2.5 Rohrmaterialstruktur der Hachinger Kanäle. *HD-PE* Hart-Polyethylen. (Quelle: Raganowicz)

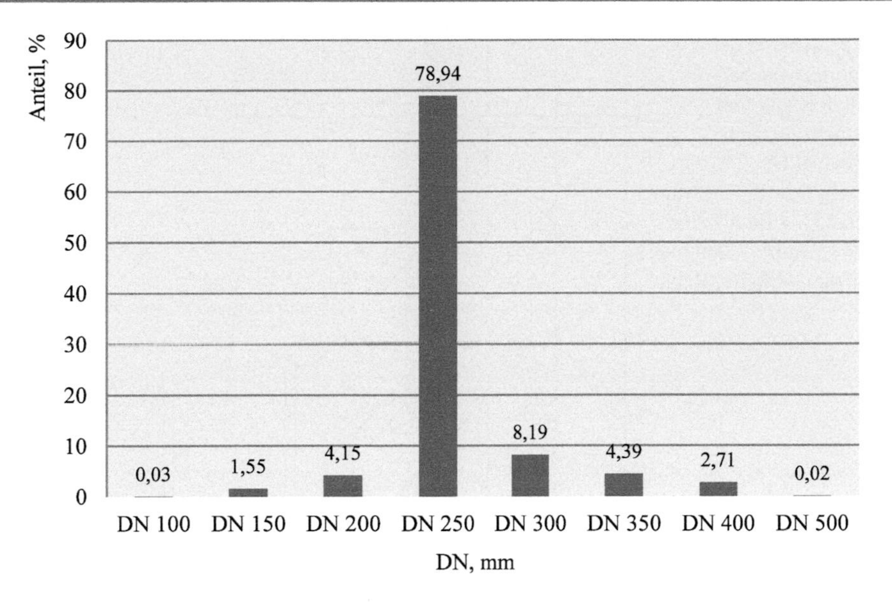

Abb. 2.6 Durchmesserstruktur der Hachinger Kanäle. (Quelle: Raganowicz)

ten im Riesel (Granulation 4,0–8,0 mm) eingebettet werden. Die Wahl dieser Einbettung diktierte der Untergrund, der aus teilweise verlehmten Grobkiesen besteht. Die Münchner Normen [13] bestimmten auch die Konstruktion von Grundstücksanschlüssen. Ein Grundstücksanschluss setzt sich (Anschluss an den öffentlichen Kanal DN 250 mm) aus einem Abzweig mit dem Abgang DN 200 mm, einer Reduktion DN 200/150 mm, einem Bogen 45° und einer Leitung DN 150 mm bis zum Revisionsschacht auf dem Grundstück zusammen [14]. Diese sehr komplizierte Konstellation des Grundstücksanschlusses hatte eine gewisse hydraulische Begründung, aber sie erschwerte die Kanalsanierungsarbeiten. Es war sehr problematisch, eine dichte Verbindung zwischen Hauptkanal- und Anschlussliner herbeizuführen. In Abb. 2.7 wird das Schema der Verbindung zwischen öffentlichem Kanal und Grundstücksanschluss nach Münchner Normen aufgezeigt.

Neben den Steinzeugkanälen treten im Hachinger öffentlichen Netz auch Betonkanäle auf. Zwei Hauptsammler, Ost und West, verlaufen parallel von Süden nach Norden. Der dritte Kanal ist ein horizontaler Zulauf zum Hauptsammler West und entwässert die westlichen Grenzgebiete des Verbands. Diese Leitungen mit den Großprofilen (Eiprofilrohre DN 600/1100–900/1350 mm) wurden aus Ortbeton B10 hergestellt. Außerdem bestimmten Konstruktion und Bauweise von Betonkanälen die Münchner Normalien [13].

Die Abwässer aus dem Verbandsgebiet werden an drei Übergabepunkten in die Münchner Kanalisation eingeleitet. Jede Übergabemessstelle ist mit einem magnetisch-induktiven Durchflussmesser ausgestattet. Die registrierten Durchflussdaten werden per Funktechnik in einen Zentralserver übertragen und dort gespeichert. Sie können online abgerufen und analysiert werden. Eine Software der Firma Schraml ist für die Bearbeitung und Visualisierung der Messdaten verantwortlich. Mithilfe der Daten werden Diagramme

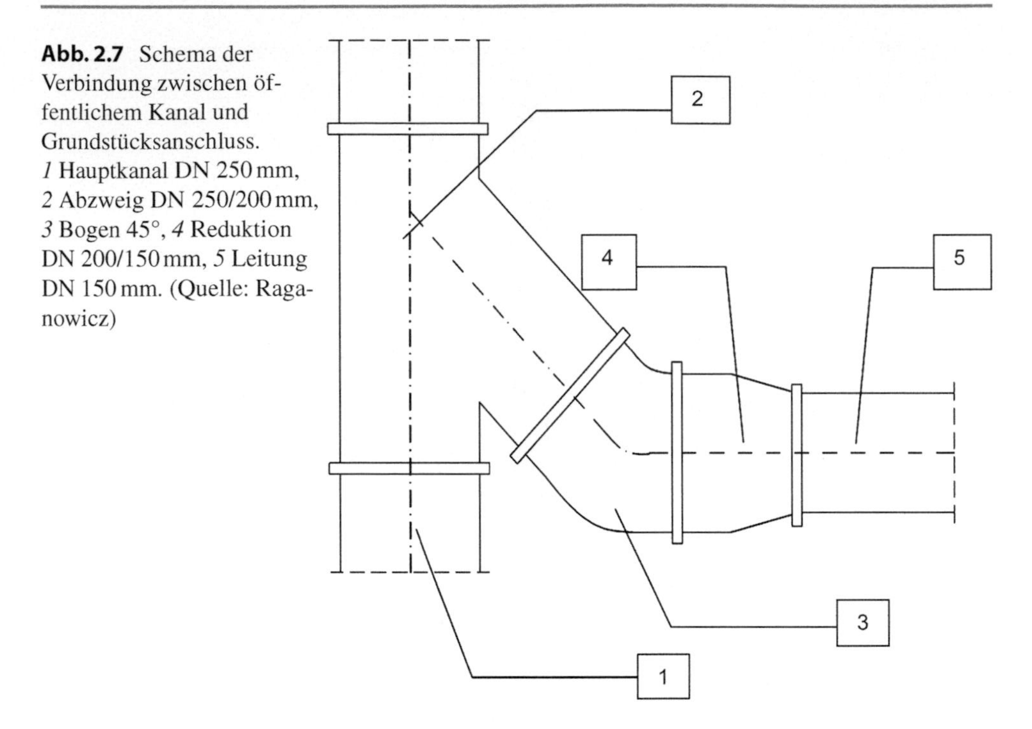

Abb. 2.7 Schema der Verbindung zwischen öffentlichem Kanal und Grundstücksanschluss. *1* Hauptkanal DN 250 mm, *2* Abzweig DN 250/200 mm, *3* Bogen 45°, *4* Reduktion DN 200/150 mm, *5* Leitung DN 150 mm. (Quelle: Raganowicz)

mit Durchflussganglinien sowie Tages-, Wochen-, Monats- und Jahresberichte erzeugt. In Abb. 2.8 sind die Durchflussganglinien der drei Messstellen (Biberger Straße, Albert-Schweizer-Straße, Kreuzbichlweg) und eine Summenganglinie dargestellt [15]. Die Analyse von Ganglinien zeigt, dass der minimale Durchfluss an jeder Messstelle von 3:00 bis 4:00 Uhr registriert wird. Der Zweckverband definiert die Summe der minimalen Durchflüsse als Fremdwasser. Für die Betreiber, die keine Kläranlage besitzen, haben die Begriffe Fremdwasser und Fremdwasserreduzierung eine besondere Bedeutung. Die Schätzungen und Prognosen weisen darauf hin, dass der Fremdwasseranteil etwa 20 % beträgt. Unabhängig von diesem guten Ergebnis bemüht sich der Zweckverband, das Fremdwasser noch weiter zu reduzieren.

Die Abwässer aus dem Hachinger Tal erfüllen die Anforderungen des Abwasserabgabegesetzes [16] und können ohne Vorreinigung in die Kanalisation eingeleitet werden. Da der Hachinger Bach ein schwacher Vorfluter ist und die Grenze seines Einzugsgebiets direkt an die Stadt München stößt, war der Anschluss an die Münchner Kanalisation eine Selbstverständlichkeit.

Das Hachinger Tal ist im Bereich der geologischen Formation Münchner Schotterebene lokalisiert. Im Untergrund treten teilweise verlehmte Grobkiese auf, die sehr wasserdurchlässig sind und die Einleitung von Niederschlagswasser in das Grundwasser ermöglichen. Dank der günstigen Geländemorphologie hat das Kanalnetz gravitätischen Charakter. Sein mittleres Längsgefälle beträgt 3–5 % und eine mittlere Gründungstiefe von 3,0 m. Die

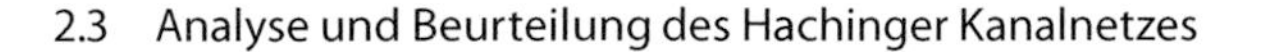

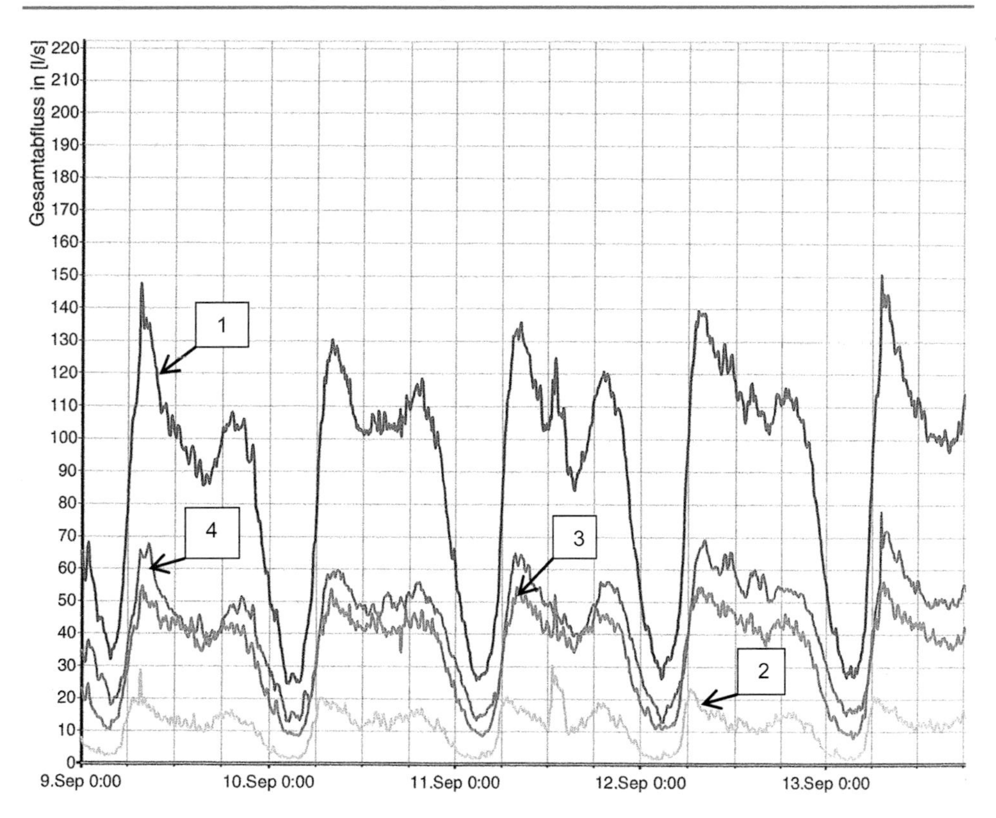

Abb. 2.8 Durchflussganglinien von drei Messstellen. *1* Summenganglinie, *2* Biberger Straße, *3* Albert-Schweizer-Straße, *4* Kreuzbichelweg. (Quelle: Raganowicz)

lokalen Senken erforderten die Errichtung von zehn Pumpstationen mit Transportdruckleitungen, wobei sieben davon im pneumatischen System arbeiten.

Diese allgemeine Charakteristik zeigt, dass die Hachinger Kanalisation hinsichtlich Rohrmaterial, Durchmesser sowie Gründungstiefe einen homogenen Charakter aufweist.

Der Zweckverband zur Abwasserbeseitigung im Hachinger Tal betreibt das Kanalnetz in Anlehnung an die Kanaldatenbank, die im System Magellan operiert [17]. Der Aufbau begann Ende der 1990er-Jahre und begann mit den geodätischen Aufnahmen des Netzes. Den Hintergrund bildeten digitalisierte Flurkarten, die Grundstücksgrenzen, Flurnummern und alle festen Objekte beinhalteten. Bis zum Jahr 2003 digitalisierte das Bayerische Vermessungsamt das gesamte Land Bayern. Ein kleiner Ausschnitt der Kanaldatenbank ist in Abb. 2.11 im Anhang in graphischer Form dargestellt. Das System Magellan wird permanent entwickelt, sodass es seit ein paar Jahren auch online operieren kann. Durch die Onlineverbindung können aus dem Netz verschiedene fachliche Karten, z. B. Grundwasserisohypsen, Wasserschutzgebiete etc., abgerufen werden, die bei der Kanalplanung eine große Hilfe leisten. Die Magellan-Kanaldatenbank verfügt über viele Module, die eine optimale Bewirtschaftung des Kanalnetzes ermöglichen.

Nach dem Abschluss der ersten kompletten optischen Inspektion wurden alle TV-Daten in die Kanaldatenbank eingespielt. Die Daten der darauffolgenden Generalkanalsanierung wurden ebenfalls importiert. Seit 15 Jahren stellt die Datenbank ein unverzichtbares Instrument des Kanalbetriebs dar. Die Kanaldatenbank muss jedoch ständig aktualisiert werden, was viel Zeit in Anspruch nimmt und kostspielig ist.

2.3.2 Untergrundverhältnisse

Die Hachinger abwassertechnische Infrastruktur, die die drei bayerischen Kommunen Oberhaching, Taufkirchen und Unterhaching entwässert, ist im Bereich der Münchner Schotterebene lokalisiert. Diese geologische Formation bildet ein Dreieck mit einer Fläche von 1500 km^2. Die Eckpunkte sind Weyern im Südosten, Moosburg an der Isar im Nordosten und Maisach im Westen. Die namensgebende Stadt München ist zentral in der Schotterebene gelegen. Sie fällt von Südwest nach Nordost um 300 m ab. Die maximale Schichtdicke erreicht rund 100 m im Münchner Süden und nimmt nach Norden ebenfalls ab.

Die Entstehung der Schotterebene erstreckt sich über drei Eiszeiten, die die Schichtung prägen. In der untersten Schicht finden sich verfestigte Ablagerungen aus der Mindeleiszeit, darüber liegt Schotter aus der Rißzeit, der durch die jüngste Schicht, einem Geröll aus der Würmeiszeit, abgelöst wird. Dazwischen liegen Lehmschichten, die aus der jeweiligen Zwischeneiszeit stammen und zwischenzeitliche Humusansammlungen aufzeigen. Sie werden auch Sperrschichten genannt, weil sie die Grundwasserhorizonte voneinander trennen. Eine Verletzung der Sperrschicht gefährdet den Status quo des Grundwassers im Bereich der Schotterebene. Wird eine Sperrschicht während der Bautätigkeiten beschädigt, muss sie auf Basis spezieller Suspensionen nachgebaut werden. Die eiszeitlichen Schotter liegen den grundwasserstauenden Sedimenten der oberen Süßwassermolasse auf, die lokal als Flinz (Flinzmergel) bezeichnet werden.

Die Isar ist heute das wichtigste Gewässer der Münchner Schotterebene. Sie teilt die Ebene von Südwest nach Nordost in zwei ungefähr gleiche Teile auf. Die Würm fließt, aus dem Landkreis Starnberg kommend, durch den Westen der Münchner Schotterebene. Ein weiteres natürliches Fließgewässer ist der Hachinger Bach, der in Oberhaching entspringt und Taufkirchen sowie Unterhaching durchquert. Der Wasserspiegel vom Hachinger Bach ist generell mit dem Grundwasser nicht verbunden. Während der intensiven Niederschläge ist eine hydrogeologische Besonderheit zu beobachten: Dann ist der Grundwasserspiegel höher als der Wasserspiegel des Hachinger Bachs [18].

Der Grundwasserspiegel ist von 1 m bis mehr als 13 m unter der Geländeoberkante anzutreffen. Das Grundwasser fließt von Süden nach Norden. Im südlichen Teil des Hachinger Tals ist das Grundwasser 1 m und im nördlichen mehr als 7 m unter der Geländeoberkante zu finden. Ungefähr 30 % der Hachinger Kanäle arbeiten im Schwankungsbereich des Grundwassers. Die Grundwasserproblematik betrifft auch teilweise die Netze der Gemeinde Oberhaching und Taufkirchen. Die Planung und Ausführung von Kanalbau- und Sanierungsmaßnahmen im Grundwasser stellen eine besonders anspruchsvolle Aufgabe dar und erfordern gewisse technische Kenntnisse sowie Erfahrungen auf dem Gebiet der Bodenmechanik.

2.3.3 Betonkanäle

Die Betonkanäle verlaufen von Süden nach Norden entlang des Hachinger Tals und sind Hauptadern des Kanalnetzes. Die Länge der Leitungen mit erhöhtem Eiprofil DN 600/1100 mm beträgt 10.886 und 10.529 m mit normalem Eiprofil DN 800/1200 mm und DN 900/1350 mm. Der Anteil von Betonkanälen im gesamten Netz ohne Grundstücksanschlüsse beträgt 13 %. Diese linearen Bauwerke wurden gemäß Münchner Normalien aus unbewehrtem Ortbeton B10 gebaut [13]. Nach Fertigstellung des Rohrgrabens wurde

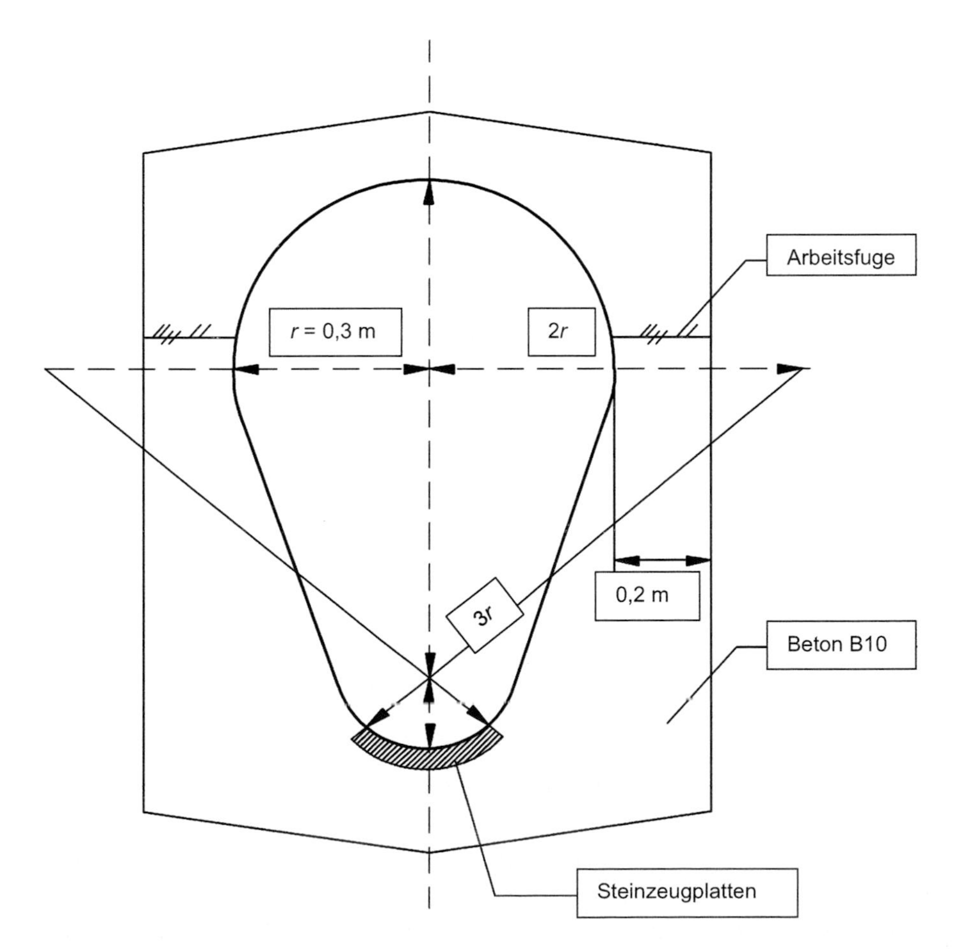

Abb. 2.9 Querschnitt des Betonkanals DN 600/1100 mm aus unbewehrtem Ortbeton B10 [13]

zuerst der untere Teil und folglich das Gewölbe im Rahmen einer Sektion mit der Länge von einem Meter betoniert. Dadurch entstanden zwei Arten von Arbeitsfugen: Längs- und Radialfugen, die anschließend mit einem mineralischen Mörtel verfugt wurden [14]. Die Sohle wurde mit KeraLine-Platten ausgekleidet (Abb. 2.9). Da diese Münchner Bauweise keine Dehnungsfugen vorsah, wurden die Arbeitsfugen im Lauf des Betriebs zu Muffen umfunktioniert.

Die bestehenden Kanäle werden ständig von vielen inneren und äußeren Belastungen beansprucht, die einen statischen und sogar quasi-dynamischen Charakter haben. Sie verursachen im Bauwerk gewisse Spannungen, die sich prinzipiell an den Schwachstellen abbauen müssen. Auf diese Weise entstehen Längs- und Radialrisse, die zu starken Grundwasserinfiltrationen führen. Die Fremdwasserproblematik ist besonders wichtig bei Kanalnetzen, die keine eigene Kläranlage besitzen. In solchen Fällen ist die Fremdwasserreduzierung das Hauptziel des Kanalbetriebs. Die Kanalsanierung im Grundwasserbereich muss umfassend durchdacht werden. Viele Kommunen machen einen Fehler, wenn sie nur den öffentlichen Kanal sanieren. Infolge solcher Maßnahmen steigt der Grundwasserspiegel im Bereich der Grundstücksanschlüsse sowie der Grundstücksentwässerungsanlagen mit der Konsequenz an, dass die ursprünglich dichten Stellen undicht werden. Es kann u. U. zu dem negativen Effekt führen, dass der Fremdwasseranteil im Abwasserabfluss nach der Sanierung größer wird. Die Fremdwasserreduzierung stellt eine aus wasserwirtschaftlicher Sicht außerordentlich wichtige Aufgabe dar, deren Realisierung technische und finanzielle Probleme mit sich bringt. Eine 100 %ige Abdichtung eines mittelgroßen Abwassernetzes ist zwar technisch vorstellbar, aber volkswirtschaftlich nicht vertretbar.

Die Länge der Betonkanäle, die im Schwankungsbereich des Grundwassers arbeiten, beträgt 6184 m. Der Anteil dieser Kanäle an der gesamten Länge der Betonkanäle beträgt 30 % und an der gesamten Infrastruktur 4 %. Nach intensiven Niederschlägen und Hochwasserperioden wird diese Strecke einschließlich der Grundstücksanschlüsse optisch inspiziert. Alle undichten Stellen werden mithilfe einer Injektionstechnik abgedichtet [19]. Anschließend müssen alle Zuläufe im sanierten Bereich inspiziert und notfalls zusätzlich saniert werden. Die bisherige Hachinger Strategie zur Sanierung der Betonkanäle beschränkte sich auf Reparaturmaßnahmen, die eine relativ kurze Lebensdauer von 10 bis 15 Jahren aufweisen. Die Sanierung von Kanälen mit Großprofilen bereitet dem Zweckverband zurzeit sowohl technische als auch finanzielle Probleme und wird aus diesem Grund auf einen späteren Zeitpunkt verschoben.

2.3.4 Öffentliche Steinzeugkanäle

Die öffentlichen Kanäle aus Steinzeug (DN 200–400 mm) im Hachinger Tal haben eine Länge von 124.755 m, dies entspricht 80 % der gesamten Kanalnetzlänge. Der dominante Durchmesser ist DN 250 mm (Abb. 2.6). Bis 1965 hatten die Verbindungen von Steinzeugrohren keine fest eingebauten Dichtelemente. Zur Abdichtung wurden 2–3 cm starke

Teerstricke in den Ringspalt der Rohrverbindungen eingelegt und die Muffe mit einer Lage plastischen Ton oder Zementmörtel umhüllt. Diese Dichtungssysteme wurden häufig mit mangelnder Sorgfalt ausgeführt, sodass Teerstrick und Ummantelung entweder nicht fachgemäß angebracht wurden oder ganz fehlten. Besonders beim Wechsel von Durchfeuchtung und Austrocknung garantierte die Tonschicht keinen Schutz gegen die Einwirkung von Grundwasser und das Eindringen von Wurzeln. Um die Schutzwirkung zu verbessern, wurde die Muffe mit Teerstrick durchgängig mit einem geschmolzenen dünnflüssigen Asphaltkitt unter Verwendung von Gießringen oder Gießschellen vergossen. Diese Vergussmuffen wurden um 1955 durch eine mit Vergussmasse oder einem Dichtring versehene Konusdichtung abgelöst [20].

Seit 1965 werden Dichtungselemente aus Kautschuk-Elastomer, Polyurethan oder Polyester eingesetzt, die fest mit den Rohren verbunden sind. Sie werden im Werk in die Muffe eingebaut und am Spitzenende angegossen. Die Steinzeugrohre, die in offenen Rohrgräben verlegt werden, können das Verbindungssystem F, C und S haben [21]. Das System C lässt gewisse Abweichungen von Dimensionen zu, weil in der Muffe ein Dichtungselement aus hartem und am Spitzenende aus weichem Polyurethan eingebaut ist. Diese Lösung garantiert eine dichte Rohrverbindung der Rohre mit dem Durchmesser DN 200–1400 mm.

Die abwassertechnische Infrastruktur im Einzugsgebiet des Hachinger Bachs, die in der Dekade von 1955 bis 1965 entstand, verfügt über die alten Dichtungssysteme in Form von Teerstricken, Gießringen etc. Die oben genannten, handwerklich hergestellten Abdichtungen der Rohrverbindungen sind zwischenzeitlich infolge von Alterung und konstruktiver Schwäche nach Maßstäben der technischen Regelwerke (DIN EN 1610, [22]) undicht. Daraus resultieren Grundwasserinfiltrationen sowie Abwasseraustritte in den Boden und in das Grundwasser. Diese Erscheinungen beschleunigen die Entwicklung von Schäden und Alterungsprozessen. Um diese negativen Vorgänge zu stoppen, müssen entsprechende Sanierungsmaßnahmen der alten Kanäle aus Steinzeug vorgenommen werden.

Die Einstiegschächte wurden bis zum Jahr 2000 nach Münchner Normalien aus unbewehrtem Ortbeton mit einem dreiteiligen Konus aus Fertigteilen gebaut. Das Gerinne wurde mit Steinzeugplatten ausgekleidet. Die Verbindung zwischen Einstiegschacht und Rohrleitung sollte doppelgelenkig sein. Seit 2000 werden die Einstiegschächte im Hachinger Tal ausschließlich aus Fertigteilen gebaut.

Die Rohre aus Steinzeug gehören zu den biegesteifen Leitungen und weisen gute physikalisch-chemische und mechanische Eigenschaften auf. Dazu zählen gute Abriebfestigkeit, Dichtheit, chemische und biologische Beständigkeit und günstige Biegezugfestigkeit. Sie lassen sich unproblematisch recyceln und sanieren. Die modernen Rohre haben sehr gute Dichtungssysteme und verstärkte Wände. Werden Steinzeugrohre fachgemäß verlegt, garantieren sie einen nachhaltigen Betrieb. Steinzeugrohre sind jedoch spröde. Diese Eigenschaft erfordert einen sorgfältigen Umgang während des Transports, der Lagerung und des Einbaus.

2.3.5 Grundstücksanschlüsse aus Steinzeug

Die Grundstücksanschlüsse stellen eine wichtige Komponente des Hachinger Kanalnetzes dar. Nach dem Stand von 2013 gibt es 8383 Hachinger Grundstückanschlüsse mit der Gesamtlänge von 95.200 m. Sie verbinden den öffentlichen Kanal (Straßenkanal) mit dem Revisionsschacht auf dem Grundstück (Abb. 2.10). Diese Hausanschlussleitung verläuft teilweise im öffentlichen und im privaten Bereich. Sie weisen einen wesentlich schlechteren technischen Zustand als die öffentlichen Kanäle auf. Die Schadensrate der Grundstücksanschlüsse ist doppelt so hoch wie die öffentlicher Leitungen.

Fast 99 % der Hachinger Grundstücksanschlüsse wurden aus den deutschen Steinzeugrohren DN 100–200 mm hergestellt. Die dominante Dimension ist DN 150 mm. Der Zweckverband betreibt diese Objekte bis zur Grundstücksgrenze. Die sog. Sammelrohrleitungen DN 200 mm, die an die einzelnen Häuser oder Wohnblöcke angeschlossen sind, entwässern größere Grundstücke.

Gemäß Münchner Normalien sollten die Grundstücke über einen Abzweig 45° an den öffentlichen Kanal angeschlossen werden. Ein nachträglicher Anschluss eines Grundstücks kann über eine Kernbohrung und einen speziellen Adapter oder einen Reparaturabzweig erfolgen. Bei letzterer Variante muss ein Stück des Hauptkanals ausgeschnitten und das Formstück eingebaut werden. Die beiden Übergänge zwischen Formstück und Kanal sind mithilfe von Kanadamanschetten abzudichten. Eine andere Lösung sieht vor, einen Einstiegschacht auf dem Straßenkanal zu setzen. Dieser kann unter lokalen Aspekten betriebliche Vorteile bringen.

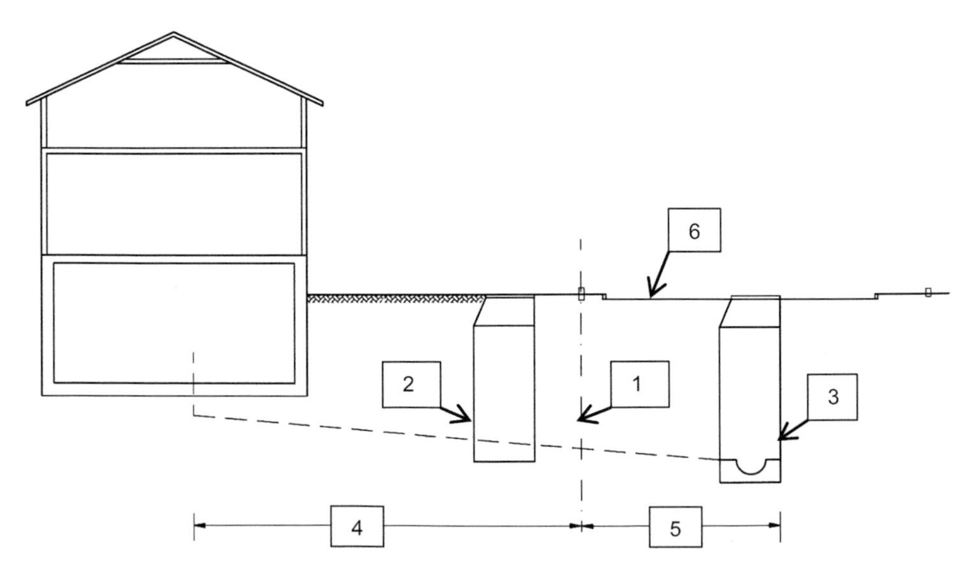

Abb. 2.10 Schematische Darstellung des Grundstücksanschusses. *1* Grundstücksgrenze, *2* Revisionsschacht, *3* Einstiegschacht, *4* Grundstücksentwässerungsanlage, *5* Grundstücksanschuss, *6* Straße. (Quelle: Raganowicz)

A Anhang

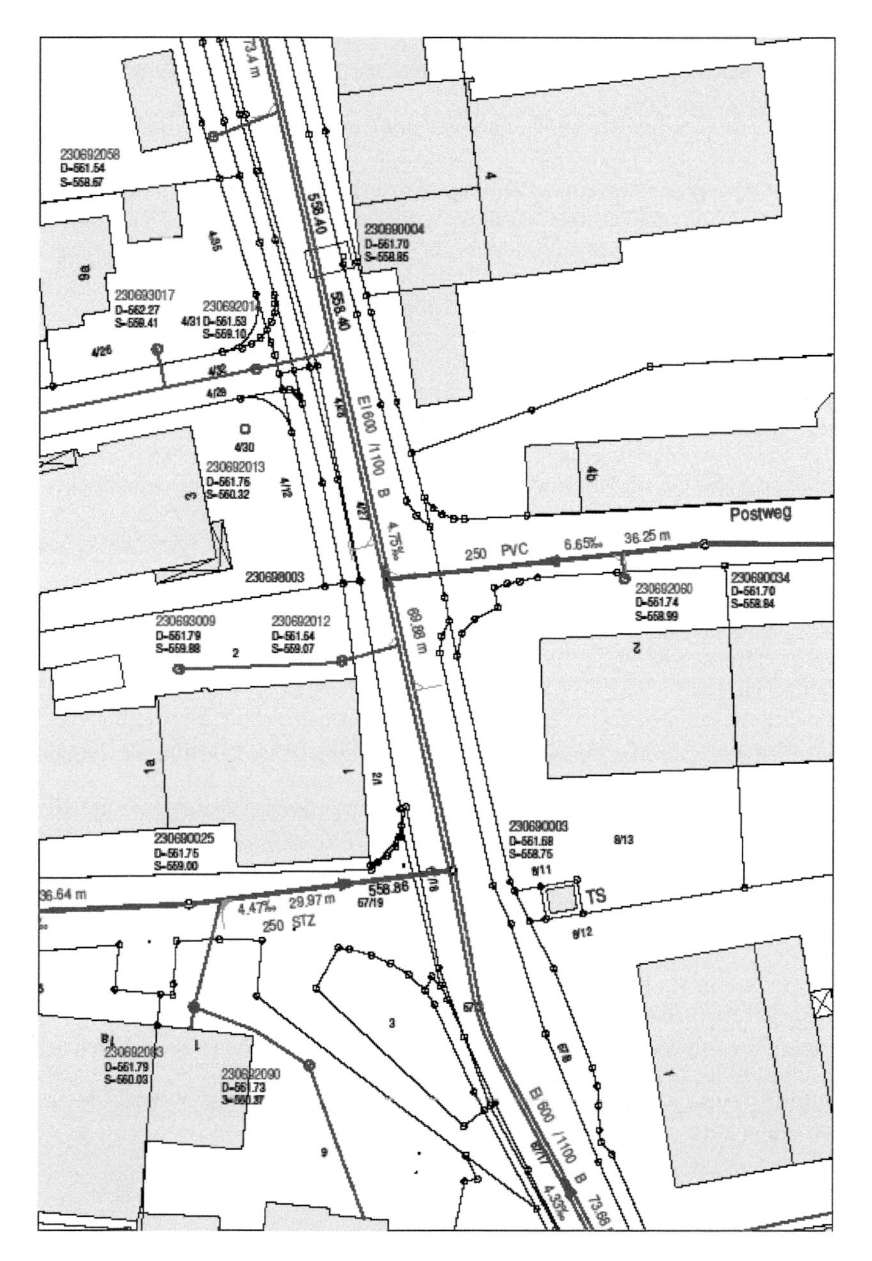

Abb. 2.11 Grafische Darstellung von Kanaldaten. (Quelle: Raganowicz)

Literatur

1. ATV – Lehr- und Handbuch der Abwassertechnik, Band I, Verlag von Wilhelm Ernst & Sohn, Berlin – München, 1967.
2. ATV-Arbeitsblatt 128, Richtlinien für Bemessung und Gestaltung von Regenentlastungen in Mischwasserkanälen, 1992.
3. Arbeitsblatt DWA–A 118, Hydraulische Bemessung und Nachweis von Entwässerungssystemen, 2006.
4. Gesetz zur Ordnung des Wasserhaushalts (Wasserhaushaltsgesetz, WHG), 31.07.2009.
5. Verordnung über die erlaubnisfreie schadlose Versickerung von gesamtem Niederschlagswasser (NWFreiV), Bayerisches Staatsministerium für Landesentwicklung und Umweltfragen, Januar 2000.
6. DWA-M 153, Handlungsempfehlungen zum Umgang mit Regenwasser, 2007.
7. Brombach H., Dettmar J.: Im Spiegel der Statistik: Abwasserkanalisation und Regenwasserbehandlung in Deutschland, KA Korrespondenz Abwasser, Abfall Nr. 3(63), 2016.
8. DWA-A 116-2, Besondere Entwässerungsverfahren – Teil 2; Druckentwässerungssysteme außerhalb von Gebäuden, 2007.
9. DIN EN 1671, Druckentwässerungssysteme außerhalb von Gebäuden, 1997.
10. Länderarbeitsgemeinschaft Wasser (LAWA): Leitlinien zur Durchführung dynamischer Kostenvergleichsrechnung (KVR-Leitlinien), Kulturbuch-verlag GmbH, Berlin 2005.
11. Thimet J., f. Günthert W.: Abwasserbeseitigung, Technik und Recht, Kommunal- und Schul-Verlag GmbH & Co. KG - Wiesbaden 2014.
12. Arbeitsblatt DWA-A 116-1, Besondere Entwässerungsverfahren – Teil 1; Unterdruckentwässerungssysteme außerhalb von Gebäuden, 2005.
13. Münchner Normalien, Zentrale Technische Normen für Kanalbau in München, Stadtentwässerung München, 1992.
14. Raganowicz A.: Besonderheiten der Kanalsanierung in Unterhaching, UmweltBau Nr. 5, 2007.
15. Zweckverband zur Abwasserbeseitigung im Hachinger Tal, Dokumentation der Durchflussmessung, 2003-2013.
16. Verordnung über Anforderungen an das Einleiten von Abwasser in Gewässer (Abwasserverordnung – AbwV), 21.03.1997.
17. GEOINFORM, Magellan – GIS in new dimensions, 2002.
18. Kölling Ch., Tomsu Ch.: Grundwassermodell – östliche Münchner Schotterebene, Umweltreport der Stadt München, München, Juni 2003.
19. Raganowicz A.: Injektionsverfahren erfüllt die Erwartungen, UmweltBau Nr. 2, 2007.
20. Flick K.H., Hecker H., Purde H.J.: Erneuerung der Dichtung an Rohrverbindungen von Steinzeugrohren älterer Bauart, 3 R international (45) Heft 1-2/2006.
21. Steinzeug – Ein komplettes Programm für die moderne Abwasserkanalisation, Handbuch, Steinzeug GmbH, Köln, 1998.
22. DIN EN 1610, Verlegung und Prüfung von Abwasserleitungen und -kanälen, Beuth Verlag GmbH, Berlin 2010.

3 Kontrolle und Beurteilung vom baulich-betrieblichen Kanalzustand

Zu den technischen Komponenten des Kanalnetzunterhalts gehören Hochdruckreinigung, Monitoring und Reparaturmaßnahmen. Das Ziel der Jahreskanalreinigung ist, das Kanalnetz in einem guten hygienischen Zustand zu erhalten und die Bildung von verfestigten Ablagerungen und anderen Abflusshindernissen zu verhindern.

Monitoring ist die am besten entwickelte Kanalunterhaltsdisziplin. Diese Technik macht inzwischen große Fortschritte. Sie erlaubt, das Kanalinnere aufzunehmen und anschließend eine zuverlässige Kanalzustandsprognose zu erstellen. Die daraus resultierenden quantitativen Analysen führen zur Optimierung der Sanierungsmaßnahmen und letztlich zur Optimierung des Kanalbetriebs.

Die Reparaturmaßnahmen umfassen lokale/punktuelle Sanierungen, die manuell oder mithilfe von Robotern ausgeführt werden. Zu diesen Maßnahmen zählen auch Quick-Lock-Manschetten, Kurzliner und Hutprofile, die mit einem Kurzliner kombiniert werden können.

3.1 Hochdruckkanalreinigung

Kanalreinigung ist die Pflichtaufgabe des Kanalnetzbetreibers. Jedes Netz sollte je nach Möglichkeit einmal pro Jahr gereinigt werden [1]. In naher Zukunft nimmt die Bedeutung der Kanalreinigung zu, weil die Abwasseremission dank der sparenden Wassersysteme, der Regenwasserbewirtschaftung und der Fremdwasserreduzierung kleiner wird. In diesem Zusammenhang wird die Tendenz zur Bildung von verfestigten Ablagerungen und Abflusshindernissen größer. Diese Erscheinungen führen zu einer Einschränkung der Funktionalität des Kanalnetzes. Bei der Erstellung von Reinigungsplänen sind neben betrieblichen auch Anforderungen der optischen Inspektion und der Sanierung zu berücksichtigen.

Zur Reinigung von Kanalnetzen wird standardmäßig das Hochdruckspülverfahren eingesetzt. Die gesamte Technik ist auf einem Fahrzeug installiert und besteht im Wesent-

A. Raganowicz, *Nutzen statistisch-stochastischer Modelle in der Kanalzustandsprognose*,
DOI 10.1007/978-3-658-16117-0_3

lichen aus den folgenden Komponenten: Wassertank, Hochdruckpumpe, Spülschlauch, Saugschlauch und Reinigungsdüse [2]. Kanalablagerungen werden bei der Hochdruckspülung durch Druckwasserstrahlen von der Rohrwandung gelöst und bis zum Arbeitsschacht gespült. Dort wird das Spülwasser mit den gelösten Ablagerungen in den Schlammbehälter eines Reinigungsfahrzeugs gesaugt. Zum Schluss wird der gesammelte Schlamm entwässert und entsorgt. Die modernen Fahrzeuge mit Wasserrückgewinnungstechnik können das Wasser direkt aus dem Kanal gewinnen und teilweise zu Grauwasser entwickeln, das anschließend als Spülwasser verwendet wird. Um die geplanten Reinigungsziele zu erreichen, sind u. a. entsprechende Düsen einzusetzen. Die Hersteller bieten je nach Reinigungsaufgabe verschiedene Produkte an [2]:

- rundumstrahlende Düsen zur Reinigung der gesamten Rohrwandung, beispielsweise für eine Inspektion;
- flachstrahlende Düsen zum Transport loser Ablagerungen in der Sohle großer Kanäle (ab DN 500 mm);
- rotierend strahlende Düsen (Rotationsdüsen), zur Lösung hartnäckiger Ablagerungen (z. B. Fetten) über die gesamte Rohrwandung und Vorbereitung der TV-Inspektion;
- vorstrahlende Düsen (Fräsdüsen) zur Lösung von Verstopfungen.

Der Wasserdruck an der Düse kann den Wert von 120–160 bar erreichen. Er ist von Verlusten auf der gesamten Strecke zwischen Pumpe und Düse abhängig. Bei sanierten Kanalstrecken ist es ratsam, vorsichtig mit dem Druck umzugehen. Sanierungsexperten empfehlen einen Wasserdruck bis 80 bar.

Eine rationelle Kanalreinigung beruht auf einem Zusammenspiel zwischen Wasserdruck und Wassermenge. Die Auswahl der Reinigungsparameter ist abhängig vom Rohrmaterial und Längsgefälle sowie von Durchflussmenge und Verschmutzungsgrad. Eine nicht fachgemäße Kanalreinigung führt zur Entstehung von Rissen und Scherbenbildungen. Die Erfahrungen der Kanalnetzbetreiber besagen, dass etwa 20 % der erfassten Schäden durch eine inkompetente Ausführung von Reinigungsarbeiten entstehen. Die Reinigungsvorgänge sollten daher sorgfältig dokumentiert werden. Eine konventionelle Dokumentation sollte zusätzlich die Ergebnisse der einfachen Sichtprüfung und alle relevanten Kanalzustandsdaten beinhalten [2].

► Die Hochdruckreinigung ist eine bedeutende Komponente des Kanalunterhalts. Deshalb müssen Reinigungspläne anhand einer Datenbank und unter Berücksichtigung aller lokalen spezifischen Gegebenheiten erarbeitet werden. Diese Optimierung kann zu einer bedarfsorientierten Kanalreinigung führen. Durch eine rationelle Planung dieser Unterhaltssparte sind bei den großen Netzen Ersparnisse in Höhe von 20 % zu erwarten.

3.1.1 Automatische Dokumentation der Kanalreinigung

Die Kanalreinigung wird i. d. R. von Fremdfirmen ausgeführt. Da diese Leistung für den Kanalbetreiber eine besondere Bedeutung hat, muss sie entsprechend betreut und kontrolliert werden. Zur effektiven Kontrolle der Reinigungsvorgänge hat die österreichische Firma MTA Messtechnik GmbH aus St. Veit ein Kanalreinigungskontroll(KRK)-System konzipiert. Das KRK-System dokumentiert automatisch alle relevanten Reinigungsdaten [3]:

- Druck an der Pumpe oder Schlauchtrommel,
- Errechnung des Spüldrucks an der Düse aus Pumpendruck durch Kalibrierung,
- Unterdruck der Abwassersauganlage,
- Länge des ausgefahrenen Schlauchs,
- Position des Spülfahrzeuges („global positioning system“, GPS),
- Laufzeiten von Motor oder optional Pumpe.

Alle vorgenannten Werte werden vom System auf der Zeitachse dargestellt. Zur Auswertung der aufgezeichneten Daten ist eine eindeutige Bezeichnung jeder Haltung notwendig. Bei der Aufgabe ist der Operator durch eine Kanaldatenbank zu unterstützen, sodass die Eingabe der Haltungsbezeichnung über ein einfaches graphisches Auswählen der Elemente erfolgen kann.

Seit 2011 verwendet der Zweckverband Hachinger Tal erfolgreich das KRK-System. Zu den Nebeneffekten der Kanalreinigung gehört auch die einfache Sichtprüfung von Einstiegschächten inklusive der Fotodokumentation. In Abb. 3.1 sind die automatisch dokumentierten Parameter eines Reinigungsvorgangs dargestellt [4].

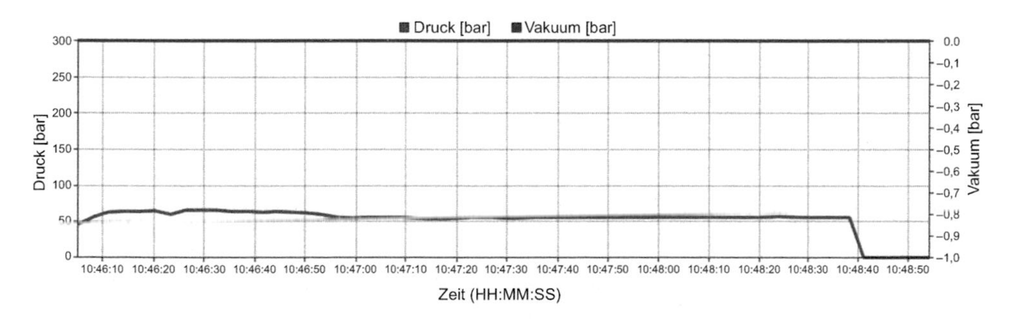

Abb. 3.1 Grafische Darstellung der automatisch dokumentierten Reinigungsparameter. (Quelle: Raganowicz)

3.2 Optische Inspektion

Die ersten Versuche der optischen Inspektion von Kanälen wurden anfangs der 1950er-Jahre vorgenommen. Eine schnelle Entwicklung der TV-Technik in den letzten 20 Jahren hat zu enormen Fortschritten auf dem Gebiet der optischen Inspektion von Abwasserkanälen beigetragen. Der bauliche Kanalzustand lässt sich mit verschieden Kamerasystemen erfassen. Die größte Gruppe bilden selbstfahrende Systeme, die für Kanäle ab DN 200 mm geeignet sind. Spezielle Modelle können sogar Leitungen mit einem Durchmesser von 3500 mm inspizieren. Die Aufnahmen von Grundstücksanschlüssen und Grundstücksentwässerungsanlagen (DN $\leq$ 200 mm) mit Verzweigungen können mithilfe von Satelliten- oder Schiebekameras gemacht werden, die mit Schwenkkopf und steuerbaren Gelenken ausgestattet sind und die Überwindung von 90°-Bögen ermöglichen. Eine spezielle Lösung stellt die sog. Spülkamera dar. Das Grundprinzip dieses Kanalspions basiert auf der Kombination einer hochwertigen, miniaturisierten Farbkamera mit einer Reinigungsdüse. Im ersten Arbeitsgang wird diese Hydrokamera mithilfe einer Düse durch mehrere Leitungsbögen in eine Grundstücksentwässerungsanlage eingespült Im zweiten Arbeitsgang, auf dem Rückweg, nimmt sie den baulichen Zustand auf. Je nach Betrachtungsweise ist das eine Kamera, die auch Kanäle reinigen kann oder eine Spüldüse, die sieht, was sie reinigt. Die Grundlagen, die eine qualifizierte Erfassung des tatsächlichen Kanalzustands gewährleisten, sind im Merkblatt DWA-M 149-5 [5] erfasst.

Systeme, die die Blitztechnik verwenden, gehören zu den modernsten Kameras. Den Prototyp dieser Kamera mit dem Namen PANORAMO präsentierte die Firma IBAK im Jahr 2005 in München auf der Internationalen Fachmesse für Wasser-, Abwasser-, Abfallwirtschaft (IFAT). Die Kamera PANORAMO besteht aus zwei Digitalkameras, die gleichzeitig mit einer einstellbaren Frequenz sphärische Fotos machen (Abb. 3.2). Diese werden anschließend datenverarbeitungsseitig zu einem Bild verschweißt. Aus einer gewissen Summe von Bildern entsteht eine Filmsequenz. Die beiden Kameras machen standardmäßig ein Foto pro 5 cm der befahrenen Kanalstrecke. Die Kamera PANORAMO befährt die Kanäle wesentlich schneller als eine konventionelle Kamera [6]. Zu den Vorteilen dieses Systems zählen

Abb. 3.2 Kamera PANORAMO der Firma IBAK. (Quelle: Firma IBAK)

- die kurze Inspektionszeit,
- die objektive Erfassung des Kanalzustands,
- die quantitative Bewertung der Schäden,
- die Erstellung einer Schadensklassifikation nach der Befahrung.

Die modernen Systeme bieten eine hohe Full-high-definition(HD)-Qualität an. Sie sind außerdem mit zusätzlichen Modulen ausgestattet, die die Kanalgeometrie quasi perfekt erfassen und dokumentieren können; dazu zählen

- der Durchmesser des Kanals und Grundstücksanschlusses,
- das Längsgefälle der einzelnen Rohre,
- Deformationen und
- Bogenwinkel.

Diese Informationen spielen bei der Datenauswertung eine relevante Rolle und bilden eine gute Basis für die erste und zweite Abnahme von durchgeführten Sanierungsarbeiten.

3.2.1 Komplette optische Inspektion

Die komplette optische Inspektion umfasst das ganze Kanalnetz. Die Reihenfolge von Untersuchungen kann beliebig sein, aber sie sollten Gebietsweise durchgeführt werden, um gewisse örtliche Gegebenheiten besser zu erkennen und zu interpretieren. Die Ausnahmen sind Hochwasserperioden. Treten diese ein, müssen die Leitungen im Schwankungsbereich des Grundwassers aus betrieblichen Gründen sofort inspiziert werden. Vor der TV-Befahrung muss die zu inspizierende Kanalstrecke gereinigt werden. Die Reinigung des lokalen Netzes erfolgt generell vom höchsten bis zum tiefsten Punkt und immer in Richtung der Hauptsammler. Die Qualität dieser Reinigung unterscheidet sich von der Jahresreinigung. Die innere Rohrwandung muss so sauber sein, dass alle Schäden erkennbar sind. In besonderen Fällen sind zwei TV-Untersuchungen – vor und nach der Reinigung zu empfehlen – um den baulichen Zustand des Objekts besser diagnostizieren zu können.

Die Realisierung einer kompletten optischen Inspektion ist aufwendig und kostspielig. Der Zeitfaktor hat zudem für Großstädte eine besonders wichtige Bedeutung. Viele Großstädte haben ihre ersten kompletten Inspektionen noch nicht abgeschlossen. Um die Kanaldatenbank aufbauen zu können, muss die erste optische Inspektion den kompletten Charakter haben. Eine Alternative zur kompletten Inspektion ist die selektive Inspektionsstrategie.

3.2.2 Selektive optische Inspektion

Die Grundidee dieses Inspektionsverfahrens besteht darin, anhand der statistischen Analyse von charakteristischen Kanalhaltungen eine Aussage über den Zustand des Gesamtnetzes treffen zu können. Im Anschluss an die Ersterfassung erfolgt nach zehn Jahren die flächendeckende Wiederholungsinspektion [7]. Dabei werden Haltungen unabhängig von ihrem Zustand und Alter turnusmäßig erneut untersucht. Bei der durchschnittlichen Lebensdauer von Kanälen (50–100 Jahre) sind jährlich etwa 1–2 % der Netzlänge sanierungsbedürftig. Das jährliche Inspektionsvolumen beträgt 10 % der Netzlänge, 10–20 % der resultierenden Befunde führen zu Sanierungsmaßnahmen. Die verbleibenden 80–90 % der Befunde führen aufgrund geringerer Priorität zunächst nicht zu Sanierungen. Durchschnittlich wird jede Haltung fünf Mal inspiziert, bevor eine Sanierungsmaßnahme realisiert wird [8]. Aufgrund dieser Probleme entstand die Notwendigkeit, eine bessere Inspektionsstrategie zu konzipieren.

Die selektive Vorgehensweise stützt sich auf die statistisch-prognostische Auswertung der Inspektion. Dabei werden repräsentative Stichproben untersucht und die Ergebnisse auf das Gesamtnetz hochgerechnet. Die Kosten der kompletten Wiederholungsinspektionen lassen sich durch eine selektive Inspektion innerhalb von 25 Jahren um etwa 60 % reduzieren. Unabhängig von den Kosten gibt die selektive Inspektion die Möglichkeit, den technischen Zustand des Gesamtnetzes schnell und aufgrund der aktuellen Daten zu beurteilen. Die Realisierung dieses Verfahrens erfolgt in vier Phasen:

- Unterteilung des gesamten Netzes in Schichten mit ähnlichen Merkmalen
- Bildung je einer Stichprobe aus repräsentativen Haltungen jeder Schicht
- Durchführung der optischen Inspektion aller Stichproben
- Auswertung der TV-Dokumentation und Ausarbeitung einer statistischen Kanalzustandsprognose für jede Stichprobe; Hochrechnung der Untersuchungsergebnisse auf das Gesamtnetz

Bei der Bildung von Schichten sind folgende Kriterien zu berücksichtigen:

- Belastungsklasse der Straße,
- Rohrmaterial,
- Durchmesser der Leitung und Querschnitt,
- Art der Kanalisation,
- Untergrundverhältnisse,
- Gründungstiefe und Bettungssystem sowie
- Alter des Kanals.

Die theoretischen Grundlagen der selektiven Inspektionsstrategie wurden in den 1990er-Jahren in Deutschland von Herz, Hochstrate und Schönborn erarbeitet und in Form des Algorithmus AQUA-WertMin [9] veröffentlicht. Diese Version der selektiven Inspektion sieht vor, dass die Population jeder Schicht mindestens 30 und die jeder Stichprobe 12–15 Haltungen betragen sollte. Zur Begrenzung der Berechnungszeit der statistischen Auswertung auf ein vernünftiges Ausmaß sind maximal fünf Schichten zu bilden. Die Auswahl der Haltungen einer stichprobenbildenden Schicht ist dem Zufall zu überlassen. Die statistischen Kanalzustandsprognosen der Stichproben sind auf das gesamte Netz zu übertragen. Die selektive Strategie scheint in der Form wirtschaftlich zu sein, aber ihre Effektivität ist sehr problematisch.

Die Hoffnung, dass die komplette optische Inspektion durch dieses Verfahren ersetzbar ist, erweckte besonders bei Großstädten große Erwartungen. Die erste Phase der selektiven Inspektionsstrategie, die 20 % des Gesamtnetzes umfasste, setzten die deutschen Städte Dresden, Braunschweig und Ingolstadt ein. In der Fachliteratur sind keine Berichte zu finden, die die nächsten Anwendungsphasen beschreiben, weshalb eine wissenschaftlich-technische Analyse dieses Verfahrens nicht möglich ist.

Viele Betreiber der großen Kanalisationen sind hinsichtlich der Anwendung der selektiven Inspektion skeptisch. Die Version AQUA-WertMin [9] geht von einer Datenbasis aus, die aus 150 Haltungen besteht. Diese Population ist nicht ausreichend, um maßgebende Ergebnisse zu sichern. Kleine Fehler in der Phase der Schichtenbildung können die Endergebnisse negativ beeinflussen und zu falschen Entscheidungen führen. Nachdem die Grundidee der prognostischen Inspektion interessant und praxisorientiert war, startete das Bundesministerium für Bildung und Forschung ein Projekt zum Thema Anwendbarkeit der selektiven Inspektion für die Zwecke der statistischen Kanalzustandsprognose [10]. Dieses Projekt wurde in Zusammenarbeit mit der Rheinisch-Westfälischen Technischen Hochschule Aachen realisiert. Die untersuchte Stichprobe hatte eine Population von 35.000 Kanalhaltungen. Die Ergebnisse der statistischen Kanalzustandsprognose wurden an drei verschiedenen Kanalnetzen getestet. Dabei untersuchte man viele Aspekte der praktischen Anwendung der selektiven Inspektionsstrategie [11]. Die Forschung umfasste die typischen Etappen des selektiven Verfahrens:

- Festlegung der Population der Hauptstichprobe,
- Unterteilung des Gesamtnetzes in ein paar Schichten und Bildung einer repräsentativen Stichprobe pro Schicht,
- Optische Inspektion der Hauptstichprobe, Zustandsklassifikation und Erstellung der Kanalzustandsprognose für die Hauptstichprobe,
- Hochrechnung der Prognose auf das Gesamtnetz,
- Festlegung des Sanierungsumfangs und Planung der nächsten Inspektion.

Festlegung des Hauptstichprobenumfangs

Ziel der selektiven Inspektionsstrategie ist, anhand der Zustandsverteilung der repräsentativen Stichprobe die Aussage über den aktuellen Zustand des Gesamtnetzes zu treffen. Statistische Berechnungen sind mit einem Risiko verbunden, das sich bei zufälligem Charakter der Stichprobe quantifizieren lässt. Das Risiko ist umgekehrt proportional zur Population der Stichprobe. Die Population ist genauso wichtig wie das tolerierte Risiko. Zur Quantifizierung des Risikos ist der Vertrauensbereich zu bestimmen, der den unbekannten prozentualen Anteil p (Population) einer Zustandsklasse bezogen auf das Gesamtnetz bei der angenommen Aussagesicherheit $(1-\alpha)$ beschreibt. Für die Zwecke der selektiven Inspektion kann die Irrtumswahrscheinlichkeit $\alpha = 0{,}05$ (5 %) angenommen werden.

Infolge dessen beträgt die Aussagesicherheit $(1-\alpha)=0{,}95$ (95 %). Folglich befinden sich 95 % der prognostizierten Werte im Vertrauensbereich, der sich nach Bortz [12] wie folgt bestimmen lässt:

$$\begin{aligned}\Delta K_i = \pi_\mathrm{o} - \pi_\mathrm{u} = & \frac{n}{n+z^2}\left[p + \frac{z^2}{2n} + z\sqrt{\left(\frac{p\,(1-p)}{n} + \frac{z^2}{4n^2}\right)}\right] \\ & - \frac{n}{n+z^2}\left[p + \frac{z^2}{2n} - z\sqrt{\left(\frac{p\,(1-p)}{n} + \frac{z^2}{4n^2}\right)}\right]\end{aligned} \tag{3.1}$$

mit

ΔK_i Vertrauensbereich für die angenommene Irrtumswahrscheinlichkeit,
π_o, π_u obere und untere Grenze des Vertrauensbereichs,
n Population der Stichprobe,
z Wert der Standardnormalverteilung,
p Populationsanteil der Grundgesamtheit.

Die Ergebnisse der statistischen Untersuchungen zeigen, dass eine aussagekräftige Zustandsklassenverteilung einer Hauptstichprobe mindestens 500 Kanalhaltungen benötigt. Eine repräsentative Stichprobe für eine Schicht sollte mindestens 100 Kanalhaltungen beinhalten. Dieser Stichprobenumfang ist im Vergleich mit dem System AQUA-WertMin [9] um den Faktor drei größer.

Schichtung der Kanalisation

Aufgrund der Vergleiche von jeweils zwei Kanalhaltungsgruppen, die sich durch ein Einflussmerkmal unterschieden, wurde die Relevanz der erfassten Einflussmerkmale mithilfe eines statischen Testverfahrens (U-Test nach Wilcoxon, Mann und Withney bzw. H-Test nach Kruskal und Wallis) festgelegt [11, 12]. Hieraus wurde folgende Hierarchie der Merkmale, die den größten Einfluss auf den Kanalzustand haben, abgeleitet:

- Alter der Kanalhaltung,
- Durchmesser,
- Art der Kanalisation,
- Gründungstiefe,
- Untergrundverhältnisse,
- Rohrmaterial,
- Verkehrslast,
- Grabenart.

Zu den Merkmalen wie Profil, Lage zum Grundwasser und Stadtgebiet waren aufgrund der fehlenden Angaben keine Aussagen möglich.

Es sollten nur wenige, am besten maximal fünf Schichten für ein Netz gebildet werden, weil die Schichtenanzahl über die Größe der Hauptstichprobe und die Länge der Berechnungszeit entscheidet.

Optische Inspektion und Zustandsklassifikation von Haltungen der Hauptstichprobe

Nach der Analyse der Netzmerkmale und der Bildung von Schichten sind die repräsentativen Stichproben zu bilden. Dabei sind zwei Kriterien zu berücksichtigen:

- Die Haltungen jeder Stichrobe müssen nach dem Zufallsprinzip ausgewählt werden, um die Anwendbarkeit von statistischen Methoden zu gewährleisten,
- Logistische und wirtschaftliche Aspekte sind bei den Inspektionsplänen zu beachten.

Hochrechnung der Zustandsverteilung auf das Gesamtnetz

Die Zustandsverteilung einer Schicht entspricht der Zustandsverteilung der entsprechenden Stichprobe. Die Grenzen des Vertrauensbereichs werden nach Gl. 3.1 bestimmt. Die Prognose der Anteilnahme jeder Population im Gesamtnetz kann anhand der Gl. 3.2 berechnet werden:

$$p = \sum_{j=1}^{k} g_j \cdot p_j \tag{3.2}$$

mit

g_j $= N_j/N$,
p Populationsanteil der Grundgesamtheit,
p_j Populationsanteil der Schicht j,
g_j Gewicht der Schicht j,
N_j Umfang der Schicht j,
N Umfang der Grundgesamtheit.

Die Ergebnisse der vorliegenden Arbeit, die auf einer Stichprobe mit 35.000 Haltungen (Gesamtlänge etwa 1.750.000 m) basieren, garantieren Repräsentativität. Ihre theoretische sowie praktische Bedeutung liegt in der Feststellung der Population der Hauptstichprobe und der Schichtenstichproben. Die Anwendung der selektiven Inspektion erfüllt die statistischen Grundsätze für Kanalisationen ab einer Gesamtlänge von 100.000 m. Unter den logistischen Aspekten sollte dieses Verfahren für Netze mit einer Länge ab 500.000 m sehr wirtschaftlich sein. Untersuchungen hierzu wurden schon vor zehn Jahren veröffentlicht. Dennoch sind viele Großstädte bezüglich dieses Verfahrens skeptisch. Einige Städte testeten nur die erste Phase der selektiven Inspektion.

3.3 Reparaturmaßnahmen

Die Reparaturmaßnahmen gehören zum großen Themenblock Kanalunterhalt und werden im Rahmen der laufenden Kosten finanziert. Sie haben einen lokalen Charakter und weisen eine Lebensdauer von 10 bis 15 Jahren auf. Die Reparaturmaßnahmenpalette umfasst die folgenden Verfahren:

- Kurzliner,
- Injektionen,
- Hutprofile, Hutprofile kombiniert mit Kurzlinern (Packer-Hutprofil),
- Stahlmanschetten,
- manuelle Arbeiten auf Basis von speziellen Mörteln.

Die Reparaturarbeiten benötigen eine gute Vorbereitung und eine präzise Ausführung. Die schadhafte Stelle muss gereinigt und optisch inspiziert werden und v. a. frei von Abwasser sein. Die vorbereitenden Arbeiten verursachen relativ hohe Kosten und sind nicht äquivalent zu den zu erwartenden Sanierungseffekten. Nicht fachgemäß ausgeführte Reparaturmaßnahmen können zu einer weiteren Entwicklung von Schäden führen. Negative Erfahrungen diesbezüglich betreffen v. a. die Kurzliner. Ein nicht richtig gesetzter Kurzliner kann den zu sanierenden Riss unerwartet vergrößern und sogar einen Rohrbruch verursachen. Kleine Risse mit der Rissbreite $\leq 0{,}5$ mm werden sehr oft aufgrund einer mangelhaften Reinigung nicht erfasst. Wenn ein Kurzliner im Bereich des nicht erkannten Risses gesetzt wird, kann dies unangenehme betriebliche Konsequenzen haben. Deshalb ist es zu empfehlen, die Kurzliner mindestens über zwei Muffen einzubauen. Ein vorhandener Riss kann sich höchstens bis zu einer von beiden Muffen fortsetzen. In Abb. 3.3 ist die schematische Installation eines Kurzliners dargestellt [13].

Eine ebenso populäre Reparaturmaßnahme wie die der Kurzliner ist die Edelstahlmanschette (z. B. System Quick-Lock). Diese Technik findet sehr oft Anwendung bei der Anbindung eines Liners. Eine Anbindung eines Liners mithilfe einer Quick-Lock-Manschette wird in Abb. 3.4 gezeigt [14]. Zwei elastische Ringe aus Elastomeren sorgen für die Dichtheit im Bereich des Altrohrs und Liners, wodurch keine Hinterläufigkeiten zu erwarten sind. Dieses System garantiert bessere Sanierungsergebnisse als die Anbindungen, die manuell auf Basis verschiedener Mörteln gemacht werden.

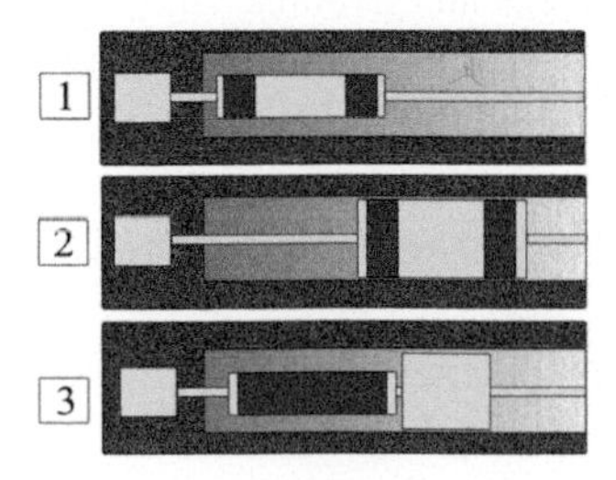

Abb. 3.3 Schematische Installation eines Kurzliners. *1* Positionierung des Kurzliners, *2* Installation, *3* Rückfahrt des Packers zum Ausgangspunkt [13]

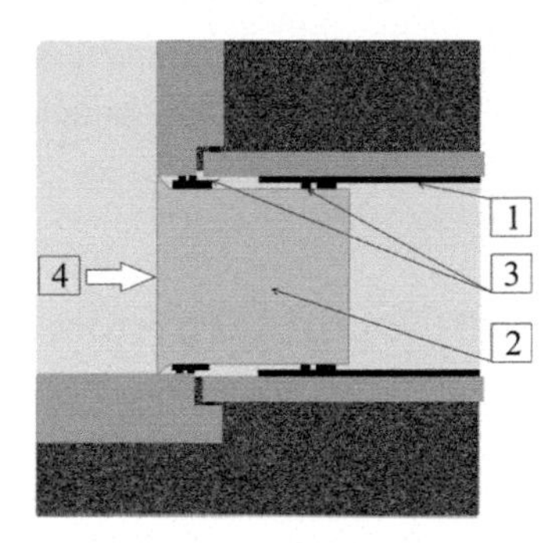

Abb. 3.4 Lineranbindung mithilfe einer Quick-Lock-Manschette. *1* Liner, *2* Quick-Lock-Manschette, *3* Elastomerringe, *4* Fließrichtung [14]

Da Reparaturmaßnahmen eine kurze Lebensdauer aufweisen (10–15 Jahre), sollten sie alle zwei bis drei Jahre inspiziert und notfalls nachgebessert werden. Während der Planung von Reparaturmaßnahmen ist eine Kosten-Nutzen-Analyse (Kostenvergleichsrechnung) durchzuführen, die die Investitionskosten und Lebensdauer der drei Verfahren (Neubau, Sanierung und Reparatur) berücksichtigt. Auf dieser Basis und unter Beachtung der betrieblich-örtlichen sowie zusammenhängenden Gegebenheiten ist die wirtschaftlichste Sanierungslösung zu konzipieren. Meistens stellt der Liner die optimale Variante dar.

3.4 Populäre Systeme der optischen Inspektion

Der europäische Markt bietet viele sehr gute Kamerasysteme an. Die Herstellung von TV-Kameras machte in den letzten zehn Jahren große technische Fortschritte. Sie garantieren eine sehr hohe Qualität von Aufnahmen und Untersuchungsdokumentation. Zu den Meilensteinen dieser Entwicklung zählen das farbige Bild, die Full-HD-Qualität des Bilds und die Blitztechnik, die eine objektive Aufnahme des Innenrohrs ermöglicht. Die modernen Systeme sind in der Lage, jede Leitung unabhängig von Durchmesser und Konfiguration zu inspizieren und eine aussagekräftige Dokumentation zu liefern.

Hintergrundinformation

Vor zehn Jahren war die Inspektion von Leitungen mit dem Durchmesser DN $\leq$ 150 mm und Verzweigungen technisch nicht möglich. Die Erfolge auf dem Gebiet trugen zur Entwicklung von kleinen und leistungsfähigen Robotern sowie Mikrofräsen bei. Dank dieser Minigeräte können heutzutage die Leitungen mit kleinen Dimensionen standardmäßig mit Linern saniert werden. Sogar die Hutprofile DN 150/100 mm können erfolgreich eingesetzt werden.

Zu den populärsten Herstellern von optischen Systemen in Deutschland gehören:

- die Firma IBAK aus Kiel,
- die Firma RAUSCH aus Wießenberg bei Lindau,
- die Firma JT-elektronik (Jöckel) aus Lindau.

Als Vorreiter in Europa brachte die Firma IBAK ein optisches System mit Blitztechnik auf den Markt, das den baulichen Zustand vom Innenrohr objektiv vollständig registrieren kann.

3.4.1 Optisches System – Beispiel 1

Die Firma IBAK – Helmut Hunger GmbH Co. KG wurde 1945 gegründet. Momentan gehört sie zu den größten Herstellern von optischen Systemen für Kanäle in Europa. Der Hauptsitz der Firma befindet sich in Kiel mit zwei Niederlassungen in Krefeld und Ulm. Die Hauptproduktion umfasst selbstfahrende Systeme (Einbau-Systeme; [6]).

Kompakt-System
Es besteht aus der Winde KW 180 (200 m), einem kleinen Fahrwagen mit der Kamera ORION und der Steuerung BE3.5. Das Kompakt-System bietet gute Voraussetzungen für die Inspektion von Hauptkanälen ab DN 100 mm. Die Kamera ORION ist mit einem Dreh-/Schwenkkopf ausgestattet, der die Blicke in alle Richtungen bis hin zum automatischen Abschwenken von Muffen und den Blick rückwärts in den Abzweig ermöglicht. Zum Spülen und Inspizieren während eines Arbeitsgangs kann zwischen Kamera und Schiebestab eine 3D-Spüldüse eingebaut werden. Dank der IKAS-Evolution-Software und einem Sensor ist es möglich, den Rohrverlauf in XYZ-Achse zu messen.

Professional-System
Das Komplettsystem, bestehend aus der Winde KW 305 (300 m) und einem Fahrwagen T76 mit der Kamera ARGUS 5, ist für die Aufnahmen von Großprofilen ausgelegt. Die IBAK ARGUS 5 ist eine Dreh-, Neige- und Schwenkkopfkamera, die sich per Knopfdruck auf die speziellen Anforderungen jedes gewünschten Arbeitsauftrags umschalten lässt. So kann per Vorwahltaste der Schwenkbetrieb (Blickrichtung rechts/links, z. B. für Grundstücksanschlüsse) oder der Neigebetrieb (Blickrichtung oben/unten, z. B. für Rohrsohlen) eingestellt werden. Die weiteren Funktionsauswahlmöglichkeiten Blickrichtung 45°, Blickrichtung 90° (jeweils in alle Richtungen: rechts/links/oben/unten), Neutralstellung sowie automatische Muffenabschwenkung sorgen für eine hohe Effizienz. Diese Kamera verfügt außerdem über einen ROTAX-Verschwenkmechanismus, wodurch das Bild beim Verschwenken nicht nur aufrecht, sondern auch lagerichtig bleibt.

PANORAMO-System
Die IBAK PANORAMO Anlage verfügt über eine Scannertechnologie zur hocheffizienten Kanalinspektion. Die Inspektionen können mit wesentlich höherer Geschwindigkeit durchgeführt werden. Die Aufnahme des baulichen Kanalzustands erfolgt mithilfe von zwei Digitalkameras mit 185°-Fisheye-Objektiven, die im Abstand von 5 cm je ein Bild registriert. Anschließend werden die Bilder softwareseitig zusammengesetzt, sodass eine reale 3D-Aufnahme des kompletten Innenrohrs entsteht. Die Zustandsklassifizierung er-

folgt im Büro anhand der innovativ genauen Schadensparametrierung. Das PANORAMO-System bietet eine objektive und qualitativ perfekte Aufnahme. Dennoch ist diese Blitztechnik für die Aufnahme von Grundwasserinfiltrationen nicht besonders geeignet. Alle Undichtigkeiten sind besser erkennbar, wenn eine höhere Bildfrequenz eingestellt wird. Für die Archivierung der Inspektionsdaten werden leistungsfähige Server benötigt. Die Firma IBAK bietet das hocheffiziente PANORAMO-System auch für Schachtinspektion (PANORAMO-SI) und Kleinprofile ab DN 150 mm (PANORAMO 150) an.

High-End-System

Das Pegasus-HD-System stellt eine technologische Entwicklung zur Aufnahme und Speicherung im Full-HD-Format dar. Diese Technik generiert perfekte Bilder in höherer Auflösung, wodurch die Schäden noch besser analysiert werden können. Für die HD-Qualität des Bilds ist die von IBAK entwickelte IKAS-Evolution-Software verantwortlich.

Spül-TV-System

Das Spül-Inspektions-System bietet die optimalen Voraussetzungen für die Grundstücksanschlussinspektion. Die Kamera Lisy 3 mit dem Fahrwagen T76 ist mit einem Satellitensystem kombinierbar. Zum Spülen und Inspizieren eines Arbeitsgangs kann der Schiebestab um eine Spüldüse ergänzt werden. Die Kamera kann mit einem Sensor ausgestattet sein, der mit Unterstützung durch die IKAS-Evolution-Software den Rohrverlauf in XYZ-Achse messen kann.

Die IKAS-Evolution ist die neue Generation der leistungsfähigen Kanalanalysesoftware IKAS. Der Algorithmus basiert auf einer neu entwickelten Softwareplattform, die für Erfassung, Archivierung und Verwertung von Kanalinspektionsdaten verantwortlich ist. Die IKAS-Evolution-Software kann für alle gängigen Regelwerke und Auftraggeber definierten Anforderungen zur Kanalzustandserfassung konfiguriert werden. Dieses System wird nach Wünschen des Auftraggebers mit den erforderlichen Schnittstellen ausgestattet.

Die Firma stellt auch das Sanierungsequipment in Form von Fräs- und Hutprofilrobotern her. Für die Dichtheitsprüfung mit Über- oder Unterdruck bietet IBAK Prüfpacker für Muffen und Prüfpacker mit einer Satellitenblase für Grundstücksanschlüsse an.

3.4.2 Optisches System – Beispiel 2

Die Firma RAUSCH mit Sitz in Weißenberg bei Lindau wurde 1980 gegründet. Sie stellt optische Systeme für die Inspektion von Abwasserkanälen her. Das Angebot der Firma RAUSCH umfasst verschiedene moderne TV-Systeme [15].

Fahrwagen L 135

Der lenkbare Fahrwagen L 135 mit elektrischem Hubgetriebe und Kreis-Schwenkkopfkamera KS 135 (Scan) dient der TV-Untersuchung von DN 135–2500 mm und der Schaden- und Deformationsmessung ab DN 150 mm. Der L 135 wird auch als Basiseinheit für den Einsatz von Muffenprüfsystemen verwendet. Er ist ein ideales System für die Kombination von TV-Inspektion und Deformationsmessung in Hauptleitungen. Durch ein Lasermessverfahren können Deformationen punktuell oder über die komplette Haltung bestimmt werden. Die auf diese Weise festgestellten Abweichungen vom Sollzustand werden über die Software PipeCommander grafisch (auch dreidimensional) dargestellt.

Lenkbarer Fahrwagen L 100 Cross
Der lenkbare Fahrwagen L 100 Cross mit Kreis- und Schwenkkopfkameras KS 60 CL und KS 60 DB für die TV-Untersuchung ab DN 100 mm besitzt kompakte Abmessungen, leistungsstarke Motoren, drei angetriebene Achsen, einen extrem tiefen Schwerpunkt und spezielle Radsätze: Damit bewältigt der lenkbare L 100 Cross auch bei schwierigen Rohrverhältnissen problemlos große Distanzen. Zur Inspektion von Kanälen mit Nennweiten von DN 100–600 mm hat man die Wahl zwischen der Kreis- und der Schwenkkopfkamera KS 60 CL sowie dem volldigitalen Topmodell KS 60 DB. Beide Kameralösungen verfügen serienmäßig über einen integrierten Ortungssender und sind passgenau auf den lenkbaren Kamerafahrwagen L 100 Cross abgestimmt.

Satellitensystem M 135
Das Satellitensystem M 135 besteht aus dem lenkbaren Kamerafahrwagen L 135 mit elektrischem Hubgetriebe und der Satellitenkamera SKM 135. Es dient zur Kanalinspektion von Haupt- und Hausanschlussleitungen, die in einem Arbeitsgang, ausgehend vom Hauptkanal (DN 135), durchgeführt werden kann.

Kamerasystem KS 135 Scan – SI
Dieses Kamerasystem wird zur Schachtinspektion nach EN 13508-2 in Verbindung mit einer TV-Inspektionsanlage vom Typ RCA proline oder ECO STAR 400 verwendet. Die Kameraführung erfolgt über eine Teleskopstange an der Kabeltrommel Elka 600.

PortaCam-System
Das PortaCam-System, eine tragbare Kameraeinheit mit LCD-Monitor, dient der TV-Inspektion begehbarer Kanäle. Es ist mit der Steuereinheit ECO STAR 300 und der Kabeltrommel Alpha mit maximal 150 m Kamerakabel kombinierbar und bildet ein komplett mobiles System. Das PortaCam-System kann auch anhand einer Fahrzeugeinbauversion vom Typ RCA proline oder ECO STAR 300 betrieben werden. Die Datenübertragung für die Kommunikation, beispielsweise mit dem Operateur in der TV-Inspektionsanlage, erfolgt über das Kamerakabel.

PipeCommander-Navigationsmodul
Dieses Modul bietet die Möglichkeit, anhand von Daten aus der TV-Inspektion den Verlauf von Rohrleitungen als dreidimensionales Modell darzustellen. Auf diese Weise können Schachtpositionen, Hauptkanäle und Anschlussleitungen visualisiert werden. Über ein spezielles Bogenmesssystem können während der Inspektion der Anschlussleitungen

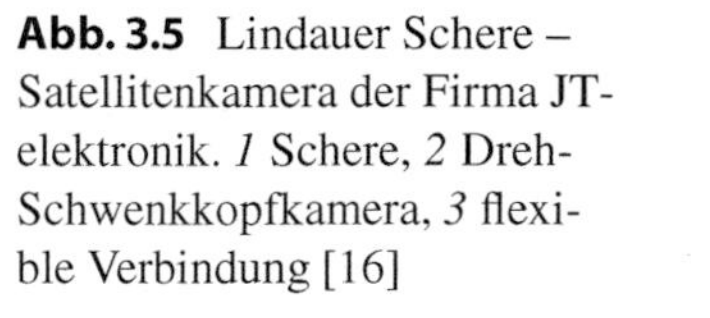

Abb. 3.5 Lindauer Schere – Satellitenkamera der Firma JT-elektronik. *1* Schere, *2* Dreh-Schwenkkopfkamera, *3* flexible Verbindung [16]

auch Krümmer und Bögen vermessen werden. Dies wird dann ebenfalls in der 3D-Darstellung korrekt wiedergegeben.

Die Firma RAUSCH bietet zusätzlich einen Kampac-Prüfpacker auf Basis eines Kamerawagens L 135 für die Dichtheitsprüfung von einzelnen Verbindungsmuffen und ein Quick-Lock-V4A-Liner-System für den Einbau von Edelstahlmanschetten an.

3.4.3 Optisches System – Beispiel 3

Der Sitz der Firma JT-elektronik befindet sich in Lindau am Bodensee. Seit 30 Jahren sammelt die Firma JT Erfahrungen in der Konzeption, Entwicklung und Fertigung von tragbaren TV-Systemen und komplett ausgebauten TV-Fahrzeugen [16]. Mehr als 650 gefertigte Einheiten bestätigen ein durchdachtes Know-how. Die Produktionspalette ist ähnlich wie die der Firmen IBAK und RAUSCH. Eine besonders interessante Lösung stellt die Lindauer Schere dar. Sie ist eine abbiegefähige Farb-Dreh-Schwenkkopfkamera für die ganzheitliche Erfassung und Dokumentation von Grundstücksentwässerungsanlagen. Die Technik der Lindauer Schere erlaubt es, ausgehend von Revisionsöffnungen und Schächten als Satellitenkamera vom Hauptkanal aus das gesamte Grundstücksentwässerungssystem mit allen Abzweigen und Verästelungen zu inspizieren und zu dokumentieren. In Verbindung mit dem 3D-Kanalverlaufsmesssystem ASYS kann die Lindauer Schere das Grundstücksentwässerungssystem zusätzlich vermessen. Die Lindauer Schere ist in Abb. 3.5 dargestellt.

Literatur

1. DWA-A 147, Betriebsaufwand für die Kanalisation, Betriebsaufgaben und Häufigkeiten, 2005.
2. Schütler M.: Handbuch-Kanalreinigung, IKT-Institut für Unterirdische Infrastruktur, Gelsenkirchen 2004.

3. Werbemittel der Firma MTA-Messtechnik aus St. Veit (inklusiv Internetseite www.mta-messtechnik.at).
4. Zweckverband zur Abwasserbeseitigung im Hachinger Tal, Automatische Dokumentation der Kanalreinigung in dem Zeitraum 2011–2013.
5. DWA-M 149-5, Zustandserfassung und -beurteilung von Entwässerungssystemen außerhalb von Gebäuden – Teil 5: Optische Inspektion, 2010.
6. Werbemittel der Firma IBAK – Helmut Hunger GmbH & Co. KG (inklusiv Internetseite www.ibak.de).
7. Verordnung zur Eigenüberwachung von Wasserversorgungs- und Abwasseranlagen (EÜV Bayern), 1995.
8. Hertwig E., Krug R.: Selektive Inspektionsstrategie und statistisch/prognostische Sanierungsmodelle, Korrespondenz Abwasser 1999 (46) Nr. 11.
9. AQUA-WertMin Software: www.aqua-ingenieure.de.
10. Müller K., Dohmann M.: Entwicklung eines allgemein anwendbaren Verfahrens zur selektiven Erstinspektion von Kanalisationen und Anschlussleitungen, Abschlussbericht Teil C: Handlungsanleitung, Institut für Siedlungswasserwirtschaft der RWTH Aachen(ISA), 2002.
11. Müller K.: Strategien zur Zustandserfassung von Kanalisationen, Dissertation, Fakultät für Bauingenieurwesen der Rheinisch-Westfälischen Technischen Hochschule Aachen, 2005.
12. Sachs L.: Angewandte Statistik, Anwendung statistischer Methoden, 14. Auflage, Springer Verlag Berlin Heidelberg, 2012.
13. Werbemittel der Firma Kanal- und Rohrtechnik GmbH aus Chemnitz (zusätzlich Internetseite www.kurt-chemnitz.de).
14. Informationsmaterial der Firma Uhrig (inklusiv Internetseite www.uhrig-bau.eu).
15. Informationsmaterial der Firma Wolfgang Rausch GmbH & Co (zusätzlich Internetseite www.rausch.com).
16. Informationsmaterial der Firma JT-elektronik (inklusiv Internetseite www.jt-elektronik.de)

4 Codiersysteme für optische Inspektionen von Entwässerungssystemen

Zur Erstellung einer aussagekräftigen Kanalzustandsprognose wird eine qualitativ gute TV-Dokumentation benötigt. Die Qualität der Zustandserfassung ist von der Kameratechnik und der Codierung der Schäden abhängig. Die Schadencodes (Schadenskürzel) müssen mithilfe von einfachen Kombinationen, die aus Buchstaben und Ziffern bestehen, möglichst genau die Schäden beschreiben. Die Qualität der Schadencodierung spielt bei der automatischen Zustandsklassifizierung eine entscheidende Rolle. Zu den Hauptkomponenten eines Schadencodes gehören die Informationen über die Schadenart (Riss, Infiltration, Wurzeleinwuchs), die Lage im Rohrquerschnitt und die Parametrierung und Bedeutung für die Dichtheit. Die bekanntesten Schadencodiersysteme in Deutschland sind das System der Deutschen Vereinigung für Wasserwirtschaft, Abwasser und Abfall e. V. (DWA; früher Abwassertechnische Vereinigung, ATV) und des Integrierten DV-System-Bauwesen (ISYBAU). Ein wichtiger Wendepunkt der Schadencodierung war im Jahr 2003 die Einführung der DIN EN 13508-2 [1], die nach einer dreijährigen Übergangszeit im europäischen Raum galt. Kommentare und zusätzliche Informationen zu dieser Norm sind im Merkblatt DWA-M149-2 [2] zu finden. Im Jahr 2006 wurde es notwendig, die vorhandenen Datenbestände in das nun gültige Format zu konvertieren [3].

4.1 Codiersystem nach ATV

Das Codiersystem nach ATV-M 143-2 [4] war von 1991 bis 2006 im Einsatz. Die damals gültige DIN EN 752-5 [5] verlangte die Vergleichbarkeit der Codierungssysteme. Die mehrjährige Anwendung des Merkblatts ATV-M 143-2 [4] in Verbindung mit dem Merkblatt ATV-M 149 [6] für Kanalzustandsklassifizierung und Festlegung von Sanierungsprioritäten zeigte, dass sich nicht alle Schäden beschreiben ließen und keine Codierungen für Sanierungsschäden (Sanierungsfehler) zur Verfügung standen. Eine notwendige Erweiterung und Anpassung des Merkblatts ATV-M 143-2 [4] an die damals aktuellen Anforderungen wurde im Jahr 1999 durchgeführt.

A. Raganowicz, *Nutzen statistisch-stochastischer Modelle in der Kanalzustandsprognose*,
DOI 10.1007/978-3-658-16117-0_4

Die Struktur der Schadenskürzel sah Allgemeine Texte und Zustandstexte für Kanäle sowie Zustandstexte für Schächte und Bauwerke der Ortsentwässerung vor. Die Allgemeinen Texte wurden als zwei- bis vierstellige Kürzel mit eventuell einer angehängten numerischen Angabe konzipiert (z. B. QVN300 = Nennweitenveränderung auf DN 300 mm). Die Zustandstexte für Kanäle sowie Zustandstexte für Schächte und Bauwerke der Ortsentwässerung bestehen i. d. R. aus vierstelligen Kürzeln. Die erste Kürzelstelle beschreibt die Schadensgruppe, die zweite die Schadensausprägung. Die dritte Stelle zeigt mögliche Undichtigkeiten des Kanals oder des Schachts auf. Die vierte Stelle informiert über die Schadenslage im Rohrquerschnitt oder bei Schächten über Schäden im betroffenen Schachtteil. Der numerische Zusatz drückt eine Angabe über den Schadensausmaß (z. B. Querschnittreduzierung, Rissbreite) aus. Sie ist i. d. R. zweistellig. Die Lage der einzelnen (punktuellen) Schäden ist durch die Stationierung, ausgehend vom Haltungsanfang (Schachtmitte), festzulegen. Die Streckenschäden sind durch Beginn und Ende der Strecke zu dokumentieren.

4.2 Codiersystem nach ISYBAU

Der Begriff ISYBAU steht für ein virtuelles Format der Schadensbeschreibung, die eine automatische oder halbautomatische Kanalzustandsklassifizierung ermöglicht. Das ISYBAU-Codierungssystem diente Anfang der 1990er-Jahre der Planung, Sanierung und dem Unterhalt von Abwasseranlagen in Liegenschaften des Bundes. Seitdem wurde es systematisch modifiziert und ergänzt. Infolge dieser Änderungen sind drei Versionen aus dem Jahr 1996, 2001 und 2006 entstanden. In Rahmen der Version ISYBAU-2001 wurden zusätzliche Inspektionskürzel entwickelt, um die Zustände in sanierten Abschnitten zu beschreiben und zu dokumentieren. Die Inspektionskürzel können aus sieben Zeichen bestehen. Die ersten vier dokumentieren Schadensgruppe, Schadensausprägung, Undichtigkeitsangabe und Lage im Profil. Sie beschreiben den Kanalzustand. Als fünftes Zeichen ist eine Ziffer (Schadensklasse) zur Bewertung des Zustands anzugeben [7]. Das sechste Zeichen signalisiert einen möglichen Streckenschaden. Die siebte Kürzelstelle vergibt dem Streckenschaden eine laufende Nummer.

Die Großbuchstaben an der ersten Stelle des Kürzels beschreiben den erfassten Zustand (Schadensgruppe, z. B. B für Rohrbruch, R für Riss, H für Hindernis). Die zweite Stelle, auch ein Großbuchstabe, spezifiziert den primären Zustand (z. B. B für Ausbiegung, P für Wurzeleinwuchs). Zur Erfassung von Zuständen (Schäden) in sanierten Bereichen werden Kleinbuchstaben verwendet. Die dritte Stelle informiert über mögliche Undichtigkeiten im Rohrprofil (z. B. B für Boden sichtbar). Zu den Ausnahmen gehören Angaben Geröll und Sand, die mit Undichtigkeiten nichts zu tun haben. An der vierten Stelle werden generell Angaben zur Lage der Schäden gemacht, obwohl Ausnahmen möglich sind (z. B. O für oben, Scheitel; U für unten, Sohle). An der fünften Stelle wird die Schadensklasse als Ergebnis der Schadensklassifizierung vergeben. Die Schadensklasse sollte nicht vom TV-Inspekteur beurteilt werden, weil der Schaden in einem breiteren Kontext, z. B. unter der Berücksichtigung von Schadensursachen und Rohrstatik, zu analysieren ist. Deshalb ist die Schadensklassifizierung die Aufgabe eines Bauingenieurs oder eines erfahrenen Technikers. Intelligente Algorithmen sind in der Lage, anhand der Schadensbeschreibung und Schadensparametrisierung eine Schadensklasse vorzuschlagen oder zu vergeben. Eine automatische Schadensklassifizierung kann zur automatischen Kanalzustandsklassifizierung und Kanalzustandsprognose führen. Solche Modelle und Strategien sind in den USA sehr populär, konnten sich aber bis jetzt in Deutschland noch nicht durchsetzen. Die sechste Stelle ist eine Zusatzinformation bei Streckenschäden oder Sanierungsmaßnahmen. Es wird ein Streckenschaden dokumentiert, wenn seine Länge 0,30 m überschreitet. Die letzte, siebte Stelle beschreibt die laufende Nummer (*n*) eines Streckenschadens. Die Nummerierung ist bei unterschiedlichen Schadensarten jeweils neu, d. h. beginnend mit 1, vorzunehmen. Diese Stelle wird bei der Inspektion von Sanierungsmaßnahmen nicht verwendet.

Die Version ISYBAU-2001 erfüllte nicht alle Anforderungen der Inspektion von Sanierungsmaßnahmen. Die langjährige Praxis zeigte, dass eine nicht fachgemäße Kanalsanierungen zur Entstehung von vielen Sanierungsfehlern führen kann, die der Schadenskatalog ISYBAU 2001 nicht beinhaltete. Die Firma Barthauer Software GmbH [3] konzipierte eine neue Version ISYBAU-2006 (XML), wodurch die vorgenannten Probleme behoben wurden. Die letzte Version von ISYBAU im Format XML ist kompatibel mit der Schadensklassifizierung nach DIN EN 13508-2 [1].

4.3 Codiersystem nach DIN EN 13508-2

Die DIN EN 13508-2 [1] legt ein Codiersystem für die optische Inspektion von Entwässerungssystemen fest, die seit 2006 verbindlich ist. Die aktuelle DIN EN 752 [8] erfordert die Anwendung eines einheitlichen Codiersystems, um vergleichbare Ergebnisse der optischen Inspektion sicherzustellen. Die Hauptcodes, die aus der Kombination von drei Großbuchstaben bestehen, werden in vier Gruppen eingeteilt:

- Hauptcodes zur Struktur der Leitungen,
- Hauptcodes zum Betrieb der Leitungen,
- Hauptcodes zur Bestandsaufnahme,
- weitere Hauptcodes.

Jeder Schaden lässt sich anhand des Hauptcodes und der zusätzlichen Informationen beschreiben. Der erste Buchstabe des Hauptcodes informiert darüber, ob ein Schaden in der Leitung, im Schacht oder in einer Inspektionsöffnung erfasst wurde. Der zweite beschreibt die Schadensart und der dritte spezielle Festlegungen. Für die Charakterisierung von Schäden sind zwei Codes reserviert, die das Merkmal näher beschreiben. Zwei Stellen stehen für die Quantifizierung des Merkmals zur Verfügung. Die weiteren Stellen beschreiben den Umfang der Schadenslokalisierung, die Verbindung oder einen Hinweis auf den Zusammenhang einer Festlegung mit einer Rohrleitung, die Lage eines Schadens in Längsrichtung, die Fotoreferenz, die Videoreferenz und Anmerkungen.

Das Ziel dieses Codiersystems war, eine Plattform zu schaffen, die den Datenaustausch von optischen Inspektionen im Europäischen Raum ermöglichte. Die Einführung der DIN EN 13508-2 [1] vereinfachte wesentlich die europaweiten Ausschreibungen von optischen Inspektionen.

4.4 Codiersystem nach DIN 1986-30

Das Codiersystem nach DIN 1986-30 [9] ist für Grundstücksentwässerungsanlagen und Grundstücksanschlüsse anzuwenden. Darunter fallen Leitungen mit dem Durchmesser DN 100–200 mm. Das Codiersystem ist für die Entwässerungsnetze von Großbetrieben, die einen Charakter des öffentlichen Netzes haben, nicht geeignet.

Der Schadenskatalog, der nur 20 Schäden beinhaltet, stellt einen Auszug aus der DIN EN 13508-2 [1] dar. Es sind typische Schäden, die in den Abwasserleitungen mit kleineren Querschnitten vorkommen können. Jeder Schaden lässt sich mit einem Hauptcode (drei Großbuchstaben) und zwei Merkmalen sowie zwei nummerischen Informationen beschreiben. Die Quantifizierung der Schäden ist analog DWA-M 149-3 [10] im Wesentlichen auf die häufig verwendeten Steinzeugrohre mit Muffenverbindungen konzipiert. Bei Abwasserrohren aus anderen Werkstoffen wie thermoplastischen Kunststoffen, Guss oder Stahl sind die Angaben in den jeweiligen Produktnormen zur Schadensklassifizierung heranzuziehen.

4.5 Schadensklassifizierung des Hachinger Kanalnetzes

Das Hachinger Kanalnetz wurde im Jahr 2000 der ersten kompletten optischen Inspektion unterzogen. Die Auswertung der Untersuchungsdaten wurde nach ATV(DWA)-System vorgenommen, das fünf Schadensklassen vorsieht. Die schlechteste Klasse ist 0 und die beste 4. Die schlechtesten Schadensklassen 0 und 1 sind maßgebend für die Festlegung des kritischen Kanalzustands, bei dem Sanierungsmaßnahmen notwendig sind.

Die Schäden der Grundstücksanschlüsse wurden anhand der zweiten kompletten optischen Inspektion im Jahr 2010 gemäß DIN 1986-30 [9] klassifiziert. Diese Norm bietet die drei Schadensklassen A, B und C, mit der schlechtestes Klasse A und der besten C. Die Quantifizierung von Schäden erfolgte analog zu DWA-M 149-3 [10]. Bei Grundstücksanschlüssen wurde angenommen, dass die zwei schlechtesten Schadensklassen A und B für den kritischen Zustand maßgebend sind. Die Hachinger Grundstücksanschlüsse wurden flächendeckend erst 2010 optisch inspiziert. Sie verlaufen teilweise im öffentlichen, teilweise im privaten Bereich. Die Schäden sollten eigentlich nach DIN EN 13508-2 [1] klassifiziert werden. Nachdem die Grundstücksanschlüsse sich aber aufgrund des kleinen

Durchmessers (DN 150 mm) und einer hohen Schadensrate von den öffentlichen Kanälen unterscheiden, können ihre Schäden nach DIN 1986-30 [9] klassifiziert werden.

4.5.1 Charakteristik der Schäden an Betonkanälen

In Rahmen der komplexen Analyse des Kanalzustands wurden die Betonkanäle mit einem überhöhten Eiprofil DN 600/1100 mm und einem normalen Eiprofil DN 800/1200 mm sowie DN 900/1350 mm berücksichtigt. Eine Stichprobe bestehend aus 125 Haltungen mit einer Gesamtlänge von 7629 m vertritt die Betonkanäle. Die untersuchten Haltungen entwässern die Gemeinde Unterhaching und sind von 2,0 bis 8,0 m unter der Geländeoberkante und oberhalb des Grundwassers verlegt. Das Alter dieser Kanäle, bezogen auf die Inspektion im Jahr 2000, beträgt 11–36 Jahre. Die Altersstruktur der Betonkanäle aus dieser Stichprobe ist in Abb. 4.1 und die Durchmesserverteilung in Abb. 4.2 dargestellt. Aus der Abb. 4.1 ist zu entnehmen, dass die größte Altersgruppe die 35-jährigen Haltungen (48 %) bilden. Der Anteil der restlichen Gruppen beträgt 10–20 %. Der dominierende Durchmesser ist DN 800/1200 mm mit einem Anteil von 56 %. Die Breite einer Altersgruppe von fünf Jahren resultiert aus den statistischen Analysen der empirischen Daten.

Die typischen Schäden an den Betonkanälen sind Risse. Sie wurden aus unbewehrtem Beton B10 gebaut. In der ersten Bauphase betonierte man den unteren Teil und folglich auch das Gewölbe. Eine Sektion des Betonierens ist ein Meter lang. Bei der Bauweise ent-

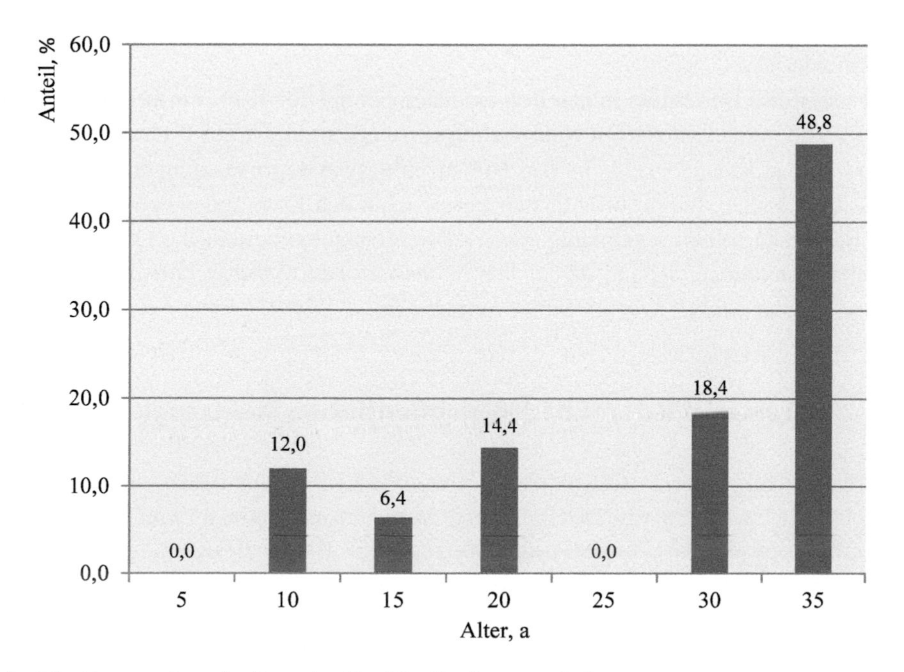

Abb. 4.1 Altersstruktur der Betonkanäle. (Quelle: Raganowicz)

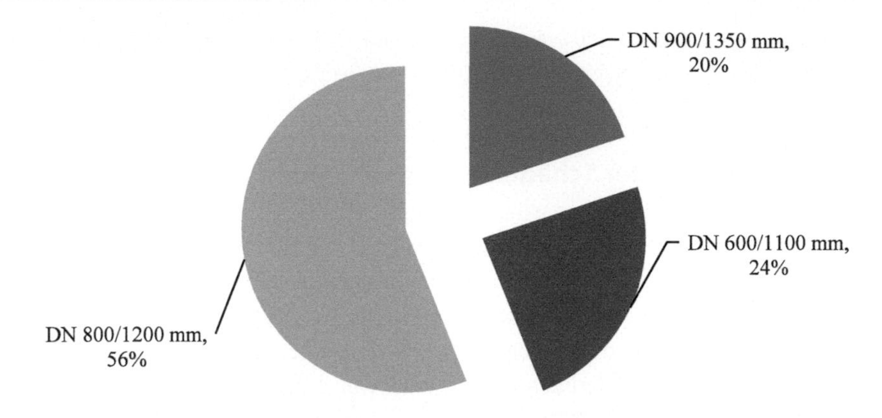

Abb. 4.2 Durchmesserverteilung von Betonkanälen. (Quelle: Raganowicz)

standen zwei Längsarbeitsfugen entlang des Kanals und Radialarbeitsfugen regelmäßig im Abstand von einem Meter. Die Einstiegschächte wurden mit den Leitungen monolithisch verbunden. Der langjährige Betrieb von Betonkanälen führte dazu, dass aus Längsfugen Risse und aus Radialfugen zu Muffen wurden.

Andere wichtige Schäden betreffen Stutzen, die den Anfang von Grundstücksanschlüssen bilden. Sie wurden per Einschlagen und ohne Kernbohrung ausgeführt, was ihre bauliche Qualität negativ beeinflusste. Die Betonkanäle mit Großprofilen haben ein schwaches Längsgefälle. Bei kleinen Abwasserdurchflüssen setzten sich Feststoffe ab und bildeten Ablagerungen, die sich nach einer gewissen Zeit verfestigten. Auf diese Weise entstanden Abflusshindernisse.

Der maximale Durchfluss in den Betonkanälen beträgt 20–40 l/s. Größere Durchflüsse bis 80 l/s sind nur bei intensiven Niederschlägen zu erwarten. Dieses Fremdwasser dringt durch Löcher in Kanaldeckeln ein. Das Niederschlagswasser im Hachinger Tal versickert über Sickerschächte, die im öffentlichen Bereich von den Kommunen betrieben werden. Diese Bauwerke sollten regelmäßig gewartet werden, sonst besteht die Gefahr, dass sie nicht mehr funktionsfähig sind. In solchen Fällen muss der Abwasserkanal zwangsläufig das Niederschlagswasser von der Straße aufnehmen.

4.5.2 Charakteristik der Schäden an öffentlichen Steinzeugkanälen

Die abwassertechnische Infrastruktur der Gemeinde Unterhaching ist für öffentlichen Steinzeugkanäle repräsentativ. Der Bau dieses Kanalnetzes begann im Jahr 1955. Die erste komplette optische Inspektion wurde 2000 realisiert. Bis zu diesem Zeitpunkt erfolgte die Netzerweiterung gemäß Münchner Normalien [11]. Die zu untersuchende Stichprobe der öffentlichen Steinzeugkanäle besteht aus 1162 Haltungen mit einer Gesamtlänge von 40.000 m. Diese Leitungen haben Durchmesser im Bereich von DN 200 mm bis DN 400 mm. Die Altersstruktur der Unterhachinger Kanäle, bezogen auf die Inspektion im

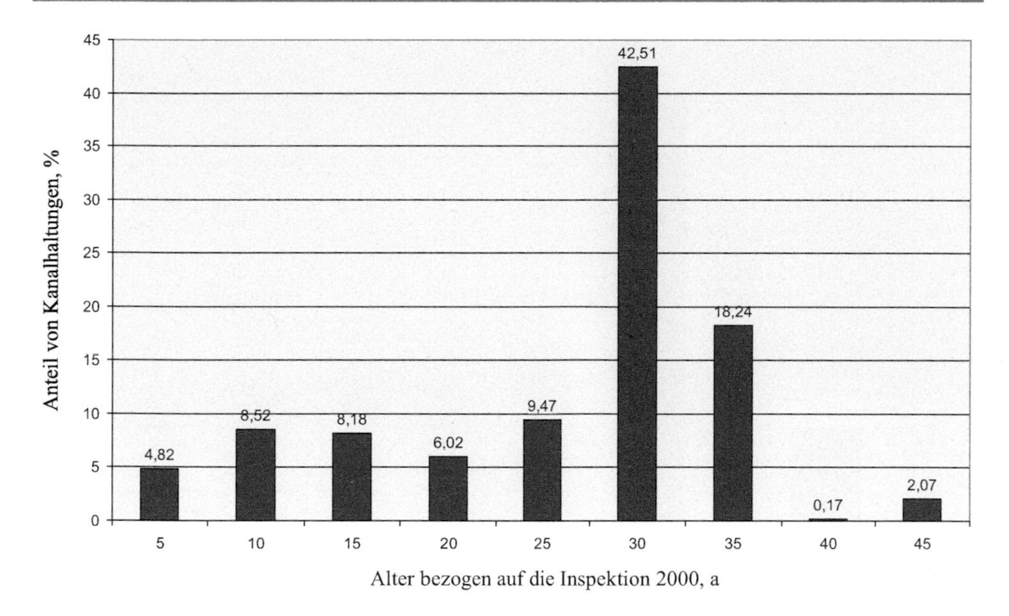

Abb. 4.3 Altersstruktur der Steinzeugkanäle. (Quelle: Raganowicz)

Jahr 2000, ist in Abb. 4.3 dargestellt. Aus der Altersverteilung ist zu entnehmen, dass die Netzerweiterung keinen regelmäßigen Charakter hat. Die Kanalbauarbeiten konzentrierten sich im Zeitraum von 1975 bis 1990, als etwa 70 % der Leitungen entstanden [12]. Die Münchner Normalien erlaubten, die Kanäle bis DN 500 mm ausschließlich aus Deutschem Steinzeug® zu verlegen; u. a. bestimmen sie die Konstruktion der Grundstücksanschlüsse.

Die Unterhachinger öffentlichen Freispiegelkanäle entwässern im Trennsystem. Sie wurden durchschnittlich 3 m unter der Geländeoberkante mit dem Längsgefälle von 3–5 ‰ verlegt. Die Durchmesserverteilung von Steinzeugkanälen ist in Abb. 4.4 dargestellt [12]. Der Hauptdurchmesser von öffentlichen Steinzeugleitungen beträgt DN 250 mm. Diese Kanalangaben lassen darauf schließen, dass das Hachinger Kanalnetz hinsichtlich der Untergrundverhältnisse, der Rohrwerkstoffe, der Durchmesser und der Gründungstiefe sehr homogen ist.

Die Kanalschäden, die während der optischen Inspektion im Jahr 2000 erfasst wurden, wurden nach dem damals gültigen Merkblatt ATV-M 143-2 [4] analysiert. Insgesamt wurden 2639 Schäden dokumentiert. Sie sind in Tab. 4.2 im Anhang aufgelistet [12]. Zur Vereinfachung der Analyse wurden die folgenden Schadensgruppen gebildet:

- Abflusshindernisse,
- Lageabweichungen,
- Schäden an Rohrverbindungen,
- Schäden an Seitenzuläufen,
- Risse,
- Innenkorrosion.

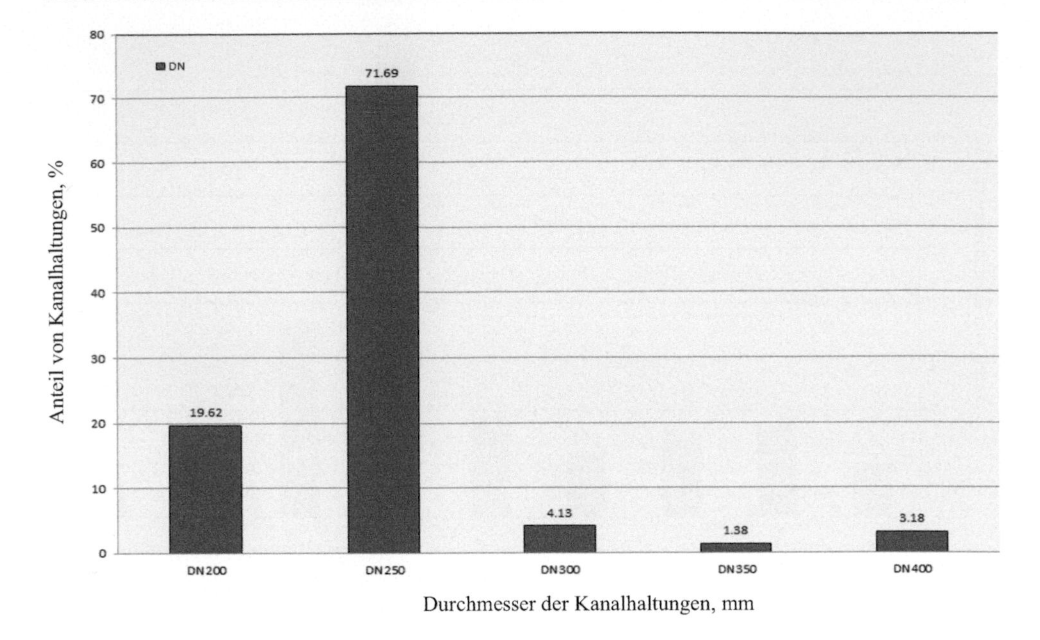

Abb. 4.4 Durchmesserverteilung von Steinzeugkanälen. (Quelle: Raganowicz)

Drei Schadensgruppen (Tab. 4.2 im Anhang) zeichnen sich durch die höchste Schadensrate aus:

- Schäden an Seitenzuläufen – 21,4 Schäden pro 1000 m;
- Lageabweichungen – 18,1 Schäden pro 1000 m;
- Risse – 16,4 Schäden pro 1000 m.

Die gesamte Schadensrate beträgt 66,3 Schäden pro 1000 m. Die Verteilung von Hachinger Schadensraten abhängig von der Schadensgruppe ist in Abb. 4.5 dargestellt [12].

Stein untersuchte in den 1990er-Jahren den technischen Zustand vieler deutscher Kanalnetze. Die optische Inspektion umfasste Abwasserkanäle mit einer Gesamtlänge von 309.000 m [13]. Dabei wurden spezifische Charakteristika der aufgenommenen Objekte dokumentiert. Darunter fielen die Anzahl der Einwohner, der Gemeinden und der Städte, die geographische Lage, der Werkstoff und die Art der Entwässerung etc. Diese Untersuchungen beinhalten keine Angaben über das Alter der Kanäle. Die gesamte Schadensrate erreichte 57,89 Schäden pro 1000 m. Sie deckt sich mit der Schadensrate des Hachinger Kanalnetzes, die 66,3 Schäden pro 1000 m beträgt.

In den Jahren von 2000 bis 2005 führte Stein eine neue und umfangreiche Serie von Kanaluntersuchungen durch. Die optische Inspektion umfasste deutsche Kanalnetze mit einer Gesamtlänge von 1790 m. Die untersuchten Kanäle waren älter als drei und jünger als 30 Jahre und hatten einen maximalen Durchmesser von 800 mm. Die Schadensrate erreichte 50,26 Schäden pro 1000 m [14].

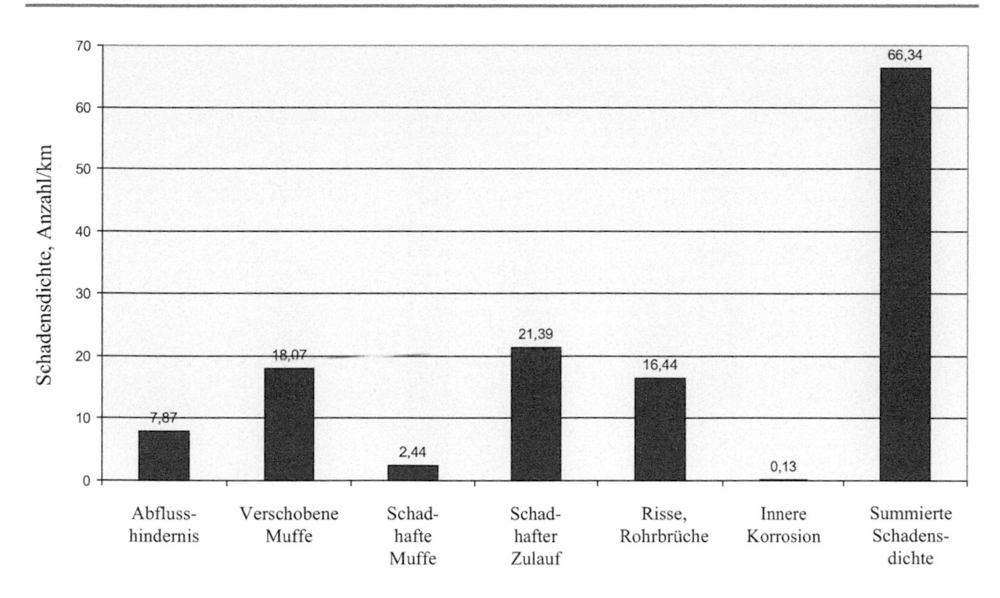

Abb. 4.5 Verteilung von Schadensraten. (Quelle: Raganowicz)

Der Werkstoff Steinzeug zeichnet sich durch sehr gute physikalische und mechanische Eigenschaften aus. Die einzige negative Eigenschaft des Steinzeugs ist die Bruchanfälligkeit. Aus diesem Grund sind die Steinzeugrohre während Transport, Lagerung, Verlegung im offenen Graben und Verfüllen des Grabens vorsichtig zu behandeln. Die betrieblichen Erfahrungen zeigen, dass 50 % der Risse und Scherbenbildungen an den Steinzeugrohren in der Bauphase entstanden; 20 % der Schäden waren Folge einer nicht fachgemäßen Kanalreinigung. Die Kanalreinigung scheint eine einfache Tätigkeit zu sein. Sie erfordert jedoch eine gewisse handwerkliche Kunst, die ein entsprechendes Verhältnis zwischen Druck und Wassermenge und Auswahl der Düse, das abhängig vom Verschmutzungsgrad, Werkstoff und Zustand des Kanals ist, verlangt. Die Reinigungsdüse sollte sich während des Reinigungsprozesses auf der Kanalsohle bewegen. Ein gefährlicher Moment ist, wenn die Düse sich nach oben bewegt und nach rechts sowie links schlägt (die sog. schwimmende Düse). Auf diese Weise können relevante Schäden wie Scherbenbildungen und Rohrbrüche entstehen, die sogar zu einer Baukatastrophe führen können.

Im Rahmen der durchgeführten Schadensanalyse wurden auch diejenigen Streckenschäden mit berücksichtigt, die die Schadensverteilung eventuell verändern könnten. In Abb. 4.6 ist die Verteilung von punktuellen Schäden sowie von Streckenschäden dargestellt. Aus der Abbildung ist zu entnehmen, dass die Hachinger Schäden einen punktuellen Charakter haben. Ähnlich wie zu den Schadensraten gehören folgende Aspekte zu den Hauptschäden: Schäden an Seitenzuläufen (32 %), Lageabweichungen (27 %) und Risse (24 %). Der schlechte Zustand von Abzweigen, besonders bei Verbindungen zwischen Abzweig und Rohr, ist auf die manuelle Formierung von Abzweigen zurückzuführen. An den Stellen sind häufig Lageabweichungen, Risse, Scherbenbildungen und Wurzeleinwüchse zu erfassen.

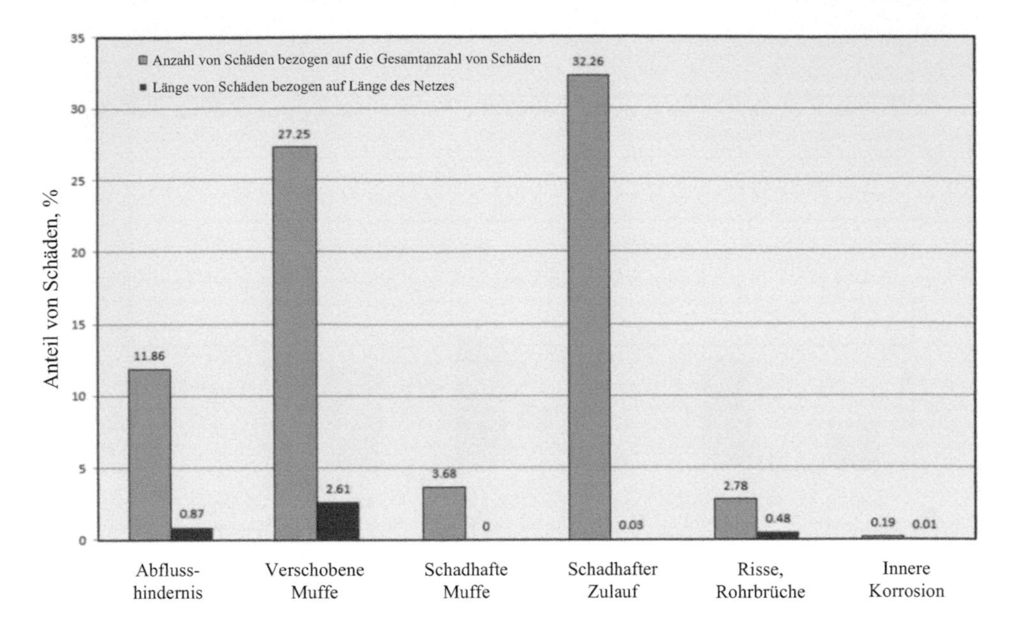

Abb. 4.6 Verteilung der Hachinger Hauptschadensgruppen. (Quelle: Raganowicz)

Nachdem die Unterhachinger Kanalisation überwiegend aus Steinzeugrohren besteht, hinterließ die Entwicklung der Rohrherstellung bezüglich des Kanalzustands entsprechende Spuren. Die Wurzeln der Deutschen Steinzeug Cremer & Breuer AG gehen auf die Unternehmen Deutsche Steinzeugwarenfabrik Aktiengesellschaft, die 1890 in Mannheim-Friedrichsfeld gegründet wurde, und die Cremer & Breuer GmbH, gegründet 1906 in Frechen, zurück. Beide Unternehmen stellten ausschließlich Kanalbauartikel aus Steinzeug her. Später wurde das Produktionsprogramm um die Herstellung von säurefesten Artikeln für die chemische Industrie erweitert. Der große Bedarf an Steinzeugrohren während der Wiederaufbauphase im Nachkriegsdeutschland eröffnete für diese Produktionssparte große Marktperspektiven. Bis 1965 wurden die Rohre ohne Dichtelemente hergestellt. Die ausführende Baufirma entschied direkt auf der Baustelle über die Abdichtungsart von Rohrverbindungen. Ab 1965 wird eine Dichtung eingesetzt, bei der das Dichtungselement aus Elastomer oder Polyurethan fest mit dem Rohr verbunden ist. Diese Materialien sind chemisch dauerhaft beständig und bleiben dicht bei Linearen- und Winkelverschiebungen [15]. Bei den Steinzeugrohren, die in offenem Graben verlegt werden, sind drei Verbindungssysteme von Steckmuffen möglich [16]:

- Verbindungssystem F mit einer Dichtung aus Elastomer, Typ KD;
- Verbindungssystem C mit einer Dichtung aus Polyurethan, Typ K;
- Verbindungssystem S mit gefräster Muffe und einer Dichtung aus Elastomer am Spitzenende.

Seit 1965 wird das Verbindungssystem C in der Gemeinde Unterhaching verwendet. Diese Rohrverbindung toleriert größere Produktionsungenauigkeiten. In der Muffe wird ein Dichtungselement aus hartem und am Spitzenende aus weichem Polyurethan fest im Werk eingebaut [17]. Das System C garantiert eine dichte Verbindung der Rohre DN 200–1400 mm, sogar bei Abwinklung bis 2°. Das Jahr 1965 war ein Meilenstein in der Geschichte von Steinzeugrohren. Seither ist eine rasche Entwicklung der mechanischen Parameter, Wandstärke und Länge von Rohren zu verzeichnen. In Abb. 4.7 ist die qualitative Produktionsentwicklung in der Zeit von 1904 bis 2004 und in Abb. 4.8 das dynamische Wachstum der Festigkeitsparameter nach 1965 dargestellt.

Die abwassertechnische Infrastruktur der Gemeinde Unterhaching, die aus der Dekade von 1955 bis 1965 stammt, besitzt das alte Dichtungssystem bestehend aus Hanfstrick und eventuell mit Mörteldichtung. Die Rohrverbindungen mit diesen Systemen erfüllen nicht die Anforderungen der DIN EN 1610 [18] und wurden ohne Prüfung als undicht eingestuft. Sie sind besonders für die Wurzeleinwüchse prädestiniert, die 50 % der Abflusshindernisse ausmachen.

In den 1970er-Jahren wurden neue Kanalbautechniken eingeführt, wie z. B. Laser und dynamische Verdichtungsplatten, die den Verdichtungsgrad der Grabenverfüllung automatisch dokumentieren. Die wichtigen Entwicklungsetappen des Kanalbaus hinsichtlich des Rohrwerkstoffs und der Bautechnik hatten einen entscheidenden Einfluss auf den baulich-betrieblichen Zustand der Hachinger Kanalisation, der 2000 komplett erfasst wurde. Eine eingehende Analyse des Kanalzustands zeigt, dass der Betrieb in die zwei Phasen von 1955 bis 1970 und von 1970 bis 2000 unterteilt werden kann. Die Ausbauzeit von 1955 bis 1970 wurde von undichten Rohrverbindungen und der Wiederaufbauphase nach dem Zweiten Weltkrieg, in der die Baunormen sehr oft nicht beachtet worden waren, geprägt. Besondere Umstände dieser Betriebsphase führten zur Entstehung von 70 % der Schäden, die im Jahr 2000 erfasst wurden. In der nächsten Ausbauphase von 1970 bis

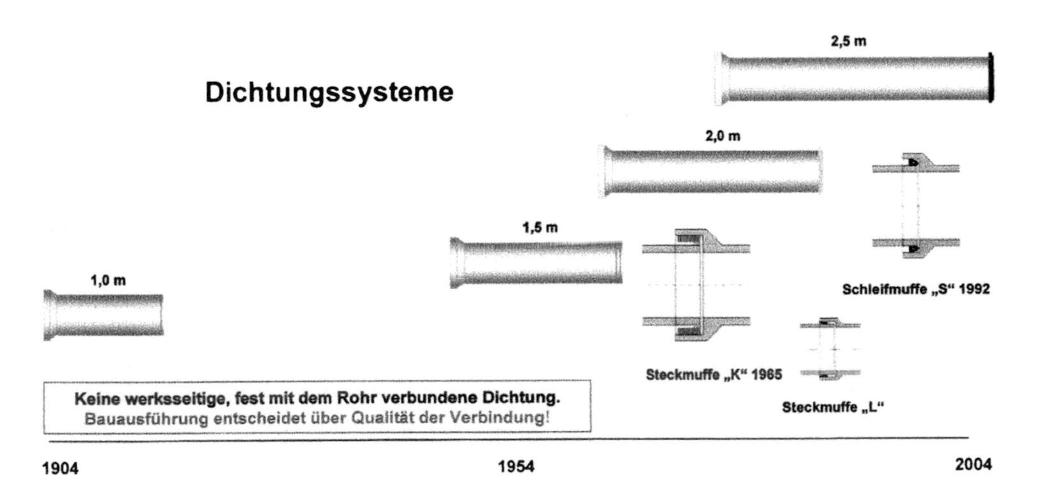

Abb. 4.7 Entwicklung der Qualität von Steinzeugrohren in der Zeit 1904–2004 [17]

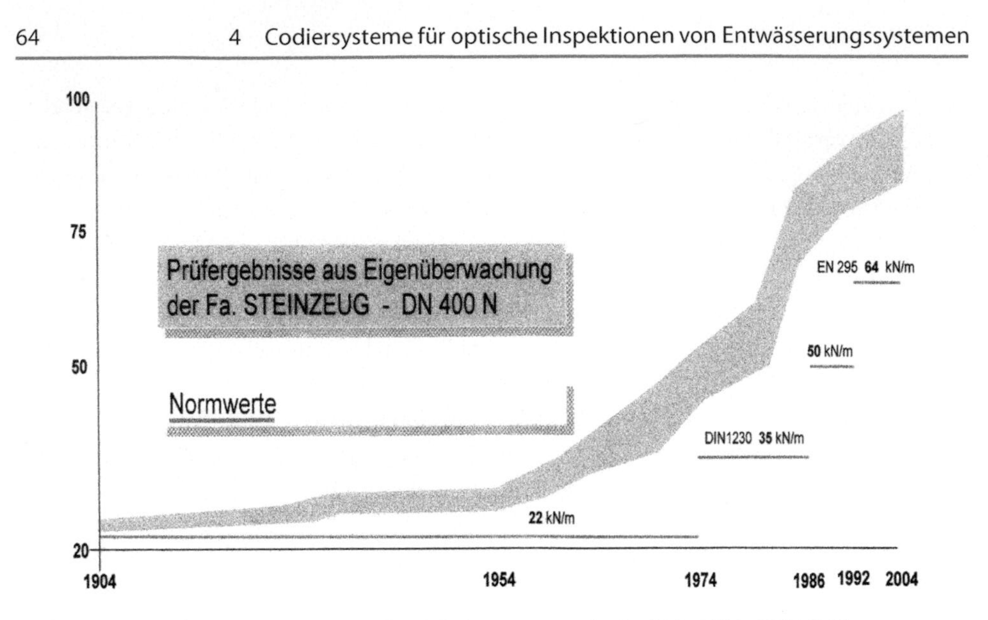

Abb. 4.8 Prozentiges Wachstum der Festigkeitsparameter in der Zeit 1904–2004 [17]

2000 wurden aufgrund der technischen Fortschritte die Rohre genauer verlegen und die Grabenverfüllung effektiver verdichtet. Die Steinzeugrohre hatten schon in dieser Phase eine verstärkte Wand, gute Dichtungssysteme, gute Festigkeitsparameter und eine Länge von 2,50 m, wodurch die Anzahl von schadensanfälligen Rohrverbindungen reduziert wurde. Diese weitgehende Entwicklung der Rohrherstellung beeinflusste den baulich-betrieblichen Zustand der Unterhachinger Kanalisation positiv. Diese günstigen Merkmale der Steinzeugrohre trugen dazu bei, dass nur 30 % der gesamten Schäden in der Ausbauphase von 1970 bis 2000 entstanden.

4.5.3 Charakteristik der Schäden an den Grundstücksanschlüssen

Der Bewertung von Schäden an den Grundstücksanschlüssen liegen die Ergebnisse der zweiten kompletten optischen Inspektion aus dem Jahr 2010 zugrunde. In der Untersuchungsperiode wurden 451 Grundstücksanschlüsse mit einer Gesamtlänge von 3280 m inspiziert, die in der Gemeinde Oberhaching oberhalb des Grundwassers liegen. Sie wurden im Schnitt 2,77 m unter der Geländeoberkante verlegt. In Abb. 4.9 ist die Altersstruktur von Grundstücksanschlüssen, bezogen auf die Inspektion 2010, dargestellt. Die größte Altersgruppe bilden die Objekte, die 25–35 Jahre alt sind (72,91 %).

Die Schäden wurden nach dem Codiersystem gemäß DIN 1986-30 [9] erfasst und klassifiziert (Tab. 4.3 im Anhang). In Rahmen der durchgeführten Inspektion wurden insgesamt 451 Schäden dokumentiert, sortiert und in 12 Hauptgruppen unterteilt. Jedem punktuellen Schaden wurde eine Länge von 1 m zugeordnet, um die Streckenschäden analysieren zu können. Eine Schadenscharakteristik für die untersuchten Grundstücks-

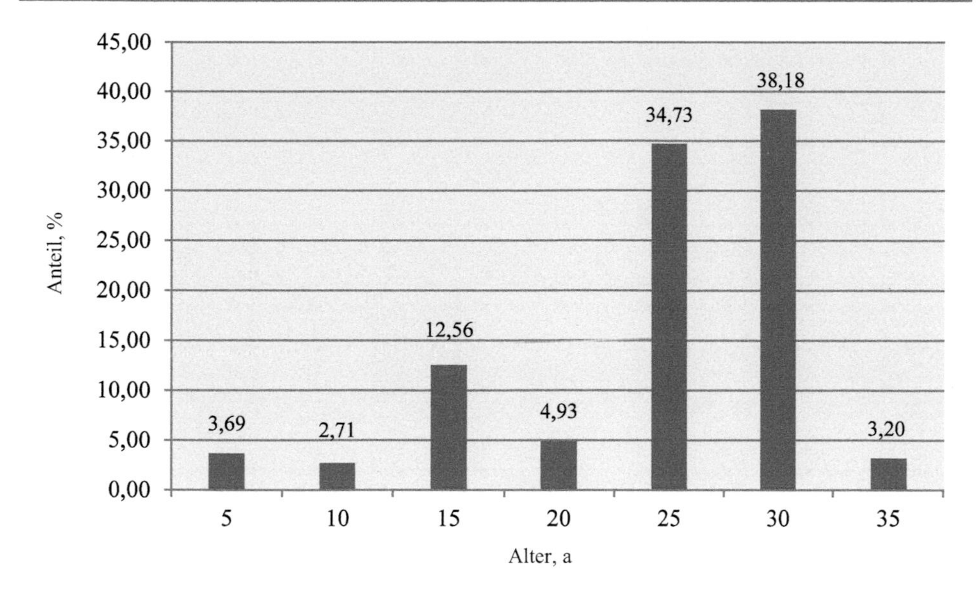

Abb. 4.9 Altersstruktur von Grundstücksanschlüssen. (Quelle: Raganowicz)

Tab. 4.1 Allgemeine Charakteristik der Grundstücksanschlüsse [19]

Beschreibung des Schadens	Anzahl der Schäden (n)	Anteil (%)	Streckenschaden (m)	Anteil (%)	Schadensrate (n/1000 m)
Boden sichtbar	4	0,89	4,00	0,52	1,22
Infiltration	9	2,00	9,00	1,18	2,74
Verschobene Rohrverbindung	107	23,73	107,00	14,01	32,62
Rohrbruch	1	0,22	1,00	0,13	0,30
Oberflächenschäden des Rohrs	4	0,89	4,00	0,52	1,22
Riss	60	13,30	60,00	7,85	18,29
Deformation	3	0,67	3,00	0,39	0,91
Abflusshindernis	233	51,66	528,40	69,16	71,04
Unterbogen (Versackung)	17	3,77	34,60	4,53	5,18
Einragender Anschluss	5	1,11	5,00	0,65	1,52
Schadhafter Anschluss	2	0,44	2,00	0,26	0,61
Schadhafter Nennweiten-, Werkstoffwechsel	6	1,33	6,00	0,79	1,83
$\sum$	451	100,00	764,00	100,00	**137,50**

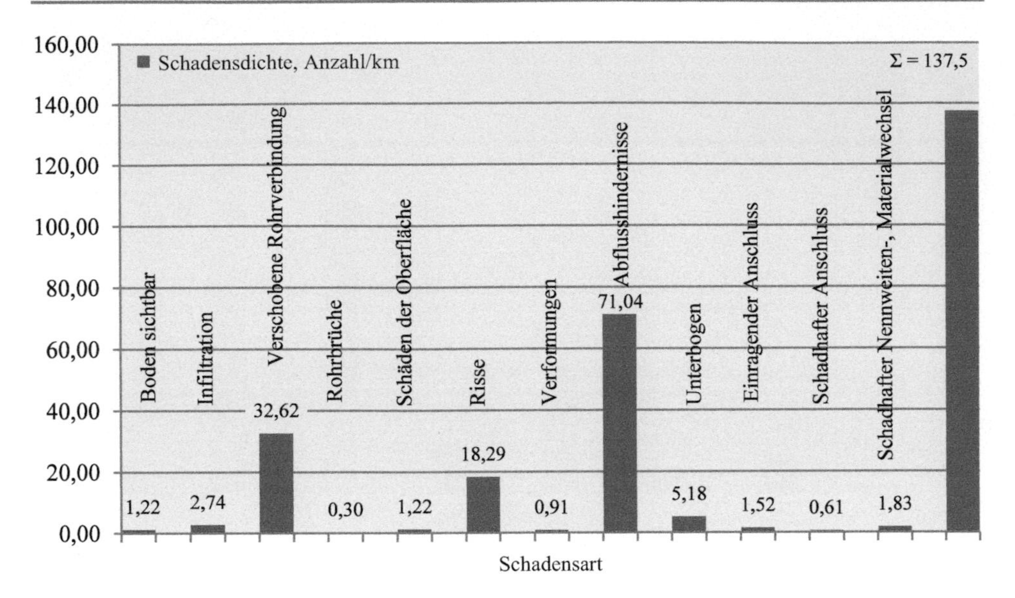

Abb. 4.10 Verteilung von Hauptschadensgruppen. (Quelle: Raganowicz)

anschlüsse ist in Tab. 4.1 dargestellt. Die größte Schadensrate weisen Abflusshindernisse (71,04 Schäden pro 1000 m) auf. Der Anteil von Wurzeleinwüchsen an den Abflusshindernissen beträgt 50 %.

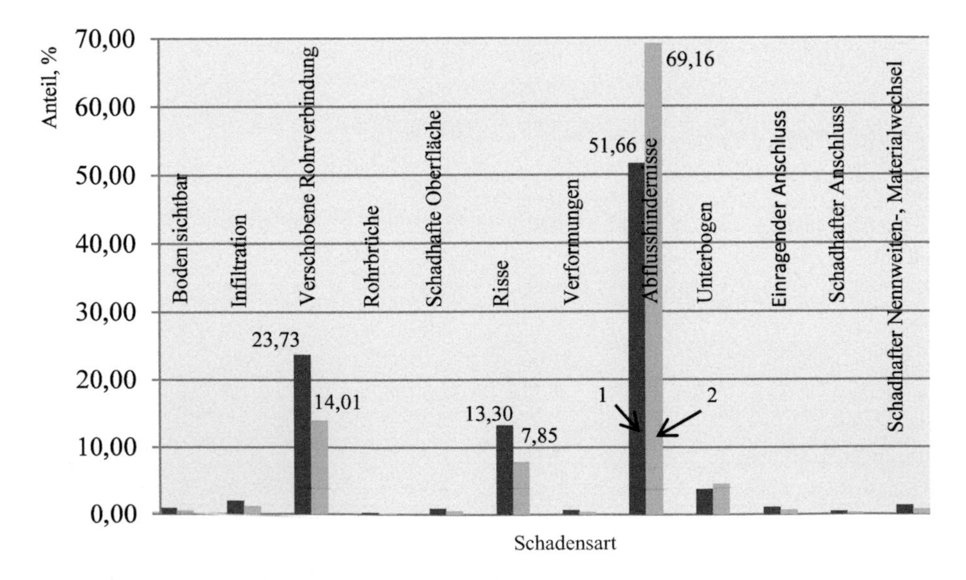

Abb. 4.11 Verteilung von punktuellen Schäden und Streckenschäden. *1* Punktuelle Schäden, *2* Streckenschäden. (Quelle: Raganowicz)

Zu den nächsten relevanten Schäden zählen verschobene Rohrverbindungen mit einer Schadensrate von 32,62 Schäden pro 1000 m und Risse mit einer Schadensrate von 18,29 Schäden pro 1000 m. Die Verteilung der Schadensraten in den Hauptschadensgruppen ist in Abb. 4.10 dargestellt. Die aufsummierte Schadensrate für die inspizierten Grundstücksanschlüsse beträgt 137,50 Schäden pro 1000 m. Deswegen steht die Proportion der Schadenshäufigkeit im Bereich der Grundstücksanschlüsse und der öffentlichen Kanäle (66,3 Schäden pro 1000 m) im Verhältnis 2,07:1. Das bedeutet, dass der technische Zustand von Zuläufen wesentlich schlechter als der von öffentlichen Kanälen ist. Diese Aussage deckt sich mit den Erfahrungen der Kanalnetzbetreiber.

In Abb. 4.11 ist die Verteilung der punktuellen Schäden und Streckenschäden dargestellt.

4.6 Schadensanalyse in Abhängigkeit von Untergrundverhältnissen und Rohrwerkstoffen

Die durchgeführte Schadensanalyse bezieht sich auf Betonkanäle DN 600/1100–900/1350 mm, öffentliche Steinzeugkanäle DN 200–400 mm und Grundstücksanschlüsse aus Steinzeug DN 100–200 mm, die in einem homogenen Untergrund, bestehend aus Grobkies, oberhalb des Grundwassers funktionieren. Die charakteristischen Schäden für die Beton- und Steinzeugkanäle sind Risse, weil die beiden Materialien sehr bruchanfällig sind. Risse an Betonkanälen resultieren aus mangelnden Dehnungsfugen. Zu den anderen, sehr oft auftretenden Schäden zählen verfestigte Ablagerungen, die auf die Struktur des Werkstoffs und das schwache Längsgefälle zurückzuführen sind.

Risse, Scherbenbildungen und Lageabweichungen treten häufig an Steinzeugabzweigen auf. Nachdem diese Formstücke manuell geformt werden, entstehen gewisse Maßabweichungen. Durch diese Herstellungsungenauigkeiten werden die vorgenannten Schäden an den Verbindungen von Abzweig und Rohr generiert. Viele derartige Schäden wurden auch an den Stützen erfasst, die durch das Einschlagen des Straßenkanals verursacht wurden (Abb. 4.12).

In Abb. 4.13 ist ein durch Kernbohrung ausgeführter Stutzen DN 150 mm am öffentlichen Kanal DN 250 mm dargestellt.

Hintergrundinformation

Die Firma STEINZEUG-KERAMO bietet – für nachträgliche Anschlüsse an die Steinzeugkanäle – Anschlusselemente F mit den Nennweiten DN 150 und 200 mm und für Anschlüsse an die Betonrohre Anschlusselemente C mit den Nennweiten DN 150 und 200 mm an. Eine sichere Variante des nachträglichen Anschlusses an den Steinzeugkanal stellt der Reparaturabzweig dar. Bevor das Formstück eingebaut wird, muss ein Stück des Hauptkanals an der Anschlussstelle ausgebaut werden. Die beiden Übergänge zwischen Reparaturabzweig und Hauptkanal werden mithilfe spezieller Manschetten abgedichtet.

Zu den weiteren typischen Schäden an den Steinzeugrohren gehören verschobene Rohrverbindungen und Risse. Die kleinen, vertikalen Bewegungen von Kanälen können

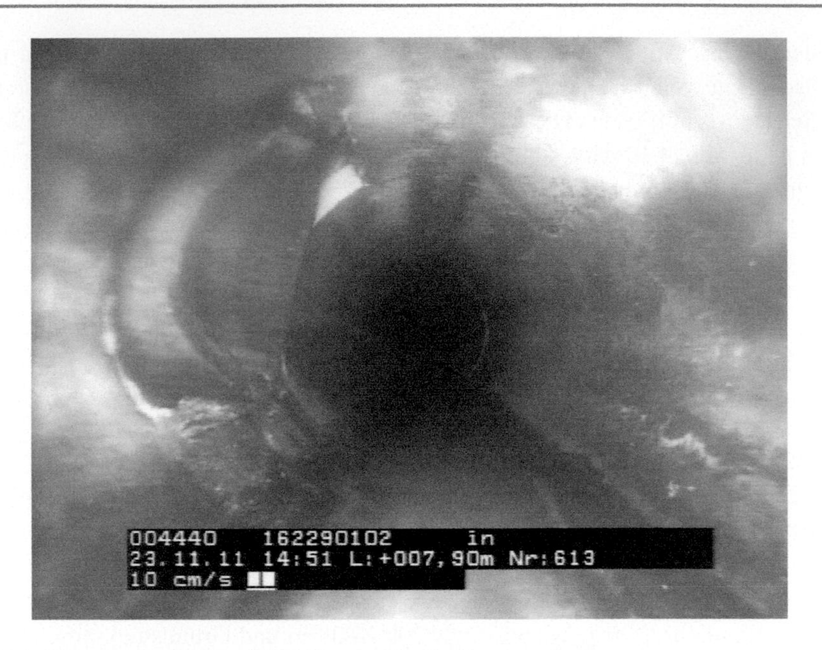

Abb. 4.12 Einragender Stutzen DN 150 mm. (Quelle: Raganowicz)

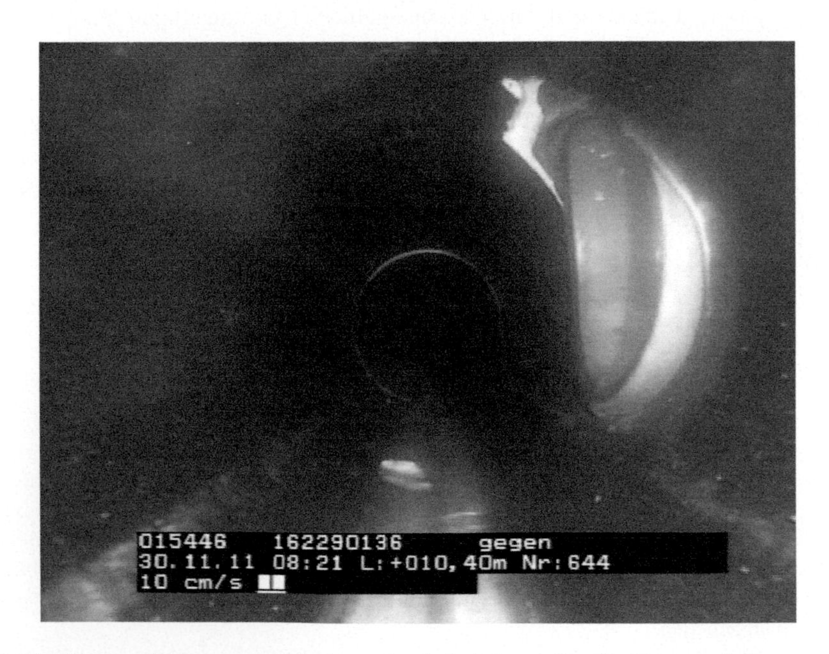

Abb. 4.13 Einragender Stutzen DN 150 mm durch Anbohren. (Quelle: Raganowicz)

durch ungleichmäßige Setzungen des Untergrunds, quasi dynamische Verkehrsbelastungen und Grundwasserschwankungen, verursacht werden. Die Risse entstehen während des Transports, der Lagerung und der Einbauphase von Steinzeugrohren. Sie können auch aus Planungsfehlern resultieren.

Die häufigsten Schäden bei Grundstücksanschlüssen aus Steinzeug sind Abflusshindernisse und verschobene Rohrverbindungen. Die erste Schadensgruppe entsteht u. a. dadurch, dass die Anschlüsse nur sporadisch während einer Reparatur- oder Sanierungsmaßnahme gereinigt werden. Die Emission von häuslichem Abwasser lässt in den letzten 20 Jahren aufgrund von sparenden Wassersystemen und bewusstem Wasserverbrauch nach. Die Abwässer werden konzentrierter, wodurch die Bildung von Ablagerungen zusätzlich unterstützt wird. Einen großen Teil der Abflusshindernisse schaffen Wurzeleinwüchse, die als undichte Stellen zu betrachten sind. Die Grundstücksanschlüsse, die vor 1965 gebaut wurden, verfügen praktisch über keine Dichtungssysteme. Daher sind die Rohrverbindungen bei schlecht verdichteter Rohrgrabenverfüllung Opfer von Wurzeln. Eine schlechte Verdichtung des Rohrgrabens verursacht ungleichmäßige Setzungen der Verfüllung und folglich Bewegungen von Rohrverbindungen.

4.7 Klassifizierung des baulich-betrieblichen Kanalzustandes

Die Klassifizierungsgrundlage des baulich-betrieblichen Kanalzustands ist die Dokumentation der optischen Inspektion. Nach DIN 752 [8] sind dabei hydraulische, baulich-betriebliche und umweltschützende Aspekte zu berücksichtigen. Es sind v. a. Kriterien zu wählen, die die Vergleichbarkeit der Bewertungsergebnisse unabhängig vom Klassifikationsmodell gewährleisten. Die Kanalzustandsklassen schaffen eine Basis, um die Sanierungsprioritäten in Abhängigkeit von baulich-betrieblichen und umweltschützenden Faktoren festzulegen.

Die Kanalzustandsklassifizierung wird haltungsweise durchgeführt. Eine Kanalhaltung ist eine Kanalstrecke zwischen zwei Einstiegschächten. Aufgrund der Schadensklassifizierung wird pro Haltung der größte Schaden festgestellt, der für die Zustandsklasse eine entscheidende Rolle spielt. Dabei sind auch die Streckenschäden sowie deren Häufigkeit im Rahmen einer Haltung zu analysieren. Haltungen, die gewisse Undichtigkeiten aufweisen, sind für die Umwelt besonders gefährlich. Bei der Zustandsbewertung müssen die Aspekte des Boden- und Grundwasserschutzes eine Beachtung finden. Die Abwasserkanäle sollten im Zeitraum der technischen Lebensdauer v. a. statisch sicher sein. Jeder Betreiber trägt eine rechtliche Verantwortung für die Standsicherheit seiner Kanäle. Die Qualität des Abwassers zählt auch zu den wichtigen Zustandsfaktoren. Alle vorgenannten Aspekte und Faktoren beeinflussen die endgültigen Kanalzustandsklassen und Sanierungsprioritäten, die schließlich die Grundlagen der Sanierungsplanung bilden.

Unabhängig von den Ergebnissen der Kanalzustandsklassifizierung müssen die Sanierungsmaßnahmen in folgenden Fällen sofort ausgeführt werden:

- Gefährdung der Funktionalität eines Kanals;
- baulich-konstruktive Schäden an den Kanälen, die im einem Wasserschutzgebiet, in der Zone II verlaufen;
- Verunreinigung des Grundwassers durch Abwasserexfiltrationen.

In Deutschland und in den anderen europäischen Ländern sowie in den USA wurden in den 1990er-Jahren viele Klassifikationszustandsmodelle konzipiert. Es ist merkwürdig, dass fast alle Modelle fünf Kanalzustandsklassen vorsehen. Diese Anzahl von Klassen ist ausreichend, um den baulich-betrieblichen Kanalzustand genau zu beschreiben und zu beurteilen. Bei den Kanalzustandsprognosen, die auf mathematischen Simulationen basieren, sind dadurch vernünftige Berechnungszeiten zu erwarten. Unabhängig von den vielen kursierenden Zustandsklassifikationen ist die Klassifikation nach DIN EN 13508-2 [1] in Verbindung mit dem Merkblatt DWA-M 149-2 [2] und DWA-M 149-3 [10] sowie nach ISYBAU in Deutschland sehr populär.

4.7.1 Kanalzustandsbewertung nach ATV

Das Merkblatt ATV-M 149 [6] bietet fünf Kanalzustandsklassen, von der besten Klasse 4 bis zur schlechtesten 0. Die zwei schlechtesten Klassen 0 und 1 sind sanierungsbedürftig. Die Haltungen mit der Zustandsklasse 4 weisen entweder marginale oder gar keine Schäden auf. Die Zustandsbewertung wird haltungsweise durchgeführt, wobei der größte Schaden für die vorläufige Zustandsklasse derjenigen Haltung maßgeblich ist. Folglich werden jeder der vier Klassen maximal 100 Punkte vergeben, die den baulich-betrieblichen Zustand näher definieren. Sie werden mit zwei Bewertungsfaktoren, dem Abwasser- und dem Hydraulikfaktor, multipliziert. Für Kanäle mit Infiltrationen sind keine Bewertungsfaktoren vorgesehen. In solchen Fällen wird lediglich der bauliche Zustand berücksichtigt, da nur die Schutzziele, Funktionalität und Standsicherheit berührt werden. Die Bewertungspunkte, die den baulich-betrieblichen Zustand einer Haltung beschreiben, errechnen sich nach folgender Gleichung [6]:

$$\mathrm{BP} = \mathrm{ZP} + 100 \cdot Q \cdot H + 200 + 69 \cdot [\mathrm{INT}(\mathrm{ZP} - 1)/100 - 1] \tag{4.1}$$

mit

BP Bewertungspunkte,
ZP Zustandspunkte,
Q Abwasserfaktor,
H Hydraulikfaktor,
INT Integer-Funktion, die Nachkommastellen eliminiert (z. B. INT 3,4 = 3).

Exfiltrierende Kanäle in Wasserschutzzonen verletzen ein höheres Rechtsgut als in Bereichen ohne Wassergewinnung. Kanäle, die in den Wasserschutzzonen III (weitere

Schutzzonen) sowie in Bereichen der Eigenwasserversorgung liegen, müssen dicht sein. Sie unterliegen gemäß den Landeseigenüberwachungsverordnungen regelmäßigen Prüfungen auf Dichtheit. Der Grundwasserschutz genießt in Deutschland die höchste Priorität, weil die Hauptquelle des Trinkwassers das Grundwasser ist. Alle undichten Abwasserleitungen, die in den Wasserschutzgebieten verlaufen, müssen dringend saniert werden.

Hintergrundinformation

Ein Wasserschutzgebiet sollte den gesamten Bereich einer Trinkwassergewinnungsanlage oder einer Quelle umfassen. Es besteht aus unterschiedlichen Schutzzonen, die die Schutzstärke im Einzugsgebiet regeln. Die Schutzzonen sind eingeteilt in Schutzzone I, Schutzzone II, Schutzzone III. Die Schutzzone I, die den Fassungsbereich beschreibt, definiert den direkten Bereich im Wasserschutzgebiet, die an die Wassergewinnungsanlage angrenzt. In der Regel dehnt sich die Schutzzone I mindestens in einem Radius von 10 m um die Anlage aus. Dieser sensible Bereich wird umzäunt und somit vor Verunreinigungen geschützt. Eine Nutzung der Bodenfläche in diesem Bereich ist nicht zugelassen. Die Schutzzone II, die auch engere Schutzzone genannt wird, definiert den von der Gewinnungsanlage mittelweit entfernten Bereich im Wasserschutzgebiet.

Die engere Schutzzone wird auch biologische Schutzzone genannt. Ihre Ausdehnung ist von der Fließzeit des Grundwassers im Bereich abhängig. Die Fließzeit des Grundwassers vom äußeren Rand bis zur Fassung soll mindestens 50 Tage dauern. Es wird davon ausgegangen, dass Keime und Krankheitserreger, die die Wassergewinnungsanlage gefährden könnten, innerhalb von 50 Tagen absterben. Die Fließgeschwindigkeit des Grundwassers ist von vielen lokalen Gegebenheiten und v. a. von den Untergrundverhältnissen abhängig. Der Radius dieser Zone kann sogar bis zu 200 m betragen. Eine Nutzung der Bodenfläche in diesem Bereich ist sehr beschränkt. Weder Bebauung, Landwirtschaft, touristische Aktivitäten noch Straßenbau sind zulässig.

Die Schutzzone III, eine weitere Schutzzone, definiert den von der Wassergewinnung am weitesten entfernten Bereich im Wasserschutzgebiet. Sie wird auch chemische Schutzzone genannt. Dieser Bereich umfasst das ganze Einzugsgebiet des Grundwassers, das der Fassung zufließt. Wird der Radius des Einzugsgebiets größer als 2000 m, ist eine Unterteilung der Schutzzone III in IIIa und IIIb möglich. Die Ausdehnung der Schutzzone in IIIa und IIIb ist von der Fließzeit des Grundwassers in den jeweiligen Zonen abhängig. Die Fließzeit des Grundwassers vom äußeren Rand der Schutzzone bis zur Fassung soll in der Zone IIIa mindestens 500 Tage, in der Zone IIIb 2500–3500 Tage betragen. Die Schutzzone III soll so vor langfristigen Verunreinigungen oder schwer abbaubaren Verschmutzungen schützen. Zudem ist die Nutzung dieser Fläche beschränkt. Es dürfen in diesem Bereich z. B. keine Deponien, Kläranlagen und großen Tierhaltungen errichtet werden.

Liegen die Abwassersysteme im Wasserschutzgebiet, im Schwankungsbereich des Grundwassers oder dringt das Grundwasser an undichten Stellen in den Kanal ein, kann zu Berücksichtigung der Schutz- und Rechtsgüter sowie der Kanalart und Zustandsklasse eine Bewertungskennzahl eingeführt werden. Sie errechnet sich nach Gl. 4.2 [6]:

$$\mathrm{BZ} = \mathrm{ZK}_f \cdot 10^5 + \mathrm{KA}_f \cdot 10^4 + \mathrm{SR}_f \cdot 10^2 + \mathrm{BP} \tag{4.2}$$

mit

BP Bewertungspunkte,
BZ Bewertungszahl,
ZK_f Zustandsklassenfaktor,
KA_f Kanalartfaktor,
SR_f Schutz-/Rechtsgutfaktor.

Die Bewertungszahl differenziert die Kanalnetze nach ihrer Zustandsklasse, der Kanalart, dem betroffenen Schutz-/Rechtsgut und den Bewertungspunkten. Unter Berücksichtigung der Schutzziele sind in den konkreten Fällen Ab- oder Aufstufungen der Prioritäten möglich. Aus den Bewertungszahlen ergibt sich die Reihenfolge der notwendigen Sanierungsmaßnahmen – die Prioritätenliste.

4.7.2 Kanalzustandsbewertung nach ISYBAU

Die ISYBAU-Zustandsbewertung von Entwässerungssystemen bietet analog zur ATV fünf Zustandsklassen und wird auf dem größten Schaden in der Haltung aufgebaut [8, 20]. Die beste Zustandsklasse ist die Klasse 1, der unbedeutende Schäden zugeordnet werden. Die schlechteste ist die Klasse 5, der sehr große und relevante Schäden zugewiesen werden, die Sofortmaßnahmen erfordern. Die Schadensklassifizierung erfolgt nach dem ATV-M 143-2 [4]. Die klassifizierten Einzelschäden werden haltungsweise in Abhängigkeit von der Schadensklasse des größten Schadens analysiert, um eine Haltungszahl festzulegen. In einer weiteren Phase der Zustandsbewertung werden Faktoren wie das Medium, die Schutzzone, die Untergrundverhältnisse, die Schadensdichte und -länge und der Grundwasserstand berücksichtigt. Außerdem wird die endgültige Haltungszahl zugeordnet. Sie wird nach folgender Gleichung berechnet [20]:

$$\mathrm{HZ}_{\mathrm{endg}} = \mathrm{HZ}_{\mathrm{vor}} + M + \mathrm{SC} + \mathrm{UG} + \mathrm{GW} + \mathrm{SD} + \mathrm{SL} \tag{4.3}$$

mit

HZ Haltungszahl,
M Medium,
SC Schutzzone,
UG Untergrund,
SD Schadensdichte,
SL Schadenslänge in Metern.

Es gilt die Bedingung $\mathrm{HZ}_{\mathrm{endg}} = 0$, wenn $\mathrm{HZ}_{\mathrm{vorl}} = 0$. Die betrieblichen und lokalen Faktoren erhöhen i. d. R. die Haltungszahl, was zu einer schlechteren Bewertung der Haltung führt. Aus den Haltungszahlen ergeben sich fünf Zustandsklassen. Im Fall der Klasse 5 sind Sofortmaßnahmen notwendig, die Klasse 4 ist sanierungsbedürftig. Nachdem die untersuchten Haltungen unterschiedliche Längen aufweisen, kann die Haltungszahl über eine längengewichtete Systemzahl ausgedrückt werden [20]:

$$\mathrm{SYH} = 1/L_{\mathrm{ges}} \sum_{1}^{n} \left(\mathrm{HZ}_{\mathrm{endg},i} \cdot L_i\right) \tag{4.4}$$

mit

SYH Systemzahl,
$\mathrm{HZ}_{\mathrm{endg},i}$ endgültige Haltungszahl der Haltung i,
L_i Länge der Haltung i in Metern,
L_{ges} Gesamtlänge der untersuchten Haltungen in Metern,
n Anzahl der Haltungen.

► Ein Vergleich der Zustandsbewertung nach ATV und ISYBAU zeigt, dass die beiden Systeme ähnliche Aufbaustrukturen aufweisen und ähnliche umweltschützende Ziele verfolgen. Deshalb sollte man auch vergleichbare Bewertungsergebnisse erreichen, die das Ausmaß der notwendigen Kanalsanierung betreffen. Die Zustandsbewertung von einer größeren abwassertechnischen Infrastruktur nach ISYBAU benötigt einen professionellen Algorithmus.

4.7.3 Kanalzustandsbewertung nach DWA

Die DIN EN 13508-2 [1] in Verbindung mit dem Merkblatt DWA-M 149-2 [2] und dem DWA-M 149-3 [10] regelt die Bewertung des baulich-betrieblichen Zustands von Entwässerungssystemen nach DWA. Das Ziel dieser Bewertung ist die Festlegung des Sanierungsbedarfs unter Berücksichtigung von baulich-betrieblichen und umweltschützenden Faktoren. Das bedeutet, dass die Abwasserleitungen im Rahmen der technischen Lebensdauer betriebssicher, dicht und standsicher sein müssen. Die erfassten Schäden sowie die lokalen Randbedingungen sind unter Berücksichtigung dieser drei Anforderungen zu analysieren. Das Modell der Zustandsbewertung nach DWA hat eine ähnliche Struktur wie das Modell nach ATV. Der Bewertung einer Kanalhaltung liegt der größte Schaden zugrunde. Jeder Haltung wird eine von fünf Zustandsklassen zugeteilt. Die beste ist die Zustandsklasse 4 (geringere Schäden) und die schlechteste 0 (relevante Schäden, Gefahr im Verzug). Es besteht die Möglichkeit, eine zusätzliche Zustandsklasse 5 für die Haltungen ohne Schäden zu vergeben.

In der ersten Phase der Klassifizierung werden die Zustandspunkte ZP_j in Abhängigkeit von der Anforderung A_j (Betriebssicherheit, Standsicherheit und Dichtheit) berechnet:

$$\mathrm{ZP}_j = \mathrm{ZP}_0 + \mathrm{ZP}_{zj} \tag{4.5}$$

mit

ZP_0 Startwert in Abhängigkeit von der Klasse des größten Schadens,
ZP_{zj} Zuschlag zu den Zustandspunkten, der sich aus Gl. 4.6 errechnet;

$$ZP_{zj} = 50 \cdot SD_j \tag{4.6}$$

mit

SD_j gewichtete Schadensdichte, die sich aus Gl. 4.7 errechnet;

$$SD_j = \sum((5 - K_{ij}) \cdot \Delta L_i)/((5 - K_{ij}) \cdot OL) \tag{4.7}$$

mit

K_{ij} vorläufige Zustandsklasse einer Haltung,
ΔL_i Schadenslänge (Rechenwert $\geq 2{,}5$ m) in Metern,
OL Haltungslänge in Metern.

Anschließend werden die Bewertungspunkte pro Haltung nach Gl. 4.8 berechnet:

$$BP_j = 500 + ZP_j + 50 \cdot F_j \tag{4.8}$$

mit

F_j Bewertungsfaktor für Anforderung A_j, der sich aus der Gl. 4.9 errechnet:

$$F_j = \sum R_{jk}/n_j, \tag{4.9}$$

mit

R_{jk} Randbedingungen für Anforderung A_j,
n_j Anzahl Randbedingungen R_{jk} für Anforderung A_j.

Schließlich wird die Sanierungsbedarfszahl festgelegt, die auf den Bewertungspunkten aufgebaut ist. Die Sanierungsbedarfszahl SZ über alle Anforderungen A_j errechnet sich wie folgt:

$$SZ = \text{INT}\left[(BP_1/100) \cdot 10^3 + (BP_2/100) \cdot 10^2 + (BP_3/100) \cdot 10\right] + \text{INT}\left(\sum xx_l/30\right) \tag{4.10}$$

mit

BP errechnen sich aus der Gl. 4.8 und $BP_1 > BP_2 > BP_3$,
xx_l letzte zwei Stellen der jeweiligen Bewertungspunkte,
INT(x) Ganzzahl (x).

Die Sanierungsbedarfszahl ist folgendermaßen zu interpretieren:

- $SZ \geq 9000$, sofortiger Handlungsbedarf;
- $8000 \leq SZ \leq 9000$, kurzfristiger Handlungsbedarf;
- $7000 \leq SZ \leq 8000$, mittelfristiger Handlungsbedarf;
- $6000 \leq SZ \leq 7000$, langfristiger Handlungsbedarf;
- $5000 \leq SZ \leq 6000$, kein Handlungsbedarf;
- $SZ = 0$, schadensfrei.

Die Zustandsbewertung nach DWA ersetzte 2006 endgültig die Klassifizierung nach ATV. Bei der Zustandsbewertung von größeren Entwässerungssystemen ist die Anwendung eines effektiven Berechnungsprogramms zu empfehlen.

4.7.4 Kanalzustandsbewertung nach DIN 1986-30

Die DIN 1986-30 [9] in Verbindung mit DIN EN 752 [8] liegt der Instandhaltung des Betriebs von befindlichen Entwässerungsanlagen in Gebäuden und Grundstücken zugrunde. Sie beinhaltet die Regeln zur Zustandserfassung und Zustandsbewertung, die die Erhaltung der Betriebs- und Standsicherheit von Abwasseranlagen sowie den Schutz des Bodens und des Grundwassers gewährleisten. Diese Regelung kann ebenso für die Zustandsbewertung von Grundstücksanschlüssen verwendet werden, weil sie von der Dimension und Schadensrate her den Grundstücksentwässerungsanlagen ähnlich sind.

Der Schadenskatalog, der 20 Schäden beinhaltet, stellt einen Auszug aus der DIN EN 13508-2 [1] dar. Die Schadensklassifizierung baut auf den drei Klassen A, B und C auf. Die beste Klasse ist C und die schlechteste A. Die Parametrisierung von Schäden erfolgt analog DWA-M 149-3 [10] und ist typisch für die häufig verwendeten Steinzeugrohre. Bei Abwasserrohren aus anderen Werkstoffen wie thermoplastischen Kunststoffen, Guss oder Stahl sind die Angaben von den jeweiligen Produktnormen zur Schadensklassifizierung heranzuziehen. Die DIN 1986-30 [9] bietet nur die drei Sanierungsprioritäten I, II und III an. Die schlechteste Priorität I wird einem Grundstücksanschluss vergeben, der einen Schaden der Klasse A oder zwei Schäden der Klasse B auf der Länge von 10 m aufweist. Die notwendigen Sanierungsmaßnahmen sind spätestens nach sechs Monaten auszuführen. Bei der Sanierungspriorität II ist ein Schaden der Klasse B je 10 m notwendig. Gegebenenfalls können zusätzlich weitere Schäden der Klasse C auftreten. Der

Sanierungszeitraum beträgt zwei Jahre. Die beste Priorität III ist nur bei Schäden der Klasse C oder bei gar keinen Schäden zu vergeben. Die Sanierungsmaßnahmen sind eventuell während der wiederkehrenden Prüfung auszuführen.

4.8 Zusammenfassung von Zustandsklassifizierungen

Ein Einblick in verschiedene Zustandsbewertungen ermöglicht, die strukturellen Zusammenhänge zwischen den einzelnen Systemen besser zu verstehen. Die drei Bewertungssysteme ATV, DWA und ISYBAU sind auf ähnlichen Klassifizierungsphilosophien aufgebaut: Der größte Schaden für den baulichen Zustand einer Kanalhaltung ist maßgeblich. Er wird demnächst unter dem Aspekt der Betriebssicherheit, Standsicherheit sowie Dichtheit analysiert. Alle drei Systeme bieten fünf Zustandsklassen an. Die Bewertungssysteme nach ATV und ISYBAU basieren auf der Schadensklassifizierung nach ATV-M 143-2 [4].

Ein einfacheres Bewertungssystem für Grundstücksanschlüsse und Grundstücksentwässerungsanlagen stellt die DIN 1986-30 [9] dar, die nur drei bauliche Zustände und dementsprechend drei Sanierungsprioritäten vorsieht. Die Schadensklassifizierung erfolgt auf Grundlage des Schadenskatalogs mit 20 Schäden, der einen kleinen Auszug aus DIN EN 13508-2 [1] darstellt.

Diese Zustandsbewertungen bilden die Grundlagen für Alterungsprognosen von Entwässerungssystemen. Die vorgeschlagene Prognose des kritischen Zustands bietet eine Vereinfachung der vollständigen Prognose an. Der kritische Kanalzustand kann unter Berücksichtigung von vielen Faktoren analysiert und beurteilt werden. Er gestattet, den aktuellen baulich-betrieblichen Zustand jedes Entwässerungssystems sowie den notwendigen Sanierungsumfang zu bestimmen.

A Anhang

Tab. 4.2 Auflistung der Schäden nach ATV-M 149 an öffentlichen Steinzeugkanälen. (Quelle: Raganowicz)

Schaden/ Schadensgruppe	Kürzel	Anzahl der Schäden (n)	Summe der Schäden (n)	Anteil (%)	Summierter Anteil (%)	Länge der Schäden (m)	Summierte Länge (m)	Anteil (%)	Summierter Anteil (%)	Schadensdichte (n/km)	Summierte Schadensdichte (n/km)
Abflusshindernisse											
Verfestigte Ablagerungen	HF	89		3,37		89,00		0,22		2,24	
Hindernis im Scheitel	H--O	8		0,30		0,40		0,00		0,20	
Hindernis in der Sohle	H--U	7		0,27		0,35		0,00		0,18	
Sedimentation, Geröll	HDG	20		0,76		30,00		0,08		0,50	
Inkrustation	HI--	36		1,36		219,60		0,55		0,50	
Wurzeleinwuchs	HP--	153		5,80		7,65		0,02		3,85	
Sedimentation, Sand	HDS	0	313		11,90		374,0		0,87	0,00	7,9
Lageabweichungen											
Unterbogen	LB--	43		1,63		2,15		0,01		1,08	
Axialverschiebung	LL--	422		15,99		21,10		0,05		10,61	
Vertikaler Versatz	LV--	254		9,62		1016,00		2,55		6,38	
Deformation	D---	0	719		27,20	0,00	1039,3	0	2,61	0	18,1
Schäden an Muffen											
Einragender Dichtring	HG--	15		0,57		1,50		0,00		0,38	
Fremdwasserzulauf	W--F	63		2,39		0,00		0,00		1,58	
Feuchtigkeit sichtbar	UCF-	0		0,00		0,00		0,00		0,00	
Eindringendes Wasser	UCE-	19	97	0,72	3,70	0,00	1,5	0,00	0,00	0,48	2,4

Tab. 4.2 (Fortsetzung)

Schaden/ Schadensgruppe	Kürzel	Anzahl der Schäden (*n*)	Summe der Schäden (*n*)	Anteil (%)	Summierter Anteil (%)	Länge der Schäden (m)	Summierte Länge (m)	Anteil (%)	Summierter Anteil (%)	Schadensdichte (*n*/km)	Summierte Schadensdichte (*n*/km)
Schäden an Zuläufen											
Abzweig verschlossen	AU--	551		20,88		0,00		0,00		13,85	
Stutzen verschlossen	SU--	4		0,15		0,00		0,00		0,10	
Stutzen nicht fachgerecht	SN--	203		7,69		2,03		0,01		5,10	
Stutzen einragend	SE--	93	851	3,52	32,20	9,30	11,3	0,02	0,03	2,34	21,4
Risse											
Riss im Anschluss	AR--	32		1,21		1,60		0,00		0,80	
Rohrbruch	BT--	0		0,00		0,00		0,00		0,00	
Boden sichtbar	BSB-	63		2,39		3,15		0,01		1,58	
Radialriss	RQ--	178		6,74		8,90		0,02		4,47	
Ovalisierung des Rohrs		0		0,00		0,00		0,00		0,00	
Risse von einem Punkt ausgehend	RX--	43		1,63		21,50		0,05		1,08	
Längsriss	RL--	18		0,68		18,00		0,05		0,45	
Längsriss im Kämpfer	RL--	5		0,19		5,00		0,01		0,13	
Längsriss im Scheitel	RL-O	16		0,61		16,00		0,04		0,40	
Längsriss in der Sohle	RL-U	4		0,15		4,00		0,01		0,10	
Längsrisse im Scheitel und in der Sohle	RL-O/U	0		0,00		0,00		0,00		0,00	
Längsrisse in gesamtem Querschnitt	RL--	0		0,00		0,00		0,00		0,00	

Tab. 4.2 (Fortsetzung)

Schaden/ Schadensgruppe	Kürzel	Anzahl der Schäden (n)	Summe der Schäden (n)	Anteil (%)	Summierter Anteil (%)	Länge der Schäden (m)	Summierte Länge (m)	Anteil (%)	Summierter Anteil (%)	Schadensdichte (n/km)	Summierte Schadensdichte (n/km)
Radialriss im Kämpfer	RQ-L/R	61		2,31		3,05		0,01		1,53	
Radialriss im Scheitel	RQ-O	2		0,08		0,10		0,00		0,05	
Radialriss in der Sohle	RQ-U	1		0,04		0,05		0,00		0,03	
Scherbenbildung im Kämpfer	RS-L/R	170		6,44		85,00		0,21		4,37	
Scherbenbildung im Scheitel	RS-O	19		0,72		0,50		0,02		0,48	
Scherbenbildung in der Sohle	RS-U	9		0,34		4,50		0,01		0,23	
Scherbenbildung im Zulauf	SR--	0		0,00		0,00		0,00		0,00	
Fehlende Scherbe im Kämpfer	BS-L/R	11		0,42		3,30		0,1		0,28	
Fehlende Scherbe im Scheitel	BS-O	12		0,45		3,60		0,01		0,30	
Fehlende Scherbe in der Sohle	BS-U	10	654	0,38	24,80	3,00	190,3	0,01	0,48	0,25	16,4
Innere Korrosion											
Korrosion in gesamtem Querschnitt	C---	0		0,00		0,00		0,00		0,00	
Korrosion im Scheitel	C--O	2		0,08		2,00		0,01		0,05	
Korrosion in der Sohle	C--U	3	5	0,11	0,20	3,00	5,0	0,01	0,01	0,08	0,1
Summe der Schäden			**2639**	**100,00**	**100,00**					**66,3**	
Länge des Kanalnetzes (m)							**39.790**				

Tab. 4.3 Auszug aus der Auflistung der Schäden nach DIN 1986-30 an Grundstücksanschlüssen. (Quelle: Raganowicz)

Grundstücksanschluss	Länge (m)	DN (mm)	Material	Gründungstiefe (m)	Schaden	Kürzel	Schadensklasse
Bahnhofstr. 20	10,3	150	Steinzeug	1,29	Anhaftende Stoffe	BBB (10 %)	B
Bahnhofstr. 22	10,4	150	Steinzeug	2,65	Anhaftende Stoffe	BBB(10 %)	B
Bahnhofstr. 21	5,4	150	Steinzeug	2,14	Rissbildung Verschobene Rohrverbindung	BAB (3 mm) BAJ (20 mm)	A B
Bahnhofstr. 19	16,3	150	Steinzeug	1,57	Verschobene Rohrverbindung	BAJ (15 mm)	B
Bahnhofstr. 17	4,1	150	Steinzeug	2,64	Verschobene Rohrverbindung	BAJ (20 mm)	B
Bahnhofstr. 13	6,1	150	Steinzeug	2,59	Anhaftende Stoffe	BBB (5 %)	C
Bahnhofstr. 13a	7,9	150	Steinzeug	1,97	Ablagerungen	BBC (5 %)	C
Bahnhofstr. 18	8,9	150	Steinzeug	2,67	Anhaftende Stoffe Unterbogen	BBB (10 %) BDD (20 %)	B C
Bahnhofstr. 16	9,2	150	Steinzeug	2,18	Verschobene Rohrverbindung Rissbildung	BAJ (15 mm) BAB (3 mm)	B A
Bahnhofstr. 21a	6,7	150	Steinzeug	3,37	Verschobene Rohrverbindung	BAJ (15 mm)	B
Am Eschtor 3	12,6	150	Steinzeug	2,52	Anhaftende Stoffe	BBB (3 %)	C
Am Eschtor 7	5,5	150	Steinzeug	2,20	Anhaftende Stoffe	BBB (10 %)	B
Am Eschtor 1	12,7	150	Steinzeug	2,58	Unterbogen Anhaftende Stoffe	BDD (13 %) BBB (30 %)	C A
Doktorbäuerinweg 1	9,1	150	Steinzeug	3,35	Kein Schaden		D
Doktorbäuerinweg 18	5,4	150	Steinzeug	3,11	Kein Schaden		D
Doktorbäuerinweg 18	6,4	150	Steinzeug	2,79	Kein Schaden		D
Doktorbäuerinweg 18	4,6	150	Steinzeug	3,73	Kein Schaden		D
Doktorbäuerinweg 8	4,7	150	Steinzeug	2,89	Kein Schaden		D
Doktorbäuerinweg 6	3,3	150	Steinzeug	3,18	Verschobene Rohrverbindung Verschobene Rohrverbindung	BAJ (15 mm) BAJ (15 mm)	B B

Literatur

1. DIN EN 13508-2, Zustandserfassung von Entwässerungssystemen außerhalb von Gebäuden, Teil 2: Kodierungssystem für die optische Inspektion, 2003.
2. DWA-M 149-2, Zustandserfassung und -beurteilung von Entwässerungssystemen außerhalb von Gebäuden, Teil 2: Kodiersystem für die optische Inspektion, 2013
3. Werbemittel der Firma Barthauer Sofware GmbH (inklusiv Internetseite www.barthauer.de).
4. ATV-M 143-2, Optische Inspektion – Inspektion, Instandsetzung, Sanierung und Erneuerung von Abwasserkanälen und -leitungen, 1999.
5. DIN EN 752-5, Entwässerungssysteme außerhalb von Gebäuden, Teil 5: Sanierung, 1997 (ersetzt durch DIN EN 752 in 2008).
6. ATV-M 149, Zustandserfassung, -klassifizierung und –bewertung von Entwässerungssystemen außerhalb von Gebäuden, 1999.
7. BMVBS, Arbeitshilfen Abwasser: Planung, Bau und Betrieb von abwassertechnischen Anlagen in Liegenschaften des Bunds, 2005.
8. DIN EN 752, Entwässerungssysteme außerhalb von Gebäuden – Kanalmanagement, Beuth Verlag GmbH, Berlin 2015.
9. DIN 1986-30, Entwässerungsanlagen für Gebäude und Grundstücke – Teil 30, Instandhaltung, 2012.
10. DWA-M 149-3, Zustandserfassung und -beurteilung von Entwässerungssystemen außerhalb von Gebäuden – Teil 3, Zustandsklassifizierung und -bewertung, 2007.
11. Münchner Normalien, Zentrale Technische Normen für Kanalbau in München, Stadtentwässerung München, 1992.
12. Raganowicz A.: Methodik der Kanalzustandsprognose, Dissertation, Institut für Ingenieur- und Tiefbau TU Breslau, 2010.
13. Stein D., Kaufmann O.: Schadensanalyse von Abwasserkanälen aus Beton- und Steinzeugrohren der Bundesrepublik Deutschland – West, Korrespondenz Abwasser 1993 (40) Nr. 2.
14. Stein D.: European study of the performance of various pipe systems, respectively pipe municipalsewage systems under special consideration of the ecological range of effects during the service life, Final Report, Prof. Dr.-Ing. Stein & Partner GmbH, Bochum 2005.
15. Steinzeug – Ein komplettes Programm für die moderne Abwasserkanalisation, Handbuch, Steinzeug GmbH, Köln 1998.
16. Steinzeug – Handbuch, das original Zubehör, Steinzeug – Keramo, August 2009.
17. Werbemittel der Firma Steinzeug-Keramo.
18. DIN EN 1610, Verlegung und Prüfung von Abwasserleitungen und -kanälen, Beuth Verlag GmbH, Berlin 2010.
19. Zweckverband zur Abwasserbeseitigung im Hachinger Tal, Dokumentation der Schadensklassifizierung von Grundstücksanschlüssen aus Oberhaching aufgrund der TV-Inspektion, 2013.
20. Stein D.: Instandhaltung von Kanalisationen, 3. Auflage, Ernst & Sohn, Berlin 1998.

5 Kritischer Zustand des Entwässerungssystems

Der kritische Zustand wurde speziell für das Kanalnetz, das das Einzugsgebiet des Hachinger Bachs entwässert, konzipiert. Die Methodik, die sich hinter dem Begriff verbirgt, ist ein Versuch, die komplizierte Kanalzustandsprognose zu einem wichtigen betrieblichen Moment zu reduzieren, indem die Haltungen vom Reparatur- in den Sanierungszustand übergehen. Die Entscheidung, ob eine Kanalhaltung sanierungsbedürftig ist, basiert auf der Schadensanalyse, die unter Beachtung von verschiedenen Randbedingungen und den örtlichen Gegebenheiten durchgeführt wird. Anhand der Schadenstheorie ist festzustellen, ob die größten Schäden sich in einer Phase befinden, ab der eine zunehmend schnelle Entwicklung zu erwarten ist. Die Entwicklung von Schäden kann man am besten am Beispiel von Rissen sehr anschaulich erklären. Sie sind typisch für die biegesteifen Rohre (Beton, Steinzeug) und entwickeln sich bis zu einer gewissen Rissbreite relativ langsam. Ab einer Rissbreite von 3 mm ist eine schnelle Rissvergrößerung in einer kurzen Zeit zu erwarten, die zu einem Rohrbruch und bei besonders ungünstigen Randbedingungen zu einer Baukatastrophe führen kann. Bei der Schadensanalyse sollte man versuchen, die Schadensursachen festzustellen. Diese Aufgabe kann gewisse Probleme bereiten, weil nur die innere Seite des Kanals optisch erfasst wird. Ein Sachverständiger, der die TV-Dokumentation nachsichtet, sollte sich von der Außenseite der zu analysierenden Leitung aufgrund der erfassten Schäden ein Bild machen. Dies erfordert gute Kenntnisse aus den Gebieten Rohrstatik und Rohrwerkstoffkunde sowie langjährige betriebliche Erfahrung. Um den baulich-betrieblichen Zustand eines Kanals genauer zu diagnostizieren, mussen zwei optische Inspektionen vor und nach der Reinigung durchgeführt werden. Bei Bedenken sind dynamische Sondierungen oder Untersuchungen durch Georadar durchzuführen, um den Zustand von der Leitungszone zu erkunden. Anhand dieser Erkundungen kann eindeutig festgestellt werden, ob Hohlräume in der Rohrumgebung vorhanden sind, die eine Gefahr für die Rohrstatik darstellen. Eine Kanalsanierung kann nur dann effektiv und nachhaltig sein, wenn die Schadensursachen beseitigt werden. Zum Beispiel müssen die festgestellten Hohlräume vor der Sanierung durch Außeninjektionen verfüllt werden.

A. Raganowicz, *Nutzen statistisch-stochastischer Modelle in der Kanalzustandsprognose*,
DOI 10.1007/978-3-658-16117-0_5

Weil der technische Zustand von untersuchten Leitungen nach zwei verschiedenen Klassifizierungsmodellen (ATV-M 149 und DIN 1986-30) festgelegt wurde, war es notwendig, sanierungsbedürftige Schadensgrößen bei Zustandsklassifizierung zu definieren. Dieses Problem resultiert daraus, dass die Zustandsdaten aus zwei optischen Inspektionen stammen (2000 und 2010). Zu jedem Zeitpunkt der Inspektion galten andere Vorschriften.

5.1 Kritischer Zustand von Betonkanälen

Der Prognose des kritischen Zustands von Betonrohren lagen die Ergebnisse der optischen Inspektion aus dem Jahr 2000 zugrunde. Unter Berücksichtigung der Schadensgrößen und der örtlichen Gegebenheiten wurde der kritische Zustand als Übergang der Haltungen vom Reparatur- zum Sanierungszustand definiert. Die ATV-Klassifizierung beschreibt den Übergang als die Grenze zwischen der zweiten und der ersten Zustandsklasse. Sie markiert einen bedeutenden Moment auf der Kanalbetriebszeitachse. Die Überschreitung dieser Grenze, bei der eine schnellere Schadensentwicklung stattfindet, kann zu einer Havarie und bei ungünstigen Umständen zu einer Baukatastrophe führen, die Konsequenzen für Menschen und Umwelt hat. Kenntnisse über den schlechten Kanalzustand zwingen die Betreiber, entsprechende Sanierungsmaßnahmen vorzunehmen, um die angenommene technische Lebensdauer von Kanälen zu erreichen oder sogar zu überschreiten.

Schäden wie Risse sind besonders im Schwankungsbereich des Grundwassers gefährlich, weil die Infiltrationen die hydraulische Belastung des Kanalnetzes, der Pumpwerke sowie der Kläranlage zur Folge haben. Außerdem werden die kleinsten Untergrundfraktionen aus der Leitungszone des Rohrs ausgewaschen, wodurch Hohlräume in der direkten Rohrumgebung entstehen. Solche Szenarien führen zu gefährlichen Rohrbrüchen sowie zu Verunreinigungen des Bodens und des Grundwassers.

Um den kritischen Zustand statistisch festzulegen, sollte eine Stichprobe formiert werden, die aus den Kanalhaltungen der Zustandsklassen ZK_4, ZK_3 und ZK_2 nach ATV besteht. Die untersuchten Betonkanäle liegen in homogenen Untergrundverhältnissen oberhalb des Grundwassers und verlaufen entlang der Gemeindestraßen, die durch den Verkehr gleichmäßig belastet sind. Unter diesen Umständen ist der kritische Zustand lediglich in Abhängigkeit vom Grundwasser und von der Gründungstiefe zu analysieren.

5.2 Kritischer Zustand von öffentlichen Steinzeugkanälen

Die Analyse des baulich-betrieblichen Zustands der öffentlichen Steinzeugkanäle, die oberhalb und unterhalb des Grundwassers liegen, beruht ebenfalls auf der optischen Inspektion aus dem Jahr 2000. Die Zustandsklassifizierung wurde analog wie bei Betonkanälen nach dem Arbeitsblatt ATV-M 149 [1] durchgeführt. Der kritische Zustand wird als die Grenze zwischen dem Reparatur- und Sanierungsbereich genauso wie bei den Betonkanälen definiert. Jede Sanierungsmaßnahme ist als eine technische Rehabilitation einer kompletten Kanalhaltung durch Liner mit einer Lebensdauer von 50 Jahren zu verstehen.

Die Festlegung des Sanierungsumfangs und dessen Realisierung hat für Kanalbetreiber eine relevante technisch-betriebliche sowie ökonomische Bedeutung. Jede Kanalreparatur besitzt außerdem einen lokalen Charakter und wird als eine Unterhaltsmaßnahme betrachtet. Den Reparaturen wird eine Lebensdauer von 10–15 Jahren zugesprochen. Bei einem größeren Umfang können die Sanierungsmaßnahmen aufgrund der Lebensdauer als Investitionen betrachtet und abgeschrieben werden.

Eine fachgemäße Realisierung von notwendigen Sanierungen gewährleistet, dass die Kanäle standsicher, dicht und betriebssicher über längere Zeiträume bleiben. Die Festlegung des kritischen Zustands bietet die Möglichkeit, den notwendigen Sanierungsumfang zu bestimmen und die Unterhalts- und Investitionskosten entsprechend langfristig zu planen.

Da fast alle Kanalnetzbetreiber mit finanziellen Problemen konfrontiert werden, sind sie oft bereit, die Sanierungsmaßnahmen durch die günstigeren Reparaturen zu ersetzen. Nach ein paar Jahren stellt sich dann aber heraus, dass diese Stellen mithilfe der Linertechnik saniert werden sollten. Solche Sanierungsstrategien sind nicht wirtschaftlich und führen zu einem Sanierungsstau sowie zu weiteren finanziellen Problemen.

5.3 Kritischer Zustand von Grundstücksanschlüssen

Die Beurteilung des baulich-betrieblichen Zustands von Grundstücksanschlüssen wurde anhand von zwei Stichproben durchgeführt. Die erste bilden Grundstücksanschlüsse, die im Schwankungsbereich des Grundwassers liegen. Sie wurden im Jahr 2000 optisch inspiziert. Die zweite Stichprobe setzt sich aus mehreren Grundstücksanschlüssen zusammen, die oberhalb des Grundwassers verlaufen. Sie wurden bei der zweiten kompletten optischen Inspektion im Jahr 2010 zusätzlich untersucht. Den baulich-betrieblichen Zustand von Objekten der ersten Stichprobe klassifizierte man nach ATV. Der kritische Zustand wird daher als Übergang von der zweiten in die erste Sanierungspriorität beschrieben. Der Zustand von Grundstücksanschlüssen der zweiten Stichprobe wurde nach DIN EN 1986-30 [2] klassifiziert. Drei Zustandsklassen entsprechen drei Sanierungsprioritäten. Der Übergang von der zweiten in die erste, die schlechteste Sanierungspriorität, wird durch den kritischen Zustand beschrieben. Um diesen Zustand statistisch zu interpretieren, ist eine neue Stichprobe zu bilden, die die Grundstücksanschlüsse mit der Sanierungspriorität I und II beinhaltet.

Die Grundstücksanschlüsse stellen in der Kanalzustandsprognose eine Ausnahme dar, weil deren Zustand nach zwei verschiedenen Modellen klassifiziert wurde. Nachdem der Sachverständige letztendlich die Entscheidung trifft, ob ein Grundstücksanschluss saniert wird, sollte diese Situation keine Interpretationsprobleme bereiten. Viele Ingenieurbüros bevorzugen aus Kostengründen eine automatische Zustandsklassifizierung, die sogar mit einer automatischen Sanierungsplanung und Ausschreibung gekoppelt ist. Automatische

Planungssysteme setzen perfekte Schadens-, Zustandsklassifizierungen und Planungsalgorithmen voraus. Die Komponenten eines solchen Planungssystems müssen aufeinander sehr gut abgestimmt sein. Ungeachtet der zuverlässigen Algorithmen sind gravierende Planungsfehler nicht auszuschließen.

Die Definition des kritischen Kanalzustands hat eine wissenschaftliche und eine besonders wichtige Bedeutung für den alltäglichen Kanalbetrieb. Während des Kanalbetriebs gibt es einen Moment, nach dem eine Kanalhavarie zu erwarten ist, die bei ungünstigen Umständen zu einer Baukatastrophe oder Umweltverunreinigungen führen kann. Dieser Moment, der durch den kritischen Zustand definiert wird, ist für die Kanalbetreiber wichtig, weil sie die kostspieligen Maßnahmen planen und realisieren müssen. Sie erfordern wirtschaftliche Sanierungspläne, die die Optimierung der Finanzpolitik ermöglichen. Die statisch-stochastische Prognose des kritischen Kanalzustands bietet eine analytische Möglichkeit, den notwendigen Sanierungsbedarf unter Berücksichtigung von verschiedenen Randbedingungen zu bestimmen.

5.4 Statistische Interpretation des Kanalzustandes

Die statistische Interpretation des untersuchten Kanalzustands wird am Beispiel der öffentlichen Leitungen aus Steinzeug aufgezeigt, die in der Gemeinde Unterhaching betrieben werden. Die Stichprobe besteht aus 1162 Haltungen, die oberhalb des Grundwassers funktionieren und im Jahre 2000 optisch inspiziert wurden. Jeder Haltung wurde gemäß ATV-M 149 [1] eine von fünf Zustandsklassen und nach Berücksichtigung von örtlichen Gegebenheiten eine Sanierungspriorität zugeordnet. Die Ergebnisse der Zustandsklassifizierung sind in Tab. 5.1 dargestellt.

Um die statistischen Berechnungen zu vereinfachen, sind die Haltungen jeder Zustandsklasse nach dem Alter (5, 10, 15, 20, 25, 30, 35, 40, 45 Jahre) sortiert. Die Breite der Altersgruppe ist nach Gl. 5.1 zu bestimmen [4, 5]:

$$B = (t_{\max} - t_{\min})/n_p \tag{5.1}$$

mit

$t_{\max}$ maximales Alter der Haltung in Jahren,
$t_{\min}$ minimales Alter der Haltung in Jahren,
n Stichprobenumfang,
n_p wird gemäß Gl. 5.2 bestimmt:

$$n_p = n^{1/2}. \tag{5.2}$$

Die statistische Breite einer Altersgruppe ist nach der Gl. 5.1 vom Stichprobenumfang abhängig. Wird die Population einer Altersgruppe erhöht, so verringert sich ihre Breite.

Tab. 5.1 Zustandsklassifizierung des Unterhachinger Kanalnetzes [3]

Haltung	Straße	Länge (m)	DN (mm)	Alter (Jahre)	Gründungs-tiefe (m)	Zustandsklasse (Sanierungs-priorität)
313090019-313090020	Biberger Str.	39,5	250	33	4,5	0
313090007-313090008	Utzweg	53,7	250	33	3,0	4
308890061-308890062	Deisenhofener Weg	59,0	250	18	3,3	3
313290036-313290037	Finsinger Weg	54,9	250	34	3,4	2
397690011-397690012	Frühlingstraße	28,2	250	34	3,0	0
308990015-308990016	Grünauer Allee	50,0	250	16	2,0	3
317290011-317290012	Grünwalder Weg	15,8	250	15	3,5	0
394790033-394790037	Habichstr.	42,8	250	33	3,0	1
309090060-309090061	Hallstattweg	9,9	250	28	2,3	0
300890023-300890024	Jägerstr.	43,1	250	35	3,3	2
300890025-300890026	Jägerstr.	44,3	250	35	3,2	2
308790033-304790012	Karwendelstr.	47,8	250	33	2,7	0
397690019-397690020	Parkstr.	56,9	250	43	3,1	0
304790040-304790037	Pittingerplatz	18,1	250	34	2,7	0
304790021-304790047	Pittingerstr.	48,7	250	33	2,8	3
304690029-304690030	Professor-Huber-Str.	54,1	250	33	2,7	2

Die angenommene Breite von fünf Jahren resultiert aus dem Bedarf, die kritischen Zustände von unter verschiedenen Bedingungen funktionierenden Kanalarten zu vergleichen. Sie war ein Kompromiss, die vorhandenen Stichproben mit unterschiedlichen Populationen von 100 bis 1200 Haltungen zu vereinheitlichen.

Die prozentuale Verteilung der Zustandsklassen bezüglich der Anzahl der Haltungen und der Gesamtlänge des Netzes wird in Abb. 5.1 aufgezeigt.

Den zwei schlechtesten Zustandsklassen 0 und 1 wurden 3,4 % der Haltungen, der besten Zustandsklasse 4 wurden 70,2 % der Haltungen zugeordnet. Dieses Ergebnis deutet auf einen guten baulich-betrieblichen Zustand der untersuchten Kanalleitungen hin. Die Haltungen der Zustandsklassen 0 und 1 sind kurzfristig zu sanieren. Aus den nach Alter sortierten Haltungen jeder Zustandsklasse wurden die entsprechenden Stichproben mit einer Population von 816 bis 1162 Elementen gebildet. Fünf Zustandsklassen, die fünf Sanierungsprioritäten entsprachen, lagen den weiteren statistischen Modellierungen zugrunde. Folglich mussten die maßgebenden Stichproben für die Übergänge der Zustandsklassen zusammengesetzt werden. Beispielsweise bestand die Stichprobe für den Übergang von der dritten zur zweiten Zustandsklasse ($ZK_{4\text{-}3}$) aus Haltungen der vierten

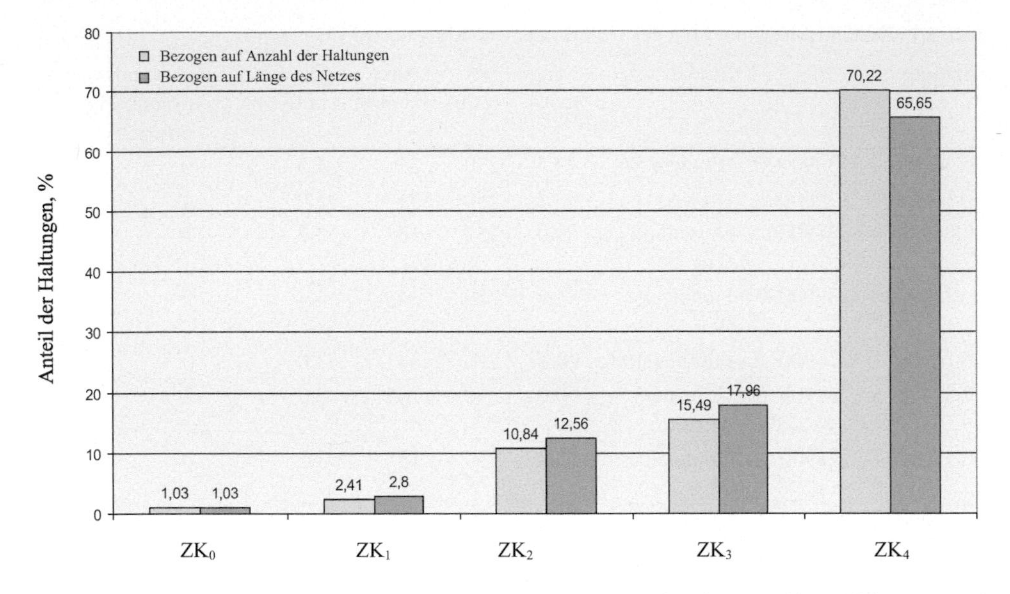

Abb. 5.1 Die prozentuale Verteilung der Zustandsklassen bezüglich der Anzahl der Haltungen und der Gesamtlänge des Netzes. *ZK* Zustandsklasse [3]

und dritten Zustandsklasse. Analog wurden die restlichen Stichproben ZK_4, $ZK_{4\text{-}2}$, $ZK_{4\text{-}1}$, $ZK_{4\text{-}0}$ gebildet. Die Stichprobe, die maßgeblich für den kritischen Zustand war, bestand aus Haltungen der Klassen 4, 3 und 2. Die statistischen Standardanalysen umfassten die empirischen Verteilungs- und Dichtefunktionen. Die sortierten Daten der kritischen Stichprobe (Übergangsklasse $ZK_{4\text{-}2}$) sind in Tab. 5.2 dargestellt.

Tab. 5.2 Empirische Verteilung des Ausfalls und der Zuverlässigkeit von Haltungen der kritischen Stichprobe ZK4-2 [3]

Alter (Jahre)	Anzahl der Haltungen (n_i)	Häufigkeit (n_i/n)	Ausfallfunktion $F^*(t)$ (%)	Zuverlässigkeitsfunktion $R^*(t)$ (%)
5	56	4,99	4,99	95,01
10	98	8,73	13,73	86,27
15	92	8,20	21,93	78,07
20	70	6,24	28,16	71,84
25	109	9,71	37,88	62,12
30	484	43,14	81,02	18,98
35	190	16,93	97,95	2,05
40	1	0,09	98,04	1,96
45	22	1,96	100,00	0,00

5.4.1 Empirische, kritische Dichtefunktion

Die Konstruktion der empirischen Dichte-, Verteilungs- und Zuverlässigkeitsfunktion wird anhand der Stichprobe (Übergangsklasse $ZK_{4\text{-}2}$) erläutert, die für den Übergang des Reparatur- in den Sanierungszustand maßgeblich ist. Durch diese Vorgehensweise wird die vollständige Kanalzustandsprognose auf einen Übergang reduziert. Er ist ein wichtiges Moment auf der Kanalbetriebszeitachse, ab dem die Betreiber verpflichtet sind, entsprechende Sanierungsmaßnahmen vorzunehmen. Das Alter der untersuchten Kanalleitungen wird mit ihrem technischen Zustand in eine Korrelation gebracht.

In der Voruntersuchungsphase wird die empirische Dichtefunktion $f^*(t)$ ermittelt. Zuerst sind die Leitungen der Übergangsklasse $ZK_{4\text{-}2}$ nach Alter zu sortieren und dann die relativen Ausfallhäufigkeiten (n_i/n) in Form eines Histogramms festzulegen. Der Begriff Ausfall bedeutet, dass eine Haltung oder eine Gruppe von Haltungen nicht havariert, sondern die Reparaturzone verlässt und in die Sanierungszone übergeht. Die empirische Dichtefunktion der relativen Häufigkeiten informiert darüber, wie viele Haltungen jeder Altersklasse angehören. In Abb. 5.2 ist die empirische Dichtefunktion $f^*(t)$ für die öffentlichen Steinzeugkanäle, die sich im kritischen Zustand befinden und oberhalb des Grundwassers liegen, dargestellt.

Wenn der Stichprobenumfang unendlich wird $(n \to \infty)$, geht die empirische in die theoretische Dichtefunktion $f(t)$ über. Falls die relativen Häufigkeiten als Ordinatenwerte verwendet werden, wird die Fläche unterhalb der Dichtefunktion gleich eins. Mit dem Histogramm der relativen Ausfallhäufigkeiten wird die Anzahl der Übergänge (Ausfälle) in die Sanierungszone als Funktion der Zeit dargestellt. Der Bereich mit den meisten

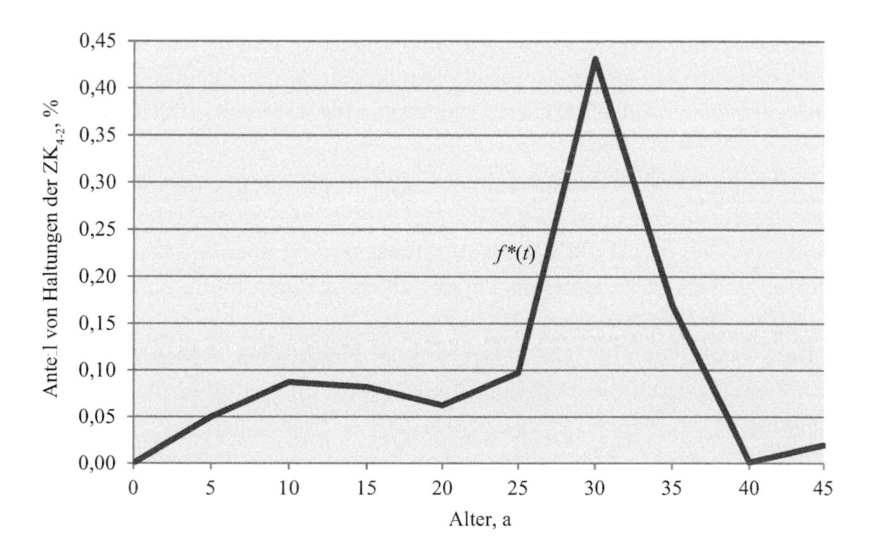

Abb. 5.2 Empirische, kritische Dichtefunktion für die öffentlichen Steinzeugkanäle. *ZK* Zustandsklasse [3]

Übergängen ist als Streubereich der Übergangszeiten zu bezeichnen. Die Spitze der empirischen Dichtefunktion tritt bei den 30-jährigen Haltungen auf, deren Anteil etwa 43 % beträgt. Die 40-jährigen Haltungen sind in dieser Stichprobe nicht vertreten, weil die empirische Dichtefunktion $f^*(t)$ an der Stelle den Wert Null annimmt.

5.4.2 Empirische, kritische Verteilungsfunktion

Das Histogramm der Übergangshäufigkeiten $f^*(t)$ informiert darüber, wie viele Übergänge (Ausfälle) zu einem bestimmten Zeitpunkt bzw. innerhalb einer Altersklasse vorhanden sind. Das Histogramm der Summenhäufigkeiten beantwortet hingegen die Frage, wie viele Übergänge insgesamt bis zu einem bestimmten Zeitpunkt bzw. einer Altersklasse existieren. Für das Histogramm der relativen Summenhäufigkeiten werden die vorhandenen Übergänge gemäß der Gl. 5.3 aufaddiert und auf die Gesamtzahl der Übergänge bezogen [4, 5]:

$$H(m) = \sum_{i=1}^{n} h_{\text{rel}}(i) \tag{5.3}$$

mit

i Nummer der Altersklasse,
h_{rel} relative Häufigkeit der Altersklasse i.

Die empirische, kritische Verteilungsfunktion $F^*(t)$ für die öffentlichen Steinzeugkanäle ist in Abb. 5.3 dargestellt. Die maßgebende Stichprobe besteht aus den Leitungen der Übergangsklasse $ZK_{4\text{-}2}$, die oberhalb des Grundwassers funktionieren. Aus der Abb. 5.3 ist zu entnehmen, dass ein großer Zuwachs von relativen Summenhäufigkeiten bei den 30-jährigen Kanälen festzustellen ist. Diese Altersklasse hat auch den größten Umfang dieser Stichprobe.

Mit der empirischen Verteilungsfunktion $F^*(t)$ wird die Summe der Ausfälle als Funktion dargestellt. Bei einer großen Anzahl der Messwerte ($n \to \infty$) geht die empirische Verteilungsfunktion $F^*(t)$ zur stetigen Verteilungsfunktion $F(t)$ über. Sie beginnt bei $F(t) = 0$ und wächst aufgrund der zu addierenden Ausfallhäufigkeiten monoton bis zum Ausfall aller Teile auf den Wert $F(t) = 1$.

Unter Berücksichtigung des Übergangs von der empirischen in die theoretische Verteilungsfunktion lässt sich die Verteilungsfunktion als Integral über die Dichtefunktion darstellen [4–6]:

$$F(t) = \int f(t) \cdot \mathrm{d}t. \tag{5.4}$$

Die Dichtefunktion erhält man wiederkehrend durch die Ableitung der Verteilungsfunktion

$$f(t) = \mathrm{d}F(t)/\mathrm{d}t. \tag{5.5}$$

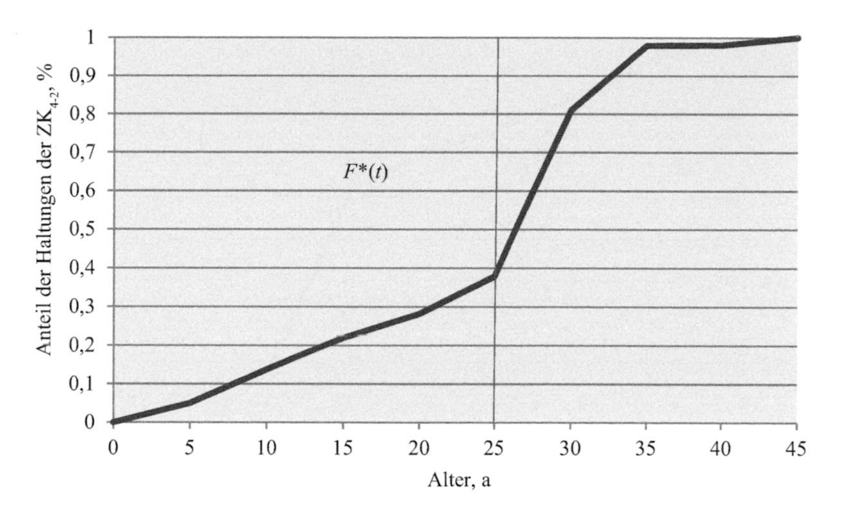

Abb. 5.3 Empirische, kritische Verteilungsfunktion für öffentliche Steinzeugkanäle. *ZK* Zustandsklasse [3]

Die Verteilungsfunktion $F(t)$ beschreibt die Wahrscheinlichkeit, mit der die aufsummierten Ausfälle zu einem bestimmten Zeitpunkt auftreten. Diese Wahrscheinlichkeit wird sehr oft Ausfallwahrscheinlichkeit genannt. Bei den untersuchten Kanälen ist ein Ausfall als Übergang vom Reparatur- zum Sanierungszustand zu interpretieren.

Die empirische Verteilungsfunktion der öffentlichen Steinzeugkanäle (Abb. 5.3) verläuft unregelmäßig, weil sie den technischen Zustand eines realen Kanalnetzes beschreibt. Als Ergebnis der statistischen Modellierungen, die auf den betrieblichen Daten basieren, wird eine optimale, allgemeingültige Übergangskurve bestimmt. Diese statistische Bearbeitung von empirischen Daten ermöglicht anschließend die Durchführung einer mühelosen qualitativ-quantitativen Analyse des Kanalzustands unter relevanten betrieblichen Aspekten.

5.4.3 Empirische, kritische Zuverlässigkeitsfunktion

Wenn die Summe der noch nicht ausgefallenen Objekte interessant ist, kann sie mithilfe eines Histogramms der Überlebenshäufigkeit dargestellt werden. Der intakte Anteil ist die Summe der bereits ausgefallenen Teile, abgezogen von der Summe aller Teile. Im Rahmen der statistischen Modellierungen wurde die empirische Zuverlässigkeitsfunktion $R^*(t)$ für die in der Reparaturzone bleibenden öffentlichen Kanäle konstruiert (Abb. 5.4).

Die ausgefallenen und intakten Teile machen zu jedem Zeitpunkt immer 100 % aus. Aus dem Grund ist die Überlebensfunktion $R^*(t)$ komplementär zur Ausfallfunktion $F^*(t)$ [4–6]:

$$R^*(t) = 1 - F^*(t). \tag{5.6}$$

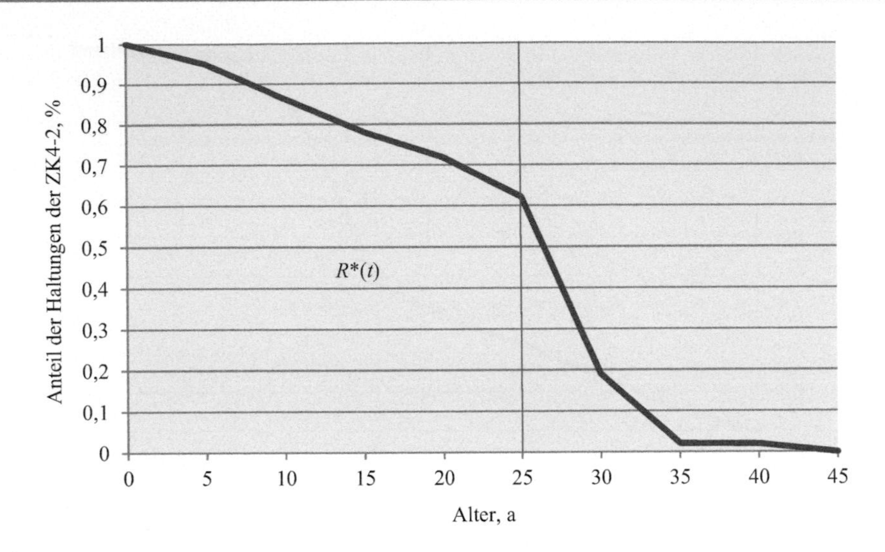

Abb. 5.4 Empirische, kritische Zuverlässigkeitsfunktion für öffentliche Steinzeugkanäle. *ZK* Zustandsklasse [3]

Aus Abb. 5.4 ist zu entnehmen, dass der charakteristische Wendepunkt analog zur empirischen Ausfallfunktion bei den 25-jährigen Leitungen auftritt. Ab diesem Moment verringert sich plötzlich die Anzahl der Leitungen, die in der Reparaturzone bleiben.

Die Überlebensfunktion beginnt immer bei $R(t) = 100\,\%$, da zum Zeitpunkt $t = 0$ noch keine Ausfälle zu verzeichnen sind. Sie endet bei $R(t) = 0$, da alle Teile zum Zeitpunkt $t = t_n$ bereits ausgefallen sind.

Ähnliche, statistische Voruntersuchungen wurden für die restlichen Zustandsklassen ZK_4, $ZK_{4\text{-}3}$, $ZK_{4\text{-}1}$ und $ZK_{4\text{-}0}$ durchgeführt. Eine eingehende Analyse der Dichte- und Verteilungsfunktionen zeigte, dass sie nicht normalverteilt waren. Die charakteristische Rechtsverschiebung suggerierte die Anwendung der Weibull-Verteilung. Sie wird bei Zuverlässigkeitsuntersuchungen häufig verwendet. Mit der Weibull-Verteilung kann das Ausfallverhalten in allen drei Phasen der Badewannenkurve beschrieben werden. Daher hat sie im Maschinenbau, Bauwesen und besonders in der Automobilbranche eine herausragende Bedeutung.

Die zweiparametrige Weibull-Verteilung besitzt als Parameter die charakteristische Lebensdauer T (Lageparameter) sowie die Ausfallsteilheit b. Ein wichtiges Merkmal der zweiparametrigen Weibull-Verteilung ist, dass man die Ausfälle stets mit dem Zeitpunkt $t = 0$ beschreiben kann. Die zweiparametrige Weibull-Verteilung ist besonders für die Kanalzustandsprognosen geeignet, weil die Rohre vor dem Einbau, z. B. während des Transports oder bei Lagerung auf der Baustelle, beschädigt werden können.

Die dreiparametrige Weibull-Verteilung wird dann angewendet, wenn die Entstehung von Schäden einen gewissen Zeitraum braucht. Daher besitzt sie neben den Parametern T und b noch die ausfallfreie Zeit t_0 als dritten Parameter.

Tab. 5.3 Zustandsklassen (*ZK*, Sanierungsprioritäten) für das Unterhachinger Kanalnetz [3]

Altersklasse (Jahre)	ZK_4 (n_i)	$ZK_{4\text{-}3}$ (n_i)	$ZK_{4\text{-}2}$ (n_i)	$ZK_{4\text{-}1}$ (n_i)	$ZK_{4\text{-}0}$ (n_i)
5	50	55	56	56	56
10	86	97	98	99	99
15	78	89	92	94	95
20	49	61	70	70	70
25	101	107	109	110	110
30	346	440	484	492	404
35	102	135	190	204	212
40	0	0	1	2	2
45	4	12	22	23	24
$\sum$	816	996	1122	1150	1162

In der nächsten, statistischen Untersuchungsphase werden die Weibull-Parameter geschätzt und aufgrund dessen die kritischen Übergangskurven für alle Kanalarten, die unter verschiedenen Randbedingungen arbeiten, konstruiert. Die Übergangskurven beschreiben die Grenze zwischen zwei Bereichen, die für die Reparatur- und für die Sanierungsmaßnahmen bestimmt sind. Diese Betriebsphase hat eine besondere Bedeutung, weil für alle sanierungsbedürftigen Leitungen zu diesem Zeitpunkt entsprechende Renovierungsmaßnahmen zu planen und in absehbarer Zeit auszuführen sind.

Da das Hachinger Kanalnetz sehr homogen ist und die untersuchten Kanalleitungen nicht in den ausgewiesenen Wasserschutzgebieten verlaufen, sind die festgelegten Zustandsklassen adäquat zu den Sanierungsprioritäten.

Die TV-Dokumentation des Unterhachinger Kanalnetzes bietet eine umfangreiche Datenbasis, die die großen Populationen an Zustandsklassen gewährleistet, sodass die größte Zustandsklasse $ZK_{4\text{-}0}$ aus 1162 Haltungen und die kleinste ZK_4 aus 816 Haltungen besteht (Tab. 5.3). Solch große Stichproben garantieren, dass maßgebende Ergebnisse der Alterungsprognosen erzielt werden.

Die Weibull-Parameter können grafisch und analytisch geschätzt werden. Zu den bekannten analytischen Methoden gehören:

- die Regressionsanalyse,
- die Methode nach Gumbel,
- die Momentmethode,
- die Maximum-Likelihood-Methode.

Literatur

1. ATV-M 149, Zustandserfassung, -klassifizierung und -bewertung von Entwässerungssystemen außerhalb von Gebäuden, 1999.
2. DIN 1986-30, Entwässerungsanlagen für Gebäude und Grundstücke – Teil 30, Instandhaltung, 2012.
3. Raganowicz A.: Methodik der Kanalzustandsprognose, Dissertation, Institut für Ingenieur- und Tiefbau TU Breslau, 2010.
4. Wilker H.: Band 3: Weibull-Statistik in der Praxis, Leitfaden zur Zuverlässigkeitsermittlung technischer Komponenten, Books on Demand GmbH, Norderstedt 2010.
5. Wilker H.: Weibull-Statistik in der Praxis, Leitfaden zur Zuverlässigkeitsermittlung technischer Produkte, Books on Demand GmbH, Norderstedt 2004.
6. Timischl W.: Qualitätssicherung, statistische Methoden, 3. überarbeitete Auflage, Hanser, München 2002.

6 Statistische Modellierung des kritischen Kanalzustandes nach der zweiparametrigen Weibull-Verteilung

Der kritische Zustand des Hachinger Entwässerungssystems wurde anhand der zweiparametrigen Weibull-Verteilung statistisch modelliert. Diese Verteilung wurde zum ersten Mal 1939 in der Theorie der Materialermüdung vom schwedischen Forscher Waloddi Weibull (1887–1970) angewendet. Zur genauen Beschreibung des Ausfallverhaltens während der Ermüdungsversuche entwickelte Weibull 1951 eine universale Verteilung [1]. Diese Verteilungsfunktion ist für Lebensdauerversuche besonders geeignet und hat keine theoretische Begründung. Sie wurde ausschließlich auf empirischer Grundlage konzipiert. In Bezug auf die Alterungsprozesse von Entwässerungssystemen beschreibt die Verteilungsfunktion $F(t/T,b)$ die Wahrscheinlichkeit, dass die Lebensdauer einer Kanalhaltung den Wert t annimmt.

Die charakteristische Lebensdauer T ist der Lageparameter und kann als Mittelwert der Weibull-Verteilung betrachtet werden. Erhöht sich die charakteristische Lebensdauer T, so verschiebt sich das Ausfallverhalten in Richtung der längeren Ausfallzeiten.

Der Formparameter b ist ein Maß für die Streuung der Ausfallzeit t und für die Form der Ausfalldichte. In Abhängigkeit vom Formparameter b können die einzelnen Bereiche der Badewannenkurve bestimmt werden (Abb. 6.1; [2, 3]):

- Bereich der Frühausfälle, $b < 1$;
- Bereich der Zufallsausfälle, $b = 1$;
- Bereich der Verschleißausfälle, $b > 1$.

Abhängig vom Wert des Parameters b nähert sich die Weibull-Verteilung anderen Verteilungen an:

- $b = 0{,}5$ bis 1, die Weibull-Verteilung nähert sich der Exponentialverteilung an,
- $b = 2$, die Weibull-Verteilung nähert sich der Lognormalverteilung an,
- $b = 3{,}2$ bis 3,6, die Weibull-Verteilung nähert sich der Gaußschen Normalverteilung an.

A. Raganowicz, *Nutzen statistisch-stochastischer Modelle in der Kanalzustandsprognose*,
DOI 10.1007/978-3-658-16117-0_6

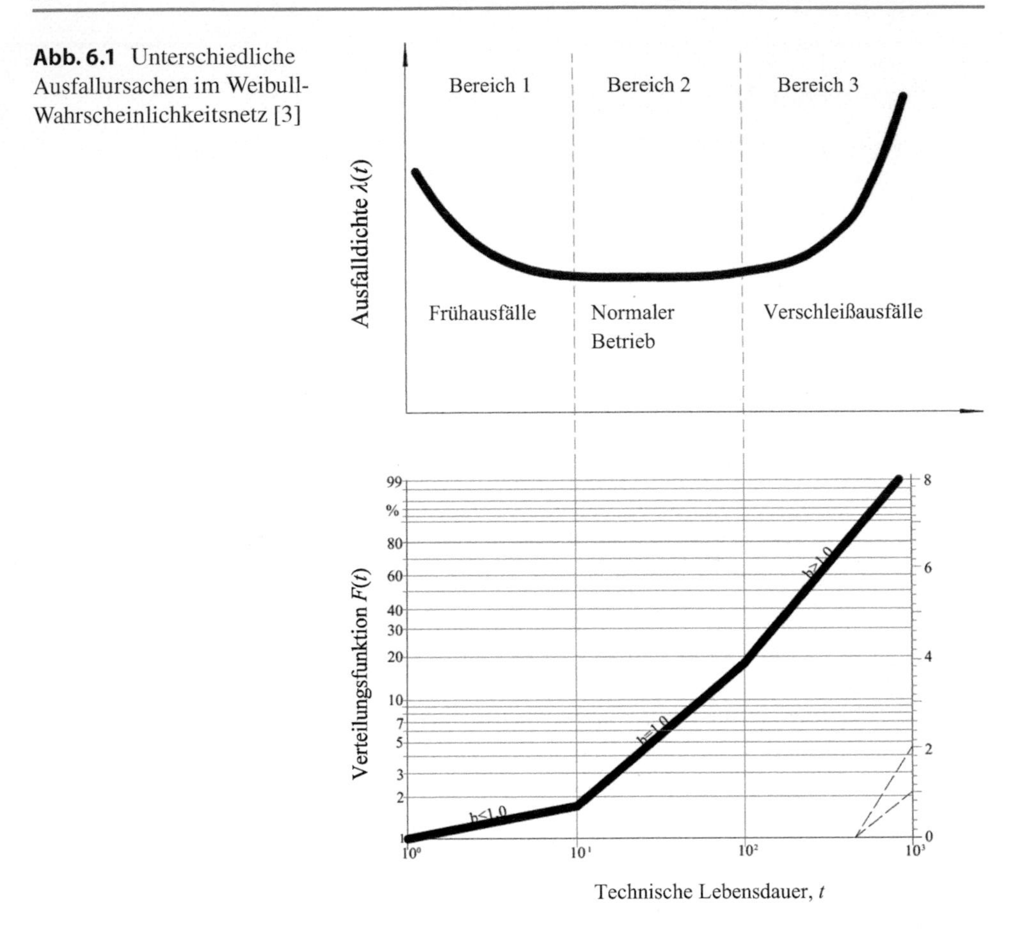

Abb. 6.1 Unterschiedliche Ausfallursachen im Weibull-Wahrscheinlichkeitsnetz [3]

Die Weibull-Verteilung wird als zweiparametrige oder dreiparametrige Verteilung angewendet. Bei vielen technischen Produkten wird ein gewisser Zeitraum benötigt, bis die ersten Schäden entstehen. An einem Bauobjekt muss zuerst beispielweise eine Schutzschicht abgerieben werden, bevor der eigentliche Prozess der Bauteilbelastung beginnt. Deshalb besitzt die dreiparametrige Weibull-Verteilung den zusätzlichen Parameter t_0 (ausfallfreie Zeit). Durch eine Zeitverschiebung ($t \rightarrow t - t_0$, $T \rightarrow T - t_0$) lässt sich die zweiparametrige von der dreiparametrigen Weibull-Verteilung ableiten. Die zweiparametrige ist eine spezielle Form der dreiparametrigen Verteilung mit $t_0 = 0$. Der Verlauf der Dichte-, Verteilungs- sowie Zuverlässigkeitsfunktion ist für eine konstante charakteristische Lebensdauer T und ausfallfreie Zeit $t_0 = 0$ in den Abb. 6.2, 6.3 und 6.4 dargestellt.

Der Formparameter b hat einen signifikanten Einfluss auf den Verlauf der Dichte-, Verteilungs-, Zuverlässigkeitsfunktion und der Ausfallrate. Mit $b > 1$ nimmt die Dichtefunktion die Form der Normalverteilung und mit $b \geq 3$ die Form der Gaußschen Verteilung an. Der Verlauf der Zuverlässigkeitsfunktion mit $b < 2$ zeigt, dass die untersuchten Bauteile eine längere Lebensdauer als mit $b \geq 2$ aufweisen. Die Ausfallrate wächst mit $b > 1$

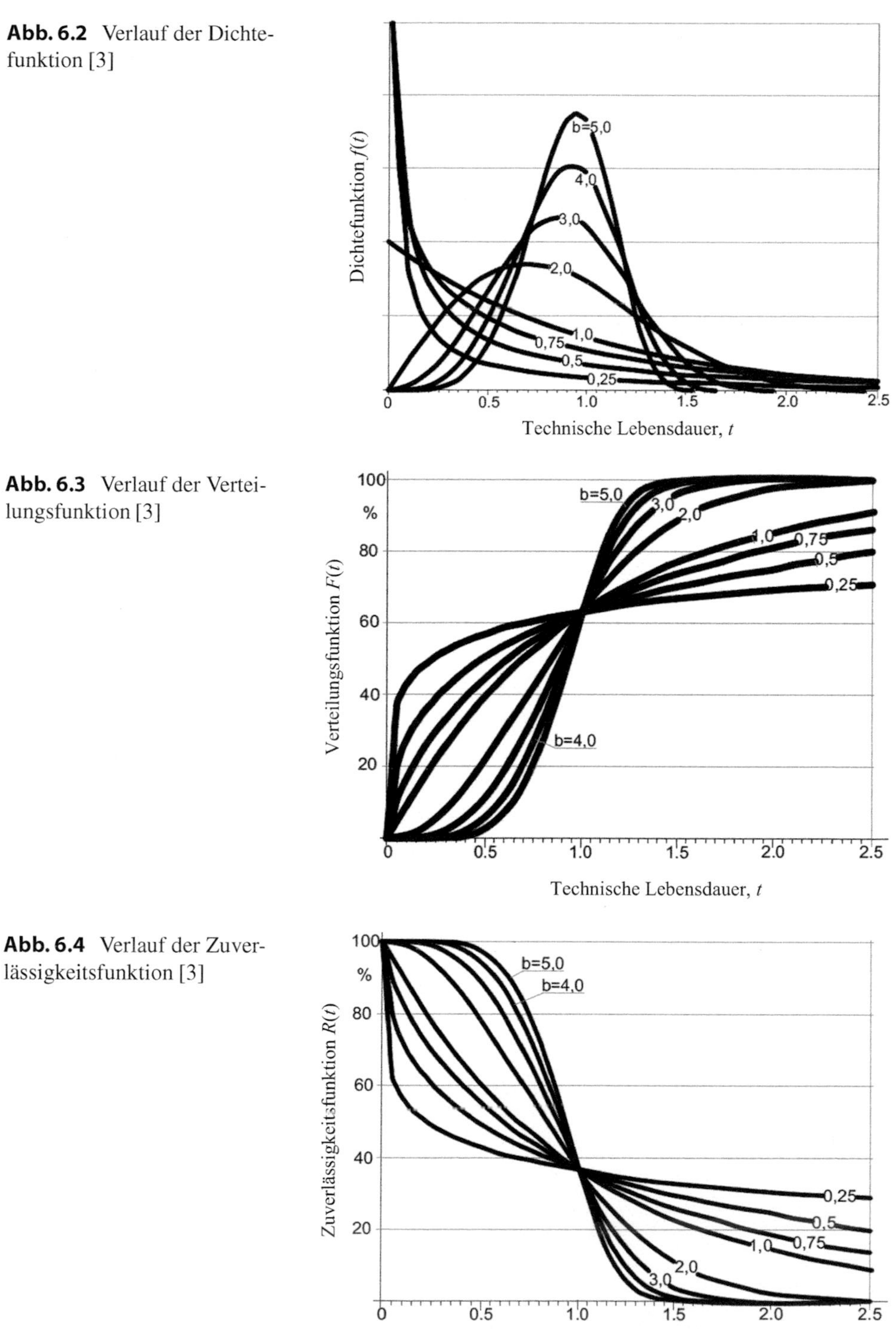

Abb. 6.2 Verlauf der Dichtefunktion [3]

Abb. 6.3 Verlauf der Verteilungsfunktion [3]

Abb. 6.4 Verlauf der Zuverlässigkeitsfunktion [3]

proportional oder exponentiell. Mit $b = 1$ ist sie konstant; mit $b < 1$ verringert sich exponentiell.

Die zweiparametrige Weibull-Verteilung hat die folgenden mathematischen Bedingungen [2, 3]:

$$\text{Dichtefunktion:} \quad f(t) = \mathrm{d}F/\mathrm{d}t \tag{6.1}$$

$$f(t) = b/T \cdot (t/T)^{b-1} \cdot \exp(-t/T)^b \tag{6.2}$$

$$\text{Verteilungsfunktion:} \quad F(t) = 1 - \exp(-t/T)^b \tag{6.3}$$

$$\text{Zuverlässigkeitsfunktion:} \quad R(t) = \exp(-t/T)^b \tag{6.4}$$

$$\text{Ausfallrate:} \quad \lambda(t) = f(t)/R(t) \tag{6.5}$$

$$\lambda(t) = b/T \cdot (t/T)^{b-1} \tag{6.6}$$

mit

t Betriebsdauer,
T charakteristische Lebensdauer in Jahren,
b Formparameter der Verteilung.

Die Weibull-Parameter sind grafisch oder analytisch zu schätzen, so können die empirischen Daten in Form einer universalen Übergangsfunktion dargestellt werden. Aufgrund dieser Methodik lassen sich die kritischen Übergangskurven $R(t)$ vom Reparatur- zum Sanierungszustand für jede Stichprobe bestimmen. Bei den Kanalzustandsprognosen sind die Ausfälle als Haltungsübergänge von einer zur nächsten, schlechteren Zustandsklasse in einem sehr kurzen Zeitfenster zu verstehen.

Eine analytische Methode, die die Weibull-Parameter in einer vernünftigen Berechnungszeit schätzen kann, ist die vertikale Momentmethode. Die Wahl der Momentmethode ist nicht zufällig, denn der Zweck der weiteren Forschung ist, die Verteilungsparameter mithilfe zeitaufwendiger mathematischer Simulationen nach der Monte-Carlo-Methode zu schätzen. Die Momentmethode wurde von dem englischen Mathematiker und Philosophen Pearson (1857–1936) formuliert. Um die Verteilungsparameter zu schätzen, sind die empirischen mit den theoretischen Momenten zu vergleichen. Ein System von nicht linearen Gleichungen ist zu lösen, wenn die Anzahl der zu schätzenden Parameter und die Anzahl von empirischen Momenten gleich sind. Die geschätzten Parameter nach einer Momentmethode einer Verteilung sind konsistent. Das bedeutet, dass sie sich in den oberen Grenzen des Vertrauensbereichs bei unendlicher Anzahl der Beobachtungen den tatsächlichen Werten annähern. Die asymptotische Funktion der Momente k, die die Parameter einer Verteilung schätzt, beschreibt die Gl. 6.7; [4]:

$$E\left(T^k\right) \tag{6.7}$$

mit

$k = 1, 2, \ldots, n$ Moment k gemäß der Gl. 6.8:

$$M_k = \frac{1}{n}\left(T_1^k + T_2{}^k + \ldots + T_n{}^k\right). \tag{6.8}$$

Im Zusammenhang damit ist die Gl. 6.9 wahr:

$$E(M_k) = \frac{1}{n}\left(E\left(T_1{}^k\right) + E\left(T_2{}^k\right) + \ldots + E\left(T_n{}^k\right)\right) = \frac{1}{n} \cdot n \cdot E\left(T^k\right) = E\left(T^k\right) \tag{6.9}$$

und das theoretische Moment k kann anhand des empirischen Moments k geschätzt werden:

$$m_k = \frac{1}{n}\left(t_1{}^k + t_2{}^k + \ldots + t_n{}^k\right). \tag{6.10}$$

Die gesuchten Parameter einer Verteilung, wenn $k \geq 1$, sind durch den Vergleich der theoretischen mit den empirischen Momenten zu schätzen.

$$E(T)^! = m_1 \tag{6.11}$$

$$E(T^2)^! = m_2 \tag{6.12}$$

$$E(T^k)^! = m_k \tag{6.13}$$

Ein einzelner Verteilungsparameter wird gemäß der Gl. 6.14 ermittelt:

$$E(T)^! = \bar{t}. \tag{6.14}$$

Zwei Parameter werden gemäß der Gln. 6.15 und 6.16 bestimmt:

$$E(T)^! = \bar{t} \tag{6.15}$$

$$E\left(T^2\right)^! = m_2 = 1/n \sum_1^n t_i^2. \tag{6.16}$$

Die Weibull-Parameter (b, T) sind gemäß Momentmethode folgendermaßen zu ermitteln [4]:

$$b = \ln 2/(\ln V_1 - \ln V_2) \tag{6.17}$$

$$T = V_1/(1/b)! \tag{6.18}$$

mit

$$V_1 = 1/2\left(1/(n+1)\cdot t_m + (2/n+1)\sum_1^n t_i\right) \tag{6.19}$$

$$V_2 = 1/2\left(1/(n+1)^2\cdot t_m + 4/(n+1)\sum_1^n t_i - 4/(n+1)^2\cdot\sum_1^n (i\cdot t_i)\right) \tag{6.20}$$

$$t_m = \sum_1^n (t_i - t_{i-1}). \tag{6.21}$$

Anhand der obigen Formeln wurden die Weibull-Parameter (b, T) und die theoretischen Übergangsfunktionen $R(t)$ vom Reparatur- zum Sanierungszustand für alle Kanalarten bestimmt.

6.1 Statistische Modellierungen des kritischen Zustandes von Betonkanälen

Die Betonsammler mit dem erhöhten DN 600/1100 mm und dem normalen Eiprofil DN 800/1200 mm sowie DN 900/1350 mm bilden Haupttransportwege der im Einzugsgebiet des Hachinger Bachs anfallenden Abwässern. Die Stichprobe der untersuchten Betonkanälen besteht aus $n = 125$ Haltungen mit der Gesamtlänge von 7629 m.

Die optische Inspektion dieser Leitungen wurde im Jahr 2000 und deren Zustandsklassifikation nach dem damals geltenden Arbeitsblatt ATV-M 149 durchgeführt [5]. In Tab. 6.1 ist ein Ausschnitt aus der Auflistung von Betonhaltungen, der die Lage (Straße), Länge, Gründungstiefe, Zustandsklasse und das Alter enthält. Aus den Haltungen mit den drei besten Zustandsklassen (ZK_4, ZK_3 und ZK_2) wurde die Stichprobe, die maßgebend für den kritischen Zustand ist, zusammengesetzt. Die neue, kritische Stichprobe besteht aus $n_1 = 84$ Haltungen. Jeder Haltung wurde anhand der vorhandenen Baudokumentation ein Alter zugeordnet. Zur Reduzierung der Berechnungszeit wurden die Altersgruppen 5, 10, 15, 20, 25, ..., 70 Jahre gebildet.

Alle zu analysierenden Betonkanäle funktionieren oberhalb des Grundwassers. Die Gründungstiefe wurde in dieser Phase nicht mitberücksichtigt, da der Stichprobenumfang relativ klein war ($n_1 = 84$). Diese Stichprobe hat bezüglich der Untergrundverhältnisse, Gründungstiefe, Verkehrsbelastung sowie des Rohrwerkstoffs einen homogenen Charakter. Die Weibull-Parameter wurden nach der senkrechten Momentmethode ermittelt (Tab. 6.2). Der vereinfachte Algorithmus zur Bestimmung von Weibull-Parametern ist in Tab. 6.14 im Anhang dargestellt.

Aufgrund der geschätzten Parameter ist die kritische Übergangsfunktion (Zuverlässigkeitsfunktion) $R(t)$ zu konstruieren. In Tab. 6.3 sind die wesentlichen Berechnungsschritte der Ermittlung der kritischen Übergangsfunktion $R(t)$ dargestellt. Ihre grafische Interpretation ist in Abb. 6.5 präsentiert.

Tab. 6.1 Ausschnitt aus der Auflistung der untersuchten Betonkanäle

Straße	Länge der Haltung (m)	Gründungstiefe (m)	DN (mm)	Alter (Jahre)	Zustandsklasse
Kapellenstraße	64,6	1,1	600/1100	34	2
Kapellenstraße	76,1	0,8	600/1100	34	2
Kapellenstraße	86,6	0,8	600/1100	34	3
Säulenstraße	66,6	1,1	600/1100	35	2
Fasanenstraße	10,5	1,0	900/1350	35	2
Fasanenstraße	36,2	1,7	900/1350	35	4
Hauptstraße	52,7	3,1	800/1200	31	2
Hauptstraße	64,2	3,1	800/1200	31	2
Hauptstraße	64,8	3,2	800/1200	31	2
Hauptstraße	90,8	1,8	800/1200	31	2
Münchner Straße	41,8	2,2	600/1100	36	2
Münchner Straße	70,8	2,1	600/1100	36	2
Biberger Straße	22,2	2,3	800/1200	15	3
Sommerstraße	43,4	3,7	600/1100	36	2

Tab. 6.2 Weibull-Parameter nach der Momentmethode für Betonkanäle

Übergangsklasse	Formparameter b	Charakteristische Lebensdauer T (Jahre)	Übergangsfunktion $R(t)$
$ZK_{4\text{-}2}$	3,1508	29,1	$R(t) = \exp(-t_i/29{,}1295)^{3{,}1508}$

Tab. 6.3 Berechnungsschritte der kritischen Übergangsfunktion R(t) für Betonkanäle

Alter der Haltungen (Jahre)	$t/29{,}1295$	$(t/29{,}1295)^{3{,}1508}$	$(-t/29{,}1295)^{3{,}1508}$	$R(t)$
0	0,000	0,000	1,000	1,000
5	0,172	0,004	1,004	0,996
10	0,343	0,034	1,035	0,966
15	0,515	0,124	1,131	0,884
20	0,687	0,306	1,358	0,737
25	0,858	0,618	1,855	0,539
30	1,030	1,097	2,996	0,334
35	1,202	1,783	5,950	0,168
40	1,373	2,716	15,122	0,066
45	1,545	3,937	51,244	0,020
50	1,716	5,486	241,407	0,004
55	1,888	7,408	1649,498	0,001
60	2,060	9,745	17.067,371	0,000
65	2,231	12,540	279.363,801	0,000

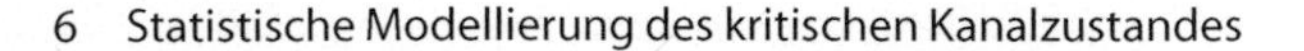

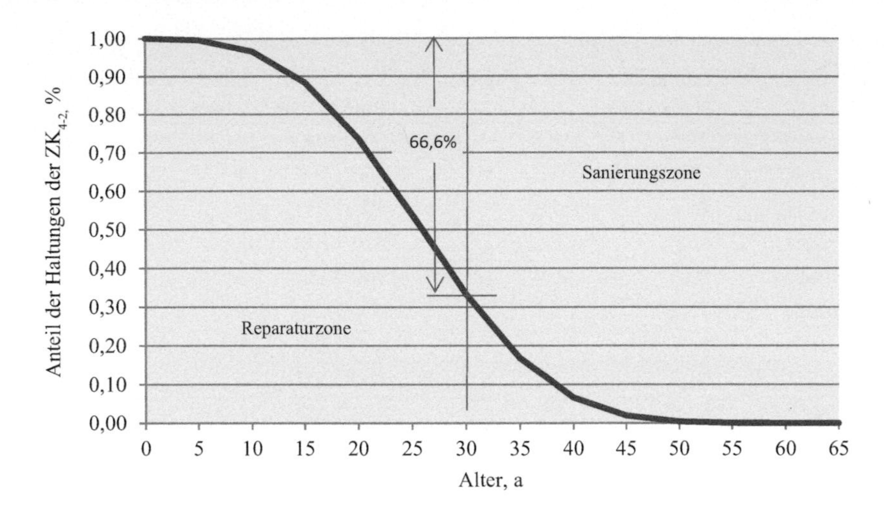

Abb. 6.5 Kritische Übergangsfunktion R(t) für Betonkanäle. *ZK* Zustandsklasse. (Quelle: Raganowicz)

Die kritische Übergangsfunktion $R(t)$ für Betonkanäle zeichnet eine große Steilheit aus, weil der Formparameter b den Wert von 3,1508 annimmt. Je steiler diese Kurve ist, desto größer wird der Sanierungsumfang. Oberhalb der kritischen Übergangskurve befindet sich die Zone, die für die notwendige Sanierung reserviert ist. Unterhalb der Übergangskurve ist eine Reparatur vorgesehen. Der Sanierungsbedarf beträgt beispielsweise für die 30-jährigen Haltungen 66,6 %. Wenn man auf diese Weise alle Altersgruppen analysiert, kann man den notwendigen Sanierungsumfang für alle Betonkanäle festlegen. Nach dem Betrieb von 55 Jahren müssen alle Haltungen dieser Stichprobe saniert werden. Die Realisierung einer kurzfristigen Sanierung im notwendigen Umfang verlängert den einwandfreien Kanalbetrieb um etwa 50 Jahre. Das bedeutet, dass die sanierten Leitungen in diesem Zeitraum standsicher, dicht sowie funktionssicher sein sollten. Falls diese betriebliche Pflicht vernachlässigt wird, ist mit ernsthaften Konsequenzen, z. B. mit einer Kanalhavarie, zu rechnen.

Um die Verwendbarkeit der Weibull-Verteilung für Zwecke der theoretischen Interpretation von empirischen Kanaldaten festzulegen, wurde der KS (Kolmogoroff-Smirnoff-Test) durchgeführt [2]. Ziel dieses Tests ist, die vorhandenen Datenbestände unter Berücksichtigung der Verteilungsauswahl und Ermittlung derer Parameter analytisch zu beurteilen. Die Hauptidee des KS-Tests stützt sich auf die Überprüfung zweier Hypothesen:

$H_0 \quad F^*(t) = F(t)$ und
$H_1 \quad F^*(t) \neq F(t)$.

Außerdem gilt es herauszufinden, welche der beiden Hypothesen wahr ist. Praktisch wird die empirische $F^*(t)$ mit der theoretischen Verteilungsfunktion nach Weibull

$F(t)_W$ verglichen. Tatsächlich werden die Distanzen (Abstände) zwischen den beiden Verteilungen analysiert. Wenn die größte Distanz den Wert der kritischen (zulässigen) Distanz nicht überschreitet, gilt die Null-Hypothese H_0: $F^*(t) = F(t)$. Diese bedeutet, dass die theoretische Verteilungsfunktion mit einer ausreichenden Genauigkeit die empirischen Daten beschreiben kann. Falls aber die Hypothese H_1 wahr ist, ist die verwendete theoretische Verteilung für die Interpretation der statistischen Untersuchungen nicht geeignet. Der KS-Test hat einen universalen Charakter und ist für jedes statistisches Modell anwendbar.

Die Methodik des KS-Tests umfasst sieben Berechnungsschritte, um die Anwendbarkeit der Weibull-Verteilung für die Zwecke der Kanalzustandsprognose zu beurteilen [3]:

1. Analytische oder grafische Schätzung der Weibull-Parameter
2. Aufsteigende Sortierung der empirischen Daten
3. Ermittlung der empirischen Verteilungsfunktion gemäß Gl. 6.22:

$$F^*(t) = i/n \tag{6.22}$$

   mit
   $i = 1, 2, \ldots, n$
   n Stichprobenumfang

4. Ermittlung der theoretischen Verteilungsfunktion gemäß Gl. 6.23:

$$F(t_i) = 1 - \exp(-t_i/T)^b \tag{6.23}$$

   mit:
   T charakteristische Lebensdauer in Jahren,
   b Formparameter der Weibull-Verteilung,
   t_i Alter von Haltungen in Jahren

5. Festlegung von Distanzen zwischen der empirischen und der theoretischen Verteilungsfunktion gemäß Gln. 6.24 und 6.25:

$$D^-_{F^*-F} = |F(t_i) - F^*(t_{i-1})| \tag{6.24}$$

$$D^+_{F^*-F} = |F(t_i) - F^*(t_i)| \tag{6.25}$$

6. Festlegung der maximalen Distanz zwischen der empirischen und der theoretischen Verteilungsfunktion gemäß Gl. 6.26:

$$D_{\max} = \max\left(D^-_{F^*-F}; D^+_{F^*-F}\right) \tag{6.26}$$

7. Bestimmung der kritischen Distanz D_{kryt}

Ist die Bedingung $D_{max} < D_{kryt}$ erfüllt, kann die Weibull-Verteilung mit den Parametern T und b und mit einer angenommenen Irrtumswahrscheinlichkeit von $1-\alpha$ die empirischen Daten mit einer ausreichenden Genauigkeit beschreiben. Falls die maximale Distanz größer als der kritische Wert ist, wird die Weibull-Verteilung die empirischen Daten nicht ausreichend genau darstellen.

Für die Stichprobe der Betonkanäle (Übergangsklasse $ZK_{4\text{-}2}$,) wurde der KS-Test durchgeführt. Die Weibull-Parameter ($b = 3{,}1508$ und $T = 29{,}1295$) ermittelte man nach der vertikalen Momentmethode mit der Irrtumswahrscheinlichkeit gleich ($1-\alpha = 90\,\%$). Aus der Teststatistik ist zu entnehmen, dass $D_{max} = \max\left(D^-_{F^*-F};\, D^+_{F^*-F}\right) = 0{,}316$ (Tab. 6.15 im Anhang). Die kritische Distanz D_{kryt} ist mithilfe der Gl. 6.27 zu bestimmen:

$$D_{kryt} = (-0{,}5 \cdot \ln(\alpha/2))^{0{,}5} \tag{6.27}$$

mit

α Überdeckungswahrscheinlichkeit.

Für $\alpha = 10\,\%$, gemäß Gl. 6.27, beträgt die kritische Distanz $D_{kryt} = 1{,}223 > D_{max} = 0{,}316$. Damit ist die Null-Hypothese H_0: $F^*(t) = F(t)$ wahr. Aus diesem Grund kann der kritische Zustand der untersuchten Betonkanäle mithilfe der Weibull-Verteilung mit den Parametern $b = 3{,}1508$ und $T = 29{,}1$ Jahre beschrieben werden.

In der nächsten Phase wurde der Einfluss der Gründungstiefe auf den kritischen Zustand der untersuchten Betonkanäle analysiert. Alle Haltungen wurden nach der Gründungstiefe sortiert und in zwei Untergruppen eingeteilt. Die Haltungen mit der Gründungstiefe ($G < 3$ m) bildeten die Stichprobe mit 87 Elementen. Die zweite Stichprobe bestand aus 38 Haltungen, die tiefer als 3 m verlegt wurden ($G \geq 3$ m). Aus den zwei vorhandenen Stichproben wurden die Haltungen mithilfe der Zustandsklassen ZK_4, ZK_3, und ZK_2 ausgewählt und zwei neue Stichproben formiert. Die erste Stichprobe besteht aus 55 flach und die zweite aus 29 tief verlegten Haltungen. Die allgemeine Charakteristik der beiden Stichproben ist in Tab. 6.4, die Ergebnisse der statistischen Untersuchungen in Tab. 6.5 dargestellt.

Zwei kritische Übergangsfunktionen für Betonkanäle sind in Abb. 6.6 dargestellt. Die beiden Kurven sind voneinander weit entfernt, sodass sie unterschiedliche technische Zustände abhängig von der Gründungstiefe vertreten. Die kritische Übergangskurve für die flach verlegten Betonkanäle verläuft oberhalb der Kurve für die Leitungen, die tief verlegt

Tab. 6.4 Allgemeine Charakteristik der kritischen Stichproben der Betonkanäle in Abhängigkeit von der Gründungstiefe

Stichprobe Nr.	Anzahl der Haltungen (n)	Material	DN (mm)	Länge (m)	G (m)
1	55	Beton	600/1100-900/1350	3274	$G < 3$
2	29	Beton	600/1100-900/1350	1754	$G \geq 3$

Tab. 6.5 Kritische Weibull-Parameter nach der Momentmethode in Abhängigkeit von der Gründungstiefe

G (m)	Parameter b	Parameter T (Jahre)	Kritische Übergangsfunktion $R(t)$
$G<3$	3,6561	31,6	$R(t_i) = \exp(-t_i / 31{,}6309)^{3{,}6561}$
$G \geq 3$	2,7320	24,6	$R(t_i) = \exp(-t_i / 24{,}5790)^{2{,}7320}$

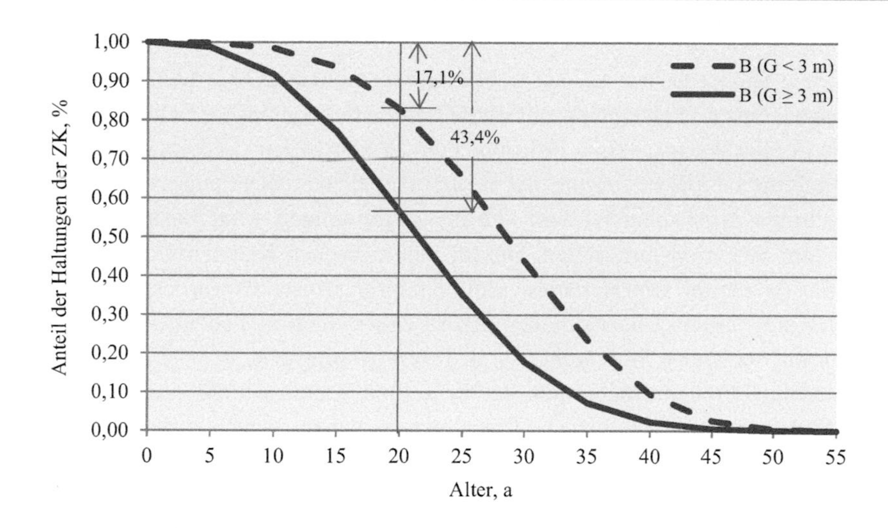

Abb. 6.6 Kritische Übergangsfunktionen für Betonkanäle in Abhängigkeit von der Gründungstiefe. *ZK* Zustandsklasse. (Quelle: Raganowicz)

wurden. Die Interpretation der Kurven deutet darauf hin, dass die flach verlegten Leitungen einen besseren baulich-betrieblichen Zustand aufweisen.

Die Analyse der 20-jährigen Haltungen (Abb. 6.6) zeigt, dass lediglich 17 % der flach, aber 43 % der tief verlegten Leitungen saniert werden sollten. Diese Ergebnisse decken sich nicht mit den bekannten betrieblichen Erfahrungen und sind auf die speziellen Merkmale, die das Einzugsgebiet des Hachinger Bachs prägen, zurückzuführen.

In der nächsten Modellierungsphase werden die Weibull-Parameter b und T anhand der mathematischen Simulationen nach der Monte-Carlo-Methode geschätzt. Diese Vorgehensweise hilft, die vorhandenen Stichproben mit bis zu 15.000 Daten zu erweitern. Es ist zu erwarten, dass dadurch die genauen Weibull-Parameter und die repräsentativen Kanalzustandsprognosen erzielt werden können.

6.2 Statistische Modellierungen des kritischen Zustands von öffentlichen Steinzeugkanälen

Die öffentlichen Steinzeugkanäle wurden statistischen Untersuchungen, die in Unterhaching oberhalb und in Oberhaching unterhalb des Grundwassers funktionieren, unterzo-

Tab. 6.6 Allgemeine Charakteristik der Stichproben der öffentlichen Steinzeugkanälen

Stichprobe Nr.	Anzahl der Haltungen (n)	Material	DN (mm)	Gesamtlänge (m)	Lage zum Grundwasser
1	1122	Steinzeug	250–400	38.623	Oberhalb
2	56	Steinzeug	250–400	2726	Unterhalb

gen. Die erste Stichprobe bestand aus 1162 Haltungen mit der Gesamtlänge von 39.970 m und die zweite aus 100 Haltungen mit der Gesamtlänge von 4868 m. Die Ergebnisse der kompletten optischen Inspektion aus dem Jahr 2000 bildeten die Untersuchungsgrundlagen. Die Zustandsklassifizierung der untersuchten Steinzeugkanäle wurde nach dem damals gültigen Arbeitsblatt ATV-M 149 [5] vorgenommen. Fünf Zustandsklassen entsprachen fünf Sanierungsprioritäten. Die für den kritischen Kanalzustand maßgebenden Stichproben (Übergang vom Reparatur- zum Sanierungszustand) wurden aus den Haltungen mit den drei besten Zustandsklassen (ZK4 + ZK4-3 + ZK4-2) gebildet. Die allgemeine Charakteristik der beiden Stichproben ist in Tab. 6.6 dargestellt.

Die statistischen Untersuchungen des kritischen Kanalzustands wurden gemäß der Weibull-Verteilung durchgeführt. Die Parameter wurden nach der vertikalen Momentmethode ermittelt. Die Ergebnisse der Parameterschätzung sind in Tab. 6.7, die kritischen Übergangskurven in Abb. 6.7 dargestellt.

Die Verläufe der beiden Funktionen zeigen, dass das Grundwasser einen signifikanten Einfluss auf den baulich-betrieblichen Zustand von Abwasserkanälen hat. Es wird durch die maximale Differenz des Sanierungsumfangs bestätigt, die für die 25-jährigen Haltungen 35 % beträgt (Abb. 6.7).

In der nächsten Phase wurde die Abhängigkeit des kritischen Zustands der oberhalb des Grundwassers liegenden Steinzeugkanäle von der Gründungstiefe statistisch untersucht.

Alle Haltungen wurden nach drei folgenden Gründungstiefen sortiert und in drei Stichproben eingeteilt:

- Steinzeugkanäle mit Gründungstiefe $G < 2$ m,
- Steinzeugkanäle mit Gründungstiefe $2 \leq G \leq 4$ m,
- Steinzeugkanäle mit Gründungstiefe $G \geq 4$ m.

Aus diesen drei Stichproben wurden anschließend drei neue, für den kritischen Zustand maßgebende Unterstichproben gebildet, die die Haltungen mit den drei besten Zustands-

Tab. 6.7 Weibull-Parameter der kritischen Übergangsfunktionen nach der Momentmethode für öffentliche Steinzeugkanäle in Abhängigkeit von der Lage zum Grundwasser

Lage zum Grundwasser	Parameter b	Parameter T (Jahre)	Kritische Übergangsfunktion $R(t)$
Oberhalb	3,2527	28,6	$R(t_i) = \exp(-t_i/28{,}5627)^{3{,}2527}$
Unterhalb	3,0671	21,2	$R(t_i) = \exp(-t_i/21{,}1594)^{3{,}0671}$

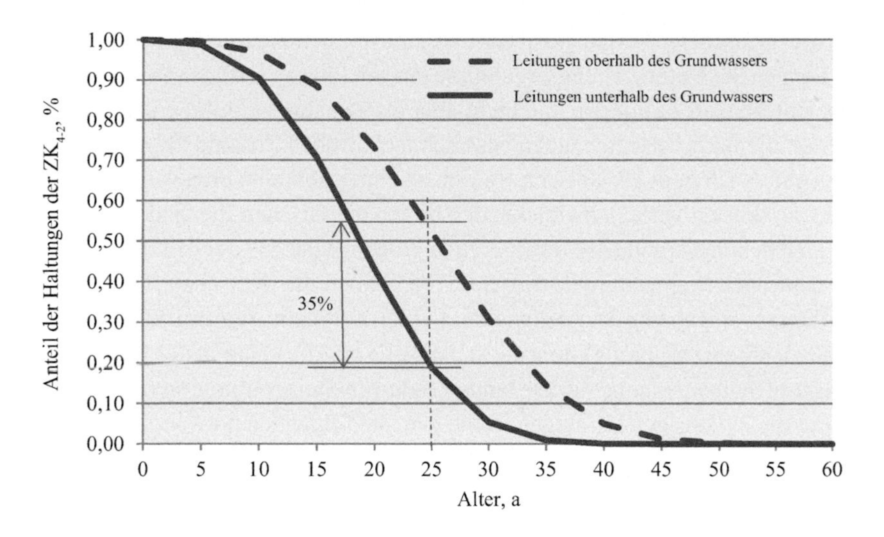

Abb. 6.7 Kritische Übergangsfunktionen für öffentliche Steinzeugkanäle in Abhängigkeit von der Lage zum Grundwasser. *ZK* Zustandsklasse. (Quelle: Raganowicz)

klassen ($ZK_4 + ZK_3 + ZK_2$) beinhalteten. Die allgemeine Charakteristik dieser Stichproben ist in Tab. 6.8 dargestellt.

Für jede Stichprobe wurden Weibull-Parameter nach der vertikalen Momentmethode geschätzt und daraufhin drei kritische Übergangskurven vom Reparatur- zum Sanierungszustand konstruiert. Die Ergebnisse der Parameterschätzung sind in Tab. 6.9 und die kritischen Kurven in Abb. 6.8 dargestellt.

Tab. 6.8 Allgemeine Charakteristik der Stichproben von öffentlichen Steinzeugkanälen in Abhängigkeit von der Gründungstiefe

Stichprobe Nr.	Anzahl der Haltungen	Material	DN (mm)	Länge (m)	Tiefe (m)
1	87	Steinzeug	250–400	2517	$G < 2$
2	838	Steinzeug	250–400	29.465	$2 \leq G < 4$
3	197	Steinzeug	250–400	6284	$G \geq 4$

Tab. 6.9 Weibull-Parameter nach der Momentmethode für öffentliche Steinzeugkanäle in Abhängigkeit von der Gründungstiefe

Tiefe (m)	Parameter *b*	Parameter *T* (Jahre)	Übergangsfunktion $R(t)$
$G < 2$	4,4574	29,4	$R(t_i) = \exp(-t_i/29{,}3735)^{4{,}4574}$
$2 \leq G < 4$	3,8663	29,6	$R(t_i) = \exp(-t_i/29{,}5872)^{3{,}8663}$
$G \geq 4$	1,8224	36,6	$R(t_i) = \exp(-t_i/36{,}5953)^{1{,}8224}$

Diese drei kritischen Übergangskurven überkreuzen sich nach dem 25-jährigen Betrieb. Deshalb können die Untersuchungsergebnisse in zwei Phasen analysiert werden. Die erste Phase bezieht sich auf Leitungen, die nicht älter als 25 Jahre sind. Im ersten Betriebszeitraum weisen die flach verlegten einen besseren technischen Zustand als die tief verlegten Leitungen auf. Nach dem 25-jährigen Betrieb zeichnet sich eine umgekehrte Tendenz ab, sodass die am tiefsten verlegten Objekte den besten technischen Zustand aufweisen.

Die Untersuchungsergebnisse resultieren in großem Maß aus der technischen Entwicklung der deutschen Steinzeugindustrie. Seit 1965 haben die deutschen Steinzeugrohre in den Muffen fest eingebaute Dichtelemente. Dieser Zeitpunkt war ein Meilenstein in der Geschichte der Steinzeugproduktion, der sich positiv auf die Qualität der Rohre auswirkte. Dies erklärt auch überzeugend die Zustandswende von Steinzeugrohren nach 25-jährigem Betrieb. Für die 35-jährigen Leitungen stellte man die folgenden notwendigen Sanierungsumfänge fest (Abb. 6.8):

- 91,6 % bei der Gründungstiefe $G < 2$ m,
- 85,3 % bei Gründungstiefe $2 \leq G < 4$ m,
- 61,6 % bei Gründungstiefe $G \geq 4$ m.

Die Unregelmäßigkeiten des kritischen Zustands der Steinzeugrohre, die im Einzugsgebiet des Hachinger Bachs auf verschiedenen Tiefen funktionieren, sind teilweise auf die örtlichen Gegebenheiten zurückzuführen. Die kritischen Kurven der Leitungen mit einer Gründungstiefe bis 4 m verlaufen sehr steil, weil die Formparameter Werte größer als 3 ($b = 3{,}663$–$4{,}4574$) erreichen. Die charakteristische Lebensdauer beträgt $T = 29{,}4$–

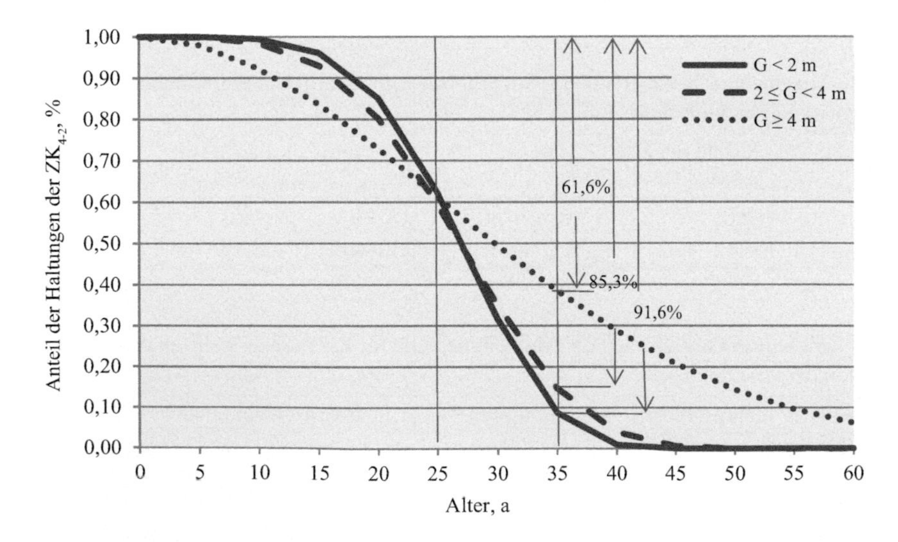

Abb. 6.8 Kritische Übergangsfunktionen für die öffentlichen Steinzeugkanäle in Abhängigkeit von der Gründungstiefe. *ZK* Zustandsklasse. (Quelle: Raganowicz)

29,6 Jahre und wird als der Mittelwert der Weibull-Verteilung interpretiert. Nachdem diese zwei Übergangskurven ähnliche Parameter aufweisen, verlaufen sie nicht weit voneinander entfernt (Abb. 6.8). Die kritische Kurve der Leitungen mit der Gründungstiefe $G \geq 4$ m verläuft relativ flach, weil der Formparameter $b = 1{,}8224$ und die charakteristische Lebensdauer $T = 36{,}5963$ Jahre beträgt. Die relativ lange Lebensdauer (>60 Jahre) sorgt in den ersten 25 Jahren des Kanalbetriebs für einen flachen Kurvenverlauf und eine hohe Ausfallrate.

Die Ergebnisse der statistischen Modellierungen zeigen den Einfluss der Gründungstiefe auf den baulich-betrieblichen Zustand der öffentlichen Steinzeugkanäle und deren Alterungsprozesse. Die tief verlegten Objekte altern wesentlich langsamer als die flach verlegten. Die Befunde dieser Analyse werden durch die betriebliche Praxis bestätigt, die besagt, dass der Verkehr bei der Gründungstiefe ab $G = 2$ m eine minimale und ab $G = 3$ m keine negative Auswirkung auf den technischen Kanalzustand hat.

Die mathematischen Simulationen der Weibull-Parameter nach der Monte-Carlo-Methode helfen, eine genauere Modellierung sowie Beurteilung des baulich-betrieblichen Zustands der öffentlichen Steinzeugkanäle durchzuführen.

6.3 Statistische Modellierungen des kritischen Zustands von Grundstücksanschlüssen aus Steinzeug

In der ersten Modellierungsserie wurden zwei Stichproben von Grundstücksanschlüssen statistisch untersucht. Die erste Stichprobe besteht aus 673 Objekten, die oberhalb des Grundwassers in der Gemeinde Oberhaching funktionieren. Sie wurden im Jahr 2010 optisch inspiziert. Die zweite Stichprobe setzt sich aus den 100 in Oberhaching unterhalb des Grundwassers funktionierenden Grundstücksanschlüssen zusammen, deren Schäden man im Jahr 2000 optisch erfasste. Die allgemeine Charakteristik der beiden Stichproben ist in Tab. 6.10 präsentiert [6].

Der Zustand der Grundstücksanschlüsse der ersten Stichprobe wurde nach DIN 1986-30 [7] klassifiziert. Diese Norm sieht drei Schadensklassen A, B, C vor, wobei die beste Klasse A und die schlechteste C ist. Die Schadensparametrisierung entspricht dem Merkblatt DWA-M 149-3 [8] und ist für die Leitungen aus Steinzeug besonders geeignet. Der aus 20 Schäden bestehende Schadenskatalog ist ein Auszug aus dem umfangreichen

Tab. 6.10 Allgemeine Charakteristik der oberhalb und unterhalb des Grundwassers funktionierenden Grundstücksanschlüsse

Stichprobe Nr.	Anzahl der Grundstückanschlüsse (n)	Material	DN (mm)	Länge (m)	Lage zum Grundwasser	Mittlere Gründungstiefe G (m)
1	673	Steinzeug	150	5572	Oberhalb	2,8
2	100	Steinzeug	150	828	Unterhalb	2,2

Schadenskatalog der EN DIN 13508-2 [9]. Die DIN 1986-30 [7] sieht drei Zustandsklassen III, II, I vor, die den Sanierungsprioritäten entsprechen. Es wurde vom Autor angenommen, dass der kritische Zustand den Übergang von der zweiten zur ersten Sanierungspriorität beschreibt. Um die erste kritische Sanierungspriorität zu erreichen, muss ein Grundstücksanschluss mindestens einen Schaden der Klasse A oder zwei Schäden der Klasse B auf der Länge von 10 m aufweisen. Bei der zweiten Sanierungspriorität sollten pro Grundstücksanschluss ein Schaden der Klasse B und mehrere Schäden der Klasse C auftreten. Die dritte Sanierungspriorität charakterisieren ausschließlich Schäden der Klasse C oder keine Schäden. Die Grundstücksanschlüsse, die die Sanierungspriorität I erreichen, müssen spätestens innerhalb von fünf Jahren renoviert werden. Aus den Grundstücksanschlüssen der Klasse III und II wurde eine neue, für den kritischen Zustand maßgebende Stichprobe mit 509 Objekten aufgestellt.

Die komplette optische Inspektion der Grundstücksanschlüsse, die unterhalb des Grundwassers funktionieren, wurde im Jahr 2000 durchgeführt. Damals waren die Grundstücksanschlüsse nicht im Fokus der Kanalnetzbetreiber sowie der Sanierungsfirmen, weil die optische Inspektion und Sanierung von solchen Objekten noch große technische Probleme bereitete. Aus diesem Grund wurden die Schäden und der technische Zustand nach dem damals geltenden Arbeitsblatt ATV-A 149 [10] klassifiziert. Dieses Klassifizierungssystem sieht fünf Zustandsklassen von der besten (4) bis hin zur schlechtesten (0) Klasse vor. Nach den Empfehlungen des Arbeitsblatts ATV-A 149 [5] sind die zwei schlechtesten Zustandsklassen (1 und 0) sanierungsbedürftig. Die für den kritischen Zustand maßgebende Stichprobe Nr. 2 besteht aus 77 Grundstücksanschlüssen, die die Zustandsklassen (ZK_4, ZK_3 und ZK_2) aufweisen.

Bei der Zustandsklassifizierung von Grundstücksanschlüssen wurden zwei Systeme verwendet. Diese Auswahl resultiert aus den zehnjährigen Zyklen der kompletten optischen Inspektion und der Aktualisierung der DIN 1986-30 im Jahr 2012. Unabhängig vom Klassifizierungssystem muss die Grenze zwischen dem Reparatur- und Sanierungszustand anhand der Schäden und deren Parametrisierung definiert werden. Am besten ist diese Problematik am Beispiel der Risse zu erklären. Wenn die Rissbreite einen Wert von 3 mm erreicht, ist die weitere Rissentwicklung unvorhersehbar und kann in einer kurzen Zeit zu einem Rohrbruch führen. Deshalb sind solche Schäden kurzfristig zu renovieren. Der Sachverständige, der den Kanalzustand klassifiziert und bewertet, muss dann die wichtige Entscheidung treffen, ob eine Haltung unter Berücksichtigung von vielen Faktoren und Aspekten sanierungsbedürftig ist. Alle Codierungs- oder Klassifizierungssysteme stellen nur gewisse Arbeitshilfen dar, die eine detaillierte Analyse der TV-Dokumentation nicht ersetzen sollten.

Die statistisch-stochastischen Untersuchungen des kritischen Zustands von Grundstücksanschlüssen abhängig von der Gründungstiefe und Lage zum Grundwasser sind bis jetzt in der Fachliteratur noch nicht besprochen worden. Die Grundstücksanschlüsse stellen eine wichtige Komponente jedes Entwässerungssystems dar, die dessen Funktionalität stark beeinflusst. Sie verbinden den Straßenkanal mit dem Revisionsschacht auf dem Grundstück. Abhängig von lokalen Regelungen können die Grundstücksanschlüsse einen öffentlichen, öffentlich-privaten oder privaten Charakter haben. Im letzten Fall hat der Kanalnetzbetreiber keinen direkten Einfluss auf den baulich-betrieblichen Zustand dieser Objekte. Die Grundstücksanschlüsse befinden sich in einem wesentlich schlechteren technischen Zustand als die öffentlichen Kanäle [11–13]. Diese Erkundigung hat für den Kanalbetrieb eine besondere Gewichtung, wenn die Grundstücksanschlüsse im Schwankungsbereich des Grundwassers funktionieren.

Der kritische Zustand von Grundstücksanschlüssen, die oberhalb und unterhalb des Grundwassers funktionieren, wurde nach der Weibull-Verteilung und der Momentmethode ermittelt. Die Untersuchungsergebnisse sind in Tab. 6.11, deren grafische Interpretation in Abb. 6.10 dargestellt.

Aus der Abb. 6.9 ist zu entnehmen, dass die oberhalb des Grundwassers funktionierenden Grundstücksanschlüsse einen besseren baulich-betrieblichen Zustand als die unterhalb des Grundwassers funktionierenden aufweisen. Die kritische Kurve für die Stichprobe Nr. 1 verläuft oberhalb der Kurve für die Stichprobe Nr. 2. Deswegen benötigen die Grundstücksanschlüsse ohne Grundwasser einen kleineren Sanierungsumfang. Die beiden Übergangsfunktionen zeigen eine ähnliche Steigung, weil die Formparameter die annähernden Werte $b_1 = 3{,}5018$ und $b_2 = 3{,}6784$ annehmen. Der maximale Unterschied des Sanierungsumfangs beträgt 16 % und ist von den 25-jährigen Grundstücksanschlüssen abzuleiten. Er ist dennoch nicht so stark ausgeprägt wie bei den 25-jährigen öffentlichen Steinzeugkanälen (35 %).

Die Kurve für Stichprobe Nr. 1 ist nach rechts, in die Richtung der längeren Lebensdauer verschoben. Die charakteristische Lebensdauer für diese Stichprobe erreichte den Wert von $T_1 = 26{,}2$ Jahren, die zweite Stichprobe erlangte $T_2 = 23{,}2$ Jahre. Der Unterschied von drei Jahren hat eine entscheidende Bedeutung für den Sanierungsumfang und den technischen Zustand der beiden Stichproben. Aufgrund dieser Modellierungen wird eine betriebliche Erfahrung analytisch bestätigt: Grundstücksanschlüsse ohne Grundwasser weisen einen besseren Zustand als Grundstücksanschlüsse im Grundwasser auf.

In der nächsten Untersuchungsphase wurde der kritische Zustand der oberhalb des Grundwassers funktionierenden Grundstücksanschlüssen aus Steinzeug in Abhängigkeit von der Gründungstiefe modelliert. Die Phase wurde analog zu den öffentlichen Stein-

Tab. 6.11 Kritische Weibull-Parameter nach der Momentmethode für oberhalb und unterhalb des Grundwassers funktionierenden Grundstücksanschlusse

Stichprobe Nr.	Anzahl der Grundstücksanschlüsse (n)	Lage zum Grundwasser	Parameter b	Parameter T (Jahre)	Übergangsfunktion $R(t)$
1	509	Oberhalb	3,5018	26,2	$R(t_i) = \exp(-t_i/26{,}1569)^{3{,}5018}$
2	77	Unterhalb	3,6784	23,2	$R(t_i) = \exp(-t_i/23{,}1707)^{3{,}6784}$

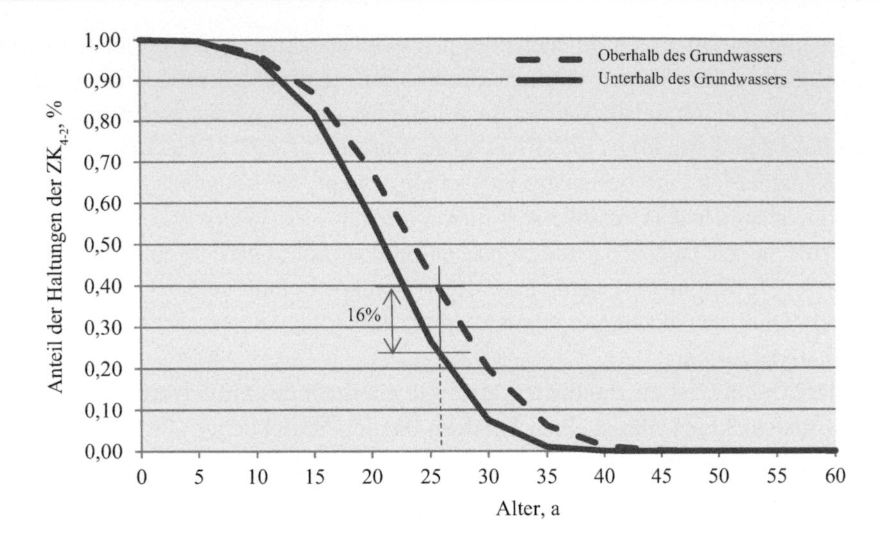

Abb. 6.9 Kritische Übergangsfunktionen $R(t)$ für Grundstücksanschlüsse in Abhängigkeit von der Lage zum Grundwasser. *ZK* Zustandsklasse. (Quelle: Raganowicz)

zeugkanälen in drei neue Stichproben unter Berücksichtigung der folgenden Gründungstiefen eingeteilt:

- Grundstücksanschlüsse mit Gründungstiefe $G < 2$ m,
- Grundstücksanschlüsse mit Gründungstiefe $2 \leq G \leq 4$ m,
- Grundstücksanschlüsse mit Gründungstiefe $G \geq 4$ m.

Aus jeder Stichprobe wurden die Grundstücksanschlüsse ausgewählt, die gemäß DIN 1986-30 [7] die Sanierungspriorität III und II auswiesen. Infolgedessen entstanden drei neue Stichproben, die für den kritischen Zustand maßgebend waren. Die Charakteristik der kritischen Stichproben ist in Tab. 6.12 dargestellt. Die statistische Modellierung des kritischen Zustands von Grundstücksanschlüssen mit drei verschiedenen Gründungstiefen wurde in Anlehnung an die Weibull-Verteilung mit Momentmethode durchgeführt (Tab. 6.13). Die grafische Interpretation dieser Modellierung ist in Abb. 6.10 dargestellt.

Tab. 6.12 Allgemeine Charakteristik der Stichproben der Grundstücksanschlüsse in Abhängigkeit von der Gründungstiefe

Stichprobe Nr.	Anzahl der Grundstücksanschlüsse (n)	Material	DN (mm)	Länge (m)	Gründungstiefe (m)
1	88	Steinzeug	150	628	$G < 2$
2	254	Steinzeug	150	2946	$2 \leq G < 4$
3	28	Steinzeug	150	251	$G \geq 4$

Tab. 6.13 Kritische Weibull-Parameter nach der Momentmethode für Grundstücksanschlüsse in Abhängigkeit von der Gründungstiefe

Gründungstiefe (m)	Parameter b	Parameter T (Jahre)	Übergangsfunktion R(t)
$G<2$	3,6954	26,9	$R(t_i) = \exp(-t_i/26{,}8575)^{3{,}6954}$
$2 \leq G<4$	3,5525	26,2	$R(t_i) = \exp(-t_i/26{,}1710)^{3{,}5525}$
$G \geq 4$	2,4946	23,2	$R(t_i) = \exp(-t_i/23{,}1643)^{2{,}4946}$

Die kritischen Weibull-Kurven verlaufen untypisch, weil die am tiefsten verlegten Grundstücksanschlüsse den schlechtesten technischen Zustand aufweisen. Sie benötigen folglich den größten Sanierungsumfang. Die Alterungsprozesse der Grundstücksanschlüsse im Einzugsgebiet des Hachinger Bachs sind mit den betrieblichen Erfahrungen nicht deckungsgleich, weil sie eine umgekehrte Tendenz belegen. Die Kurven von flach und von 2–4 m tief verlegten Objekten verlaufen nicht weit voneinander entfernt und können eine gemeinsame Stichprobe bilden, sodass man nur zwischen den flach und tief verlegten Grundstücksanschlüssen unterscheidet. Das bedeutet, dass die Gründungstiefe bis 4 m keinen Einfluss auf den technischen Zustand von Grundstücksanschlüssen hat. Die kritische Kurve für die tief verlegten Grundstücksanschlüsse (Stichprobe Nr. 3) hat sowohl eine kleinere Steigung als auch eine kürzere charakteristische Lebensdauer im Vergleich zu den beiden anderen Kurven für die Stichproben Nr. 1 und 2. Sie sind nach links verschoben und kennzeichnen einen größeren Sanierungsumfang.

Viele Faktoren können den technischen Zustand der untersuchten Grundstücksanschlüsse beeinflussen. Aus statistischer Sicht ist hervorzuheben, dass die Stichprobe Nr. 3

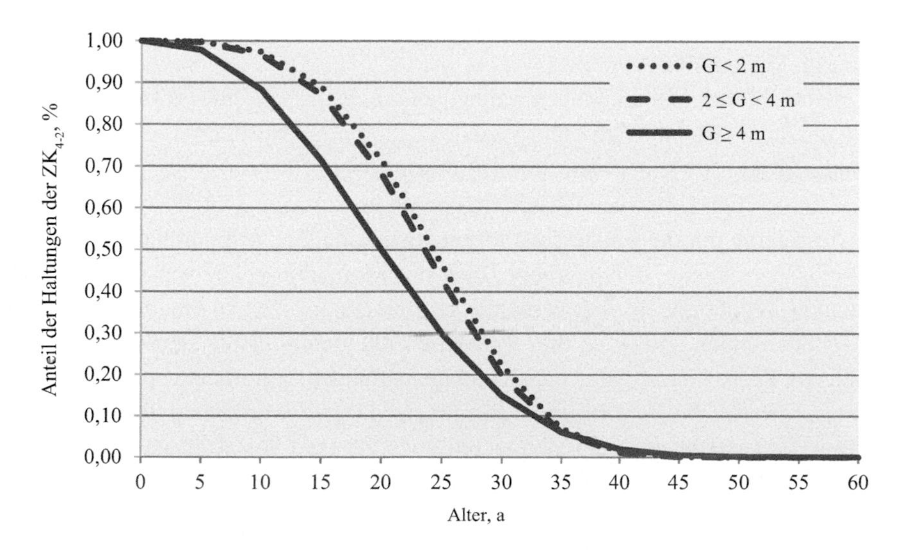

Abb. 6.10 Kritische Übergangsfunktionen $R(t)$ für Grundstücksanschlüsse in Abhängigkeit von der Gründungstiefe. *G* Gründungstiefe; *ZK* Zustandsklasse. (Quelle: Raganowicz)

(Grundstücksanschlüsse mit einer Gründungstiefe $G \geq 4$) nur aus 28 Elementen besteht. Wenn eine statistische Stichprobe aus weniger als 50 Objekten besteht, sind die Modellierungsergebnisse nicht uneingeschränkt repräsentativ. Das Alter der untersuchten Kanäle spielt bei den Zustandsprognosen auch eine wichtige Rolle, weil der Jahrgang von Rohren die Bautechnik, die Eigenschaften des Rohrwerkstoffs und die Dichtsysteme der Rohrverbindungen prägt. Um die statistischen Unregelmäßigkeiten zu eliminieren, wurden die Weibull-Parameter in der stochastischen Untersuchungsphase mithilfe von mathematischen Simulationen nach der Monte-Carlo-Methode ermittelt.

6.4 Zusammenfassung der statistischen Modellierungen

Die Modellierung des kritischen Zustands von Grundstücksanschlüssen schließt die statistische Untersuchungsphase von Kanälen unter Berücksichtigung verschiedener Randbedingungen wie z. B. Rohrwerkstoff, Gründungstiefe und Einfluss des Grundwassers ab. Den Modellierungen lagen die kompletten optischen Inspektionen sowie die technische Baudokumentation zugrunde. Aufgrund der optischen Inspektionen und der technischen Baudokumentation wurde der technische Zustand der untersuchten Leitungen und deren Alter bestimmt, sodass die Alterungsprozesse in Form der Korrelation zwischen technischem Zustand und Alter analysiert werden konnten.

Der kritische Zustand der öffentlichen Steinzeugkanäle, die oberhalb des Grundwassers in Unterhaching funktionieren, wurde abhängig von der Gründungstiefe untersucht und mit dem Zustand von Kanälen, die unterhalb des Grundwassers in Oberhaching funktionieren, verglichen. Dabei wurden die Betonkanäle nicht berücksichtigt, weil keine Baudokumentation über diese Objekte im Schwankungsbereich des Grundwassers zur Verfügung stand. Der technische Zustand der Betonkanäle wurde allein abhängig von der Gründungstiefe modelliert.

Die zuletzt untersuchten Leitungen waren die Grundstücksanschlüsse aus Steinzeug. In diesem Fall wurde eine innovative und präzedenzlose Zustandsprognose unter dem Aspekt der Gründungstiefe sowie der Lage zum Grundwasser erstellt.

Diese statistischen Untersuchungsserien wurden in Anlehnung an die zweiparametrige Weibull-Verteilung mit der senkrechten Momentmethode, die sich durch einen einfachen Algorithmus auszeichnet, durchgeführt. Dank der Momentmethode war es möglich, die Untersuchungsergebnisse in einer vernünftigen Berechnungszeit zu erhalten. Die statistischen Modellierungen umfassten drei Kanalarten, die unter verschiedenen Bedingungen funktionieren. Diese vielseitigen Untersuchungen erlauben, signifikante, praxisorientierte sowie wissenschaftliche Vorschläge zu formulieren. Dabei wurde analytisch der negative Einfluss des Grundwassers auf den technischen Zustand von Kanälen nachgewiesen. Die theoretischen Kurven aller Kanalarten, die im Grundwasser funktionieren, haben eine steile Neigung, weil deren Formparameter $b > 3$ und die charakteristische Lebensdauer $T < 30$ Jahre betragen. Eine andere Bedingung, die den technischen Zustand von Abwasserkanälen beeinflusste, war die Gründungstiefe. Eine klare Korrelation zwischen technischem Zustand und der Gründungstiefe wurde nur bei den öffentlichen Leitungen aus Steinzeug nachgewiesen, weil die am tiefsten verlegten Kanäle den besten technischen Zustand hatten. Bei Betonkanälen und Grundstücksanschlüssen war eine umgekehrte Tendenz zu erkennen. Sie entspricht nicht den betrieblichen Erfahrungen.

Die durchgeführte, statistische Untersuchungsphase stellt eine gute Basis für die geplanten stochastischen Modellierungen nach der Monte-Carlo-Methode dar. Diese berechnungsintensive Bestimmung von Weibull-Parametern liefert eine bessere Häufigkeitsverteilung, die eine exaktere Vorhersage des technischen Zustands der im Einzugsgebiet des Hachinger Bachs betriebenen Abwasserkanäle gewährleistet.

Das Ziel der stochastischen sowie der statistischen Modellierungen war, den Einfluss der Gründungstiefe und des Grundwassers auf die Betonkanäle, die öffentlichen Steinzeugkanäle sowie die Grundstücksanschlüsse zu erforschen.

A Anhang

Tab. 6.14 Schätzung der Weibull-Parameter nach der Momentmethode für Betonkanäle. (Quelle: Raganowicz)

i	t_i	$i \cdot t_i$	$(n+1)^2$	$t_i - t_{i-1}$	$\ln V_1$	$\ln V_2$	b	T	$(b/T)!$
1	11	11	7225	11	3,26	3,04	**3,1508**	**29,1295**	0,895
2	11	22		0					
3	11	33		0					
4	11	44		0					
5	11	55		0					
6	11	66		0					
7	11	77		0					
8	11	88		0					
9	11	99		0					
10	11	110		0					
11	11	121		0					
12	11	132		0					
13	11	143		0					
14	15	210		4					
15	15	225		0					
16	15	240		0					
17	15	255		0					
18	15	270		0					
19	15	285		0					
20	15	300		0					
.									
.									
83	36	2988		0					
84	36	30.240		0					
$\sum$	2198	111.257		**36**					

Tab. 6.15 Test der Weibull-Verteilung nach Kolmogoroff-Smirnoff für Betonkanäle. (Quelle: Raganowicz)

i	t_i	F^*	t_i/T	Z_i	$1/\exp Z_i$	F_i	D^+	D^-
1	11	0,011765	0,378	0,0460	0,95457	0,045	0,034	0,0454
2	11	0,023529	0,378	0,0460	0,95457	0,045	0,022	0,0337
3	11	0,035294	0,378	0,0460	0,94547	0,045	0,010	0,0219
4	11	0,047059	0,378	0,0460	0,95457	0,045	0,000	0,0101
5	11	0,058824	0,378	0,0460	0,95457	0,045	−0,010	−0,0016
6	11	0,070588	0,378	0,0460	0,95457	0,045	−0,030	−0,0134
7	11	0,082353	0,378	0,0460	0,95457	0,045	−0,040	−0,0252
8	11	0,94118	0,378	0,0460	0,95457	0,045	−0,050	−0,0369
9	11	0,105882	0,378	0,0460	0,95457	0,045	−0,060	−0,0478
10	11	0,117647	0,378	0,0460	0,95457	0,045	−0,070	−0,0605
11	11	0,129412	0,378	0,0460	0,95457	0,045	−0,080	−0,0722
12	11	0,141176	0,378	0,0460	0,95457	0,045	−0,100	−0,084
13	11	0,152941	0,378	0,0460	0,95457	0,045	−0,110	−0,0957
14	15	0,515	0,124	1,1315	0,88379	0,116	−0,050	−0,0367
15	15	0,176471	0,124	1,1315	0,88379	0,116	−0,060	−0,0485
16	15	0,176471	0,124	1,1315	0,88379	0,116	−0,070	−0,0603
17	15	0,200000	0,124	1,1315	0,88379	0,116	−0,080	−0,072
18	15	0,211765	0,515	0,1240	0,88379	0,116	−0,100	−0,0838
.								
.								
.								
34	31	0,400000	1,064	1,2170	0,29622	0,704	0,304	**0,3160**
.								
.								
.								
81	36	0,952941	1,236	1,9490	0,14244	0,858	−0,100	−0,0836
82	36	0,964706	1,236	1,9490	0,14244	0,858	−0,110	−0,0954
83	36	0,976471	1,236	1,9490	0,14244	0,858	−0,120	−0,1071
84	36	0,988235	1,236	1,9490	0,14244	0,858	−0,130	−0,1189

Literatur

1. Weibull W.: A statistical distribution function of wide applicability, Trans. ASME, Serie E: Journal of Appl. Mechanics 18, 1951.
2. Wilker H.: Band 3: Weibull-Statistik in der Praxis, Leitfaden zur Zuverlässigkeitsermittlung technischer Komponenten, Books on Demand GmbH, Norderstedt 2010.
3. Wilker H.: Weibull-Statistik in der Praxis, Leitfaden zur Zuverlässigkeitsermittlung technischer Produkte, Books on Demand GmbH, Norderstedt 2004.

4. Meyna A., Pauli B.: Taschenbuch der Zuverlässigkeits- und Sicherheitstechnik, Quantitative Bewertungsverfahren, Carl Hauser Verlag, München Wien 2003.
5. ATV-M 149, Zustandserfassung, -klassifizierung und –bewertung von Entwässerungssystemen außerhalb von Gebäuden, 1999.
6. Raganowicz A.: Zustand von Grundstücksanschlüssen, AQUA GAS N°6/2013.
7. DIN 1986-30, Entwässerungsanlagen für Gebäude und Grundstücke – Teil 30, Instandhaltung, 2012.
8. DWA-M 149-3, Zustandserfassung und -beurteilung von Entwässerungssystemen außerhalb von Gebäuden – Teil 3, Zustandsklassifizierung und -bewertung, 2007.
9. DIN EN 13508-2, Zustandserfassung von Entwässerungssystemen außerhalb von Gebäuden, Teil 2: Kodierungssystem für die optische Inspektion, 2003.
10. BMVBS, Arbeitshilfen Abwasser: Planung, Bau und Betrieb von abwassertechnischen Anlagen in Liegenschaften des Bunds, 2005.
11. Cvaci D., Günthert F. W.: Grundstücksentwässerungsanlagen, Zustandsdaten und Handlungsempfehlungen, Wasser/Abwasser 03/07, 2007.
12. Cvaci D., Günthert F. W.: Zustandsdaten von Grundstücksentwässerungsanlagen und daraus resultierende Handlungsempfehlungen, 2. Deutsches Symposium für Grabenlose Leitungserneuerung, Universität Siegen 2007.
13. Thoma R., Goetz D.: Zustand von Grundstücksentwässerungsanlagen, Korrespondenz Abwasser (55) Nr. 2, 2008.

7 Stochastische Modellierung des kritischen Kanalzustandes mittels mathematischen Simulationen nach Monte-Carlo-Methode

Seitdem die Menschheit über leistungsfähige Rechner verfügt, spielt die Mathematik beim Lösen von verschiedenen praktischen und theoretischen Problemen eine entscheidende Rolle. Ungeachtet davon, ob es sich um die Optimierung von Produktionsplänen eines Betriebs oder die Eroberung des Kosmos handelt, die Realisierung dieser Fragen ist ohne Mathematik völlig unvorstellbar. Besonders spannende Aufgaben stehen vor mathematischen Verfahren wie Wahrscheinlichkeitsrechnung, Statistik sowie nummerischer Analyse. Zu den bekanntesten Anwendungen gehören die Lösung des Neutronendiffusionsproblems und die Optimierung von Produktionsprozessen.

Die zahlreichen Versuche, die oben genannten Probleme zu lösen, führten zu Entwicklung einer relativ einfachen und sehr effektiven Methode, der MMC – englische Abkürzung. Dieses stochastische Verfahren stellt eine gelungene Verbindung zwischen den theoretischen und empirischen Untersuchungsergebnissen dar. Wie jede Methode hat auch die Monte-Carlo-Methode gewisse Einschränkungen. Weil sie über einen universalen Charakter verfügt, sollten vor ihrer Anwendung alle konventionellen Verfahren zum Einsatz kommen.

Die Erfinder der Monte-Carlo-Methode, John von Neumann, Stanislaw Ulam und Nicolas Metropolis setzten sie in großem Stil im militärischen Forschungsprojekt Manhattan ein. Um die Wechselwirkung von Neutronen mit Materie vorherzusagen, musste eine große Anzahl von aufwendigen Berechnungen durchgeführt werden. Durch diese komplizierten Algorithmen war von Neumann auf die ersten großen Rechner gestoßen, die damals in Relais- oder Röhrentechnik arbeiteten und mühsam programmiert werden mussten. Sein wesentlicher Beitrag auf diesem Gebiet war die Entwicklung einer universalen Computer-Architektur (Von-Neumann-Architektur), die bis heute in jedem PC zu finden ist. Die Anwendung der Monte-Carlo-Methode beim Forschungsprojekt Manhattan leistete einen rasanten Beitrag zur Evolution der Computertechnologie.

Der Begriff Monte-Carlo-Methode bezieht sich nicht nur auf eine, sondern auf eine große Anzahl von nummerischen Methoden, die unter Verwendung von Zufallszahlen

A. Raganowicz, *Nutzen statistisch-stochastischer Modelle in der Kanalzustandsprognose*,
DOI 10.1007/978-3-658-16117-0_7

approximative Lösungen vieler Problemen oder die Simulierung verschiedener Prozesse ermöglichen. Diese Verfahren zeichnen sich durch die folgenden Merkmale aus:

- Es ist die einzige Methode, die in einer vernünftigen Berechnungszeit genaue Forschungsergebnisse liefern kann.
- Jede Verlängerung der Berechnungszeit garantiert genauere Forschungsergebnisse.

Zur Ermittlung von Weibull-Parametern auf der Basis der Momentmethode wurde das Inversionsverfahren verwendet. Es erlaubt, Simulationen $x_1, \ldots, x_n$ gemäß einer gegebenen Verteilungsfunktion F zu erzeugen. Es sei F: $R \rightarrow [0; 1]$ eine gegebene Verteilungsfunktion mit der Umkehrfunktion (Quantilfunktion) F^{-1} und U eine auf (0; 1) gleichverteilte Zufallsvariable. Dann ist $X = F^{-1}(U)$ eine Zufallsvariable, die die Verteilungsfunktion F besitzt. Somit ist $X \approx F$, d. h. die Verteilungsfunktion der Zufallsvariablen X ist tatsächlich F [1–3]. Schließlich wird die gegebene Verteilungsfunktion F durch die auf (0; 1) gleichverteilten Zufallsvariablen U ersetzt, um die Population des simulierten Parameters beliebig zu erweitern.

Im Fall der Weibull-Verteilung und ihrer Quantilfunktion wird das Alter von untersuchten Objekten gemäß Gl. 7.1 simuliert:

$$t_i^{k*} = \hat{T}\left(\ln\left(1/1 - U_i^{k*}\right)\right)^{\frac{1}{\hat{b}}} \tag{7.1}$$

mit

t^{k*} simuliertes Alter der Leitungen in Jahren,
$\hat{T}$ charakteristische Lebensdauer gemäß beliebiger, analytischer Methode in Jahren,
$\hat{b}$ Formparameter der Weibull-Verteilung gemäß einer beliebigen analytischen Methode,
U^{k*} gleichverteilte Zufallsvariable ($0 < U^{k*} < 1$),
$k*$ = *1, 2, . . . , N.*

Zur Erzeugung einer großen Anzahl an mathematischen Simulationen werden lange Sequenzen von gleichverteilten Zufallszahlen benötigt. Für die geplanten Simulationen wurde ein mathematischer Zufallszahlgenerator, der „multiplicative linear congruential generator", verwendet [4].

$$x_{i+1} = (ax_i + c) \bmod m \tag{7.2}$$

mit

x Zufallsvariable,
a = 6909,
c = 23.606.797,
m = 2^{32}.

Die Konstante c ist oft gleich null. Dabei muss immer die Bedingung $0 < a < m$ erfüllt werden. Das Modul m definiert den Bereich, in dem sich die Zufallszahlen befinden. Die Längensequenz von nicht wiederkehrenden Zufallszahlen beträgt in dem Fall m. Infolge der vielen Versuche wurden die Algorithmen für die Ermittlung von 1000, 2500, 5000, 10.000 und 15.000 Zufallsvariablen x_i konzipiert, die man in die Gl. 7.2 einsetzte. Daraus entstehen die folgenden Formeln:

$$\text{MMC}(1000): \quad x_1 = 3000, x_2 = 3000 + 58, \ldots, x_{1000} = 3000 + 999 \cdot 58, \tag{7.3}$$

$$\text{MMC}(2500): \quad x_1 = 1500, x_2 = 1500 + 22, \ldots, x_{2500} = 1500 + 2499 \cdot 22, \tag{7.4}$$

$$\text{MMC}(5000): \quad x_1 = 1500, x_2 = 1500 + 12, \ldots, x_{5000} = 1500 + 4999 \cdot 12, \tag{7.5}$$

$$\text{MMC}(10.000): \quad x_1 = 500, x_2 = 500 + 6, \ldots, x_{10.000} = 500 + 9999 \cdot 6, \tag{7.6}$$

$$\text{MMC}(15.000): \quad x_1 = 500, x_2 = 500 + 3, \ldots, x_{15.000} = 500 + 14.999 \cdot 3. \tag{7.7}$$

Die stochastische Modellierung des kritischen Kanalzustands basiert auf der Inversion der Weibull-Verteilung, aus der man die Quantilfunktion F^{-1} ableitet und das Alter t gemäß Gl. 7.1 bestimmt. Anstelle der Funktion F wurden die Zufallsvariablen aus dem Bereich (0, 1) eingesetzt. Infolge der durchgeführten Simulationen wurden die Stichprobenumfänge bis auf 15.000 Daten erweitert und zur genauen Abschätzung der Weibull-Parameter in den Algorithmus der Momentmethode eingesetzt. Die Ausgangsparameter der Weibull-Verteilung wurden aus den statistischen Modellierungen übernommen. Die langen Sequenzen von gleichverteilten Zufallszahlen wurden mithilfe des vorgenannten mathematischen Zufallszahlgenerators, des „multiplicative linear congruential generator" (Gl. 7.2) ermittelt.

7.1 Stochastische Modellierung des kritischen Zustands von Betonkanälen

Die stochastischen Untersuchungen des kritischen Zustands von Betonkanälen wurden übereinstimmend mit den statistischen realisiert. In der ersten Phase war der technische Zustand von Leitungen, die oberhalb des Grundwassers in Unterhaching funktionieren, Gegenstand der Modellierung. Die Ausgangsstichprobe bestand aus 125 Haltungen DN 600/1100–900/1350 mm, während nur 84 Haltungen maßgebend für den kritischen Zustand (Übergangsklasse $ZK_{4\text{-}2}$) waren (Tab. 7.1). Die Ausgangswerte der Weibull-Parameter $\hat{b}$ und $\hat{T}$ wurden aus den entsprechenden statistischen Modellierungen übernommen.

Das Alter der Betonkanäle anhand der Gl. 7.1 simuliert. Es wurden 1000, 2500, 5000 und 10.000 Simulationsserien realisiert. Die Ergebnisse wurden in die Gln. 6.17–6.21 eingesetzt, um genaue Schätzungen der Weibull-Parametern b und T zu tätigen. Die Modellierungsergebnisse sind in Tab. 7.2 dargestellt.

Tab. 7.1 Allgemeine Charakteristik der Stichprobe der oberhalb des Grundwassers funktionierenden Betonkanäle

Anzahl von Haltungen der Zustandsklasse $ZK_{4\text{-}0}$ (n)	Anzahl von Haltungen der Zustandsklasse $ZK_{4\text{-}2}$ (n)	Gesamtlänge (m)	Parameter $\hat{b}$	Parameter $\hat{T}$ (Jahre)
125	84	7628	3,1508	29,1

Aufgrund der Modellierungsergebnisse (Tab. 7.2) ließ sich feststellen, dass der Formparameter b nach der Monte-Carlo-Methode einen anderen Wert als bei den statistischen Untersuchungen erreichte. Die Änderungen des Parameters b, die abhängig von der Anzahl der Simulationen sind, sind in Abb. 7.1 dargestellt. Aus diesem Diagramm ist zu entnehmen, dass die Werte des Formparameters b sich ab 5000 Simulationen unerheblich verändern. Sie nähern sich dem gesuchten Wert asymptotisch an. Eine wichtige Eigenschaft der Monte-Carlo-Methode ist die direkte Abhängigkeit der Schätzungsgenauigkeit von der Anzahl der Simulationen. Der Wertunterschied des Parameters b für 5000 und 10.000 Simulationen macht sich an der zweiten Stelle nach dem Komma bemerkbar. Die Durchführung von 15.000 Simulationsserien bestätigte diese Tendenz, da der Unterschied an der dritten Stelle nach dem Komma festzustellen ist.

Von entscheidender Bedeutung für die Genauigkeit der stochastischen Modellierungen ist der Formparameter b. Auf dessen Grundlage wird die charakteristische Lebensdauer T nach Gl. 6.18 ermittelt. Die erste Untersuchungsphase zeigt, dass 10.000 mathematische Simulationen eine ausreichende Genauigkeit für die Schätzung von Weibull-Parametern garantieren. Die Schätzung ist eine gute Prognostik für die weiteren Modellierungen, weil man im Rahmen einer vernünftigen Berechnungszeit die maßgebenden Ergebnisse erreichen kann. In Anlehnung an die stochastisch geschätzten Parameter b und T wurde die kritische Übergangsfunktion vom Reparatur- zum Sanierungszustand konstruiert (Abb. 7.2). Der Verlauf dieser Übergangsfunktion zeichnet sich aufgrund der Steigung durch die drei Betriebsphasen aus:

- Phase I, Lebensdauer der Leitungen 0–15 Jahre;
- Phase II, Lebensdauer der Leitungen 15–35 Jahre;
- Phase III, Lebensdauer der Leitungen 35–55 Jahre.

Tab. 7.2 Parameter der kritischen Weibull-Funktion nach der Monte-Carlo-Methode für oberhalb des Grundwassers arbeitende Betonkanäle

Methode	Parameter b	Parameter T (Jahre)
MM	3,1508	29,1
MMC(1000)	3,7295	29,6
MMC(2500)	3,8515	27,7
MMC(5000)	3,4577	29,1
MMC(10.000)	**3,4231**	**28,8**

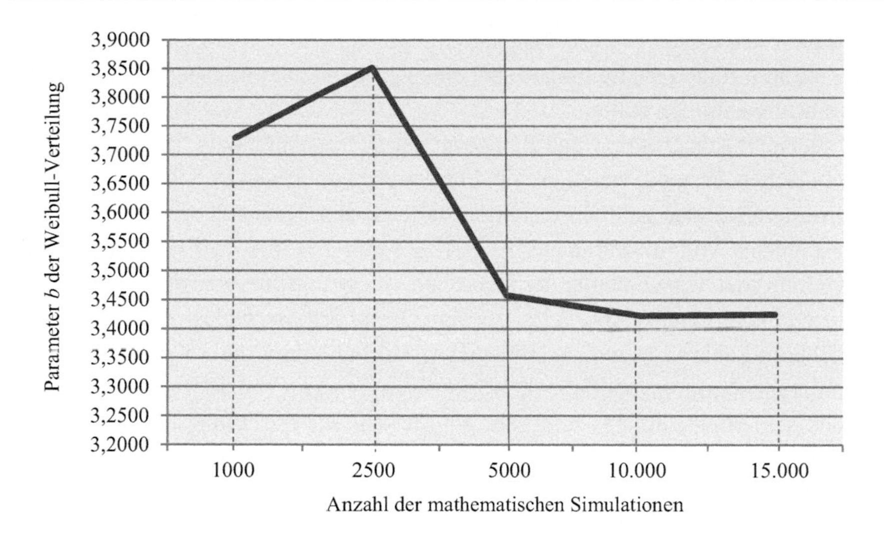

Abb. 7.1 Formparameter b in Abhängigkeit von der Anzahl der mathematischen Simulationen nach der Monte-Carlo-Methode. (Quelle: Raganowicz)

In der ersten Betriebsphase (I) verlaufen die Alterungsprozesse der Betonkanäle sehr langsam. Da die kritische Funktion eine kleine Steigung aufweist, bedarf ein kleiner Anteil dieser Leitungen einer Sanierungsmaßnahme. In der nächsten Phase (II) werden die Alterungsprozesse beschleunigt; die Kurve zeigt eine größere Steigung. Dabei sind Leitungen mit der Lebensdauer von 15 bis 35 Jahren betroffen. In der letzten, dritten Phase (III)

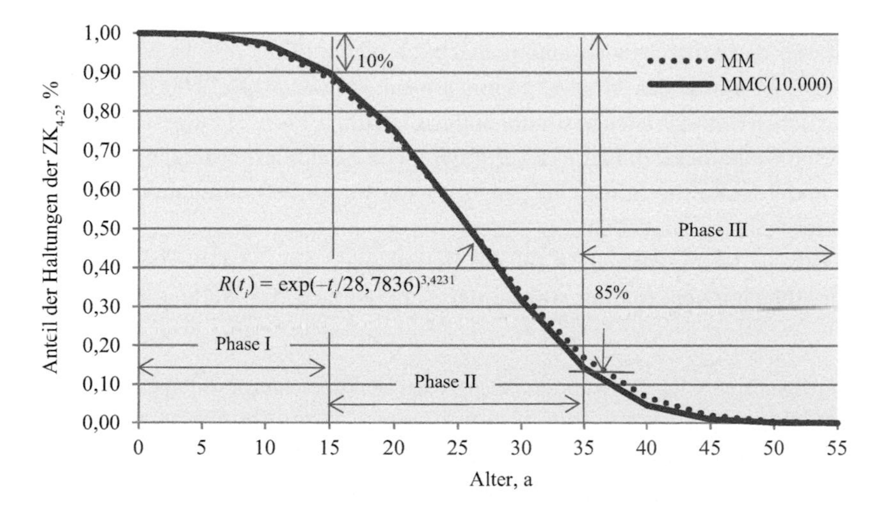

Abb. 7.2 Kritische Übergangsfunktionen nach der Monte-Carlo-Methode für Betonkanäle. *ZK* Zustandsklasse. (Quelle: Raganowicz)

verlangsamen sich diese Prozesse, bis die Leitungen das Alter von 55 Jahren erreichen. In diesem Zeitraum zeigen die Leitungen aber einen großen Sanierungsbedarf, der kurzfristig zur Ausführung kommen sollte.

Eine spezielle Konstruktion und Bauweise der Betonkanäle hatte großen Einfluss auf ihren technischen Zustand, weil diese die Entstehung von gewissen Schäden unterstützen. Zu den meisten Schäden gehören verschiedene Rissarten. Die nach der Monte-Carlo-Methode geschätzten Weibull-Parameter $b=3{,}42>3$ und $T=28{,}8<30$ Jahre bewirken eine steile Neigung und Verschiebung der kritischen Übergangskurve nach links in Richtung der kürzeren Lebensdauer (Abb. 7.2). Aus dem Grund erfordern die untersuchten Objekte einen größeren Sanierungsumfang. Beispielsweise benötigen die 35-jährigen Leitungen einen Sanierungsumfang von 85 %, die 15-jährigen dagegen von 10 %. Eine derartige Zunahme des Sanierungsumfangs zeigt sehr gut die schnelle Entfaltung von einmal vorhandenen Schwachstellen. Eine schnellere Alterung von Kanälen findet gemäß betrieblicher Erfahrungen erst nach 30-jährigem Betrieb statt.

Zum Vergleich der Ergebnisse der statistischen und stochastischen Modellierung ist die konventionelle Übergangskurve in Abb. 7.2 dargestellt. Sie zeichnet sich durch einen großen Formparameter $b=3{,}15$ und eine längere charakteristische Lebensdauer von $T=29{,}1$ Jahren aus. Im Hinblick auf diese Werte ist diese Kurve nach rechts verschoben.

In einer späteren Phase wurde der kritische technische Zustand von Betonkanälen in Abhängigkeit von der Gründungstiefe modelliert. Die Betonleitungen wurden nach der Gründungstiefe sortiert und in zwei Stichproben unterteilt:

- Stichprobe Nr. 1, Betonkanäle mit der Gründungstiefe $G<3$ m;
- Stichprobe Nr. 2, Betonkanäle mit der Gründungstiefe $G \geq 3$ m.

Anschließend wurden aus den vorhandenen Stichproben zwei weitere Stichproben gebildet, die für den kritischen Zustand maßgeblich waren (Tab. 7.3). In Anlehnung an die Gln. 7.1 und 7.2 wurde das Alter der Leitungen anhand von 1000, 2500, 5000 und 10.000 mathematischen Simulationen bestimmt und in die Gln. 6.17–6.21 eingesetzt, um die kritischen Weibull-Parameter (b und T) zu ermitteln. Die Modellierungsergebnisse sind in den Tab. 7.4 und 7.5 und die Berechnungsalgorithmen für 10.000 Simulationen in Tab. 7.18 und 7.19 im Anhang dargestellt.

Der kritische Formparameter b für die Betonkanäle mit der Gründungstiefe $G<3$ m nimmt in Abhängigkeit von der Anzahl der Simulationen die Werte 3,9761–4,4722 an.

Tab. 7.3 Allgemeine Charakteristik der Stichproben der Betonkanäle in Abhängigkeit von der Gründungstiefe

Stichprobe Nr.	Gründungstiefe (m)	Anzahl der Haltungen der Klasse $ZK_{4\text{-}2}$ (n)	Länge (m)	Parameter $\hat{b}$ nach MM	Parameter $\hat{T}$ nach MM (Jahre)
1	$G<3$	55	3274	3,6561	31,6
2	$G\geq 3$	28	1754	2,7320	24,6

Tab. 7.4 Kritische Weibull-Parameter nach der Monte-Carlo-Methode für Betonkanäle mit der Gründungstiefe $G < 3$ m

Methode	Parameter b	Parameter T (Jahre)
MM	3,6561	31,6
MMC(1000)	4,3464	32,1
MMC(2500)	4,4722	30,3
MMC(5000)	4,0218	31,6
MMC(10.000)	3,9761	31,3

Der Unterschied zwischen dem nach 5000 und 10.000 Simulationen geschätzten Parameter b ist geringfügig und macht 0,0496 aus. Aus dem Grund ist davon auszugehen, dass 10.000 mathematische Simulationen nach der Monte-Carlo-Methode einen maßgebenden Wert des Parameters b sichern. Bei einer solchen Steigung der kritischen Übergangskurve ist kein guter Kanalzustand zu erwarten. Hingegen wird der kritische Zustand von der charakteristischen Lebensdauer $T = 31{,}3 > 30$ Jahre positiv beeinflusst. Bei den statistischen Schätzungen erreichte der Formparameter $b = 3{,}6561$ und war um 0,32 kleiner als der stochastische Wert. Die charakteristische Lebensdauer nahm im Rahmen der beiden Schätzungen denselben Wert von etwa 31 Jahren an.

Aus der Analyse der kritischen Weibull-Parameter für die bis 3 m unter der Geländeoberkante verlegten Betonkanäle ist anzunehmen, dass die meisten Schäden nach 30-jährigen Betrieb auftreten. Nach weiteren zehn Jahren in Betrieb sind fast alle Betonkanäle, wie an der starken Neigung der kritischen Übergangskurve sichtbar, sanierungsbedürftig. Die durchgeführten Untersuchungen und Analysen sind somit von großer Bedeutung für den täglichen Kanalbetrieb. Die gewonnenen Erkenntnisse über Alterungsprozesse von Kanälen sind unerlässlich, um den Kanalbetrieb anhand einer qualifizierten Sanierungsplanung zu optimieren.

Der stochastisch ermittelte Formparameter b für die tief verlegten Betonkanäle ($G \geq 3$ m) erreichte die Werte 2,73–3,33. Sie sind bedeutend kleiner als die Werte für die flachen Leitungen. Infolge von 10.000 Simulationen nahm der Formparameter den Wert 2,9637 an. Die Werte kleiner als drei prognostizieren einen guten technischen Zustand dieser Leitungen. Damit wird die betriebliche Erfahrung bestätigt, dass tiefer

Tab. 7.5 Kritische Weibull-Parameter nach der Monte-Carlo-Methode für Betonkanäle mit der Gründungstiefe $G \geq 3$ m

Methode	Parameter b	Parameter T (Jahre)
MM	2,7320	24,6
MMC(1000)	3,2192	25,0
MMC(2500)	3,3383	23,2
MMC(5000)	2,9913	24,6
MMC(10.000)	2,9637	24,2

verlegte Leitungen einen besseren technischen Zustand aufweisen. Die charakteristische Lebensdauer erreichte jedoch $T = 24{,}2$ Jahre, wodurch die kritische Übergangskurve nach links verschoben und der Sanierungsumfang ausgedehnt wurde.

Die beiden Übergangskurven sind in Abb. 7.3 dargestellt. Die Kurve für die bis 3 m unter der Geländeoberkante verlegten Leitungen verläuft oberhalb der Kurve der tief verlegten Leitungen. Die Grafik weist darauf hin, dass die Kanäle mit der Gründungstiefe $G < 3$ m einen besseren technischen Zustand als die Kanäle mit der Gründungstiefe $G \geq 3$ m aufzeigen. Diese Konklusion entspricht nicht den betrieblichen Erfahrungen.

Die untersuchten Stichproben präsentieren technische Zustände, die sich voneinander sehr stark unterscheiden. Diese sind v. a. auf die charakteristische Lebensdauer für die tief verlegten Leitungen ($T = 24{,}2$ Jahre) zurückzuführen. Anhand der kritischen Übergangsfunktionen (Abb. 7.3) ist es möglich, den notwendigen Sanierungsumfang für die beiden Kanalgruppen festzustellen. Die 20-jährigen Leitungen mit der Gründungstiefe $G < 3$ m bedürfen eines Sanierungsumfangs von 15 %, die Leitungen mit der Gründungstiefe $G \geq 3$ m von 42 %. Der maximale Unterschied des Sanierungsumfangs beträgt 36 % und betrifft die 24-jährigen Objekte. Dieses Alter ist identisch mit der charakteristischen Lebensdauer für die tief verlegten Leitungen.

Die kleine Population der Stichprobe Nr. 2 (28 Haltungen) wurde durch die stochastische Modellierung nicht kompensiert. Grund dafür ist, dass die mathematischen Simulationen des Kanalalters nach der Inversionsmethode die Ergebnisse der Weibull-Parameterschätzung nur in einem bestimmten Ausmaß korrigieren können. Bei den Berechnungen spielt die senkrechte Momentmethode die entscheidende Rolle, weil sie die Ausgangs-Weibull-Parameter bestimmt. Die weiteren, stochastischen Schätzungen basieren auf den

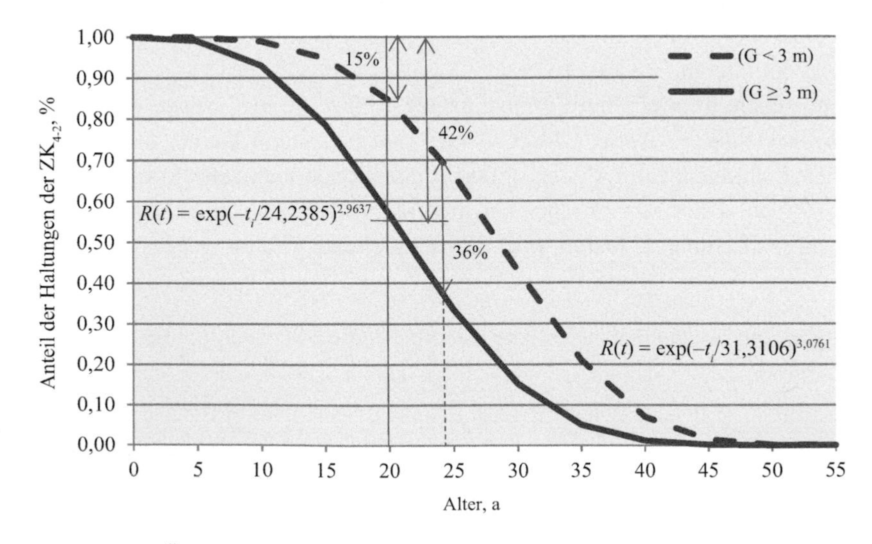

Abb. 7.3 Kritische Übergangsfunktionen nach der Monte-Carlo-Methode für Betonkanäle in Abhängigkeit von der Gründungstiefe. *G* Gründungstiefe; *ZK* Zustandsklasse. (Quelle: Raganowicz)

konventionell ermittelten Parametern. Die Monte-Carlo-Methode stellt in diesem Fall eine sekundäre Komponente der Momentmethode dar, die die Bestimmung von den Parametern ausschließlich korrigieren kann.

Die Betonkanäle bilden bezüglich der Untergrundverhältnisse und Verkehrsbelastung eine sehr homogene Stichprobe. Sie unterscheiden sich nur im Hinblick auf die Gründungstiefe und das Alter, mit dem die Ausführungsqualität und Montagetechnik vereinigt sind, voneinander. Diese Großprofile wurden aus dem unbewehrten Ortbeton B10 ohne Dilatationsfugen gebaut. Diese starren Bauwerke werden diversen Belastungen (z. B. Verkehr, Temperaturunterschied, Alterung des Betons etc.) ausgesetzt, die gewisse Spannungen hervorrufen. Sie können sich nur in den Rohrverbindungen abbauen. Die Aufgabe der gelenkigen Rohrverbindungen müssen zwangsläufig die Arbeitsfugen übernehmen. Diese Prozesse erschweren den täglichen Kanalbetrieb besonders in den Schwankungsbereichen des Grundwassers.

Der schlechte technische Zustand der Betonkanäle mit der Gründungstiefe $G \geq 3$ m ist auf die Qualität der Kanalbauarbeiten zurückzuführen. Es handelt sich um die gute Verdichtung der Rohrgrabenverfüllung, die gesondert im Bereich der Leitungszone liegt.

Falter befasst sich seit vielen Jahren in Deutschland mit der Statik von Kanälen und Linern. Er setzte das populäre Arbeitsblatt ATV-A 127 [5] auf. Diese Bemessungsregeln sind auch heutzutage noch aktuell. Zu den schwierigsten Aufgaben des Kanalbetriebs gehört die Beurteilung der statischen Sicherheit von alten gemauerten Kanälen mit Ei-Profil. Die Untergrundverhältnisse haben einen großen Einfluss auf den baulichen Zustand von derartigen Kanälen. In den 1990er-Jahren untersuchte Falter in situ einen in Bremen funktionierenden gemauerten Kanal (DN 800/1200 mm). Dabei wurde die Relation zwischen Belastung und Deformation des Kanals festgelegt. Auf Grundlage dieses Experiments und in Anlehnung an das damals gültige Arbeitsblatt ATV-A 127 [5] gelang es Falter, ein Berechnungsmodell zu erstellen und die wirkliche Standsicherheit dieses Objekts festzulegen [6]. Solche experimentelle Untersuchungen sind von großer Bedeutung für geplante Sanierungsmaßnahmen, weil die Standsicherheit bei der Beurteilung des Kanalzustands eine relevante Rolle spielt.

Zusammenfassend kann gesagt werden, dass die tief verlegten Betonkanäle einen schlechteren technischen Zustand aufweisen als die flach verlegten, obwohl beide oberhalb des Grundwasserspiegels arbeiten. Diese betriebliche Anomalie ist als ein besonderes Merkmal des im Hachinger Tal betriebenen Kanalnetzes zu sehen. Die Formulierung der endgültigen Schlussfolgerungen sollte nach der Analyse der öffentlichen Steinzeugkanäle sowie der Grundstücksanschlüsse erfolgen.

Die Sanierung der Betonkanäle umfasst im Hachinger Tal gesonderte Pläne, die unabhängig von der Grundsanierung des restlichen Netzes erstellt und konzipiert werden. Nach einer gesonderten Prüfung verlangen die Betonkanäle mit der Gesamtlänge von 5500 m, die im Schwankungsbereich des Grundwassers funktionieren. Sie werden nach jedem Hochwasser sorgfältig optisch inspiziert. Bei der Entscheidung, ob eine solche Inspektion durchgeführt wird, werden zusätzlich Beobachtungen von Grundwassermessstellen, die sich in der Nähe der betroffenen Kanäle befinden, beachtet. Die optischen Aufnahmen werden im Zeitraum von 23:00 bis 06:00 Uhr realisiert. In diesem Zeitraum ist vorwiegend Fremdwasser im Netz zu erwarten, daher ist eine kostspielige Wasserhaltung nicht erforderlich. Die vorgenannten Untersuchungen haben einen komplexen Charakter und umfassen zusätzlich die Grundstücksanschlüsse. Die erfassten Schäden werden kurzfristig mithilfe der synthetischen oder mineralischen Injektionen beseitigt [7]. Die groben Schätzungen der Sanierungskosten von im Grundwasser verlaufenden Betonkanälen belaufen sich auf 10–15 Mio. €, die die aktuellen finanziellen Möglichkeiten des Zweckverbands überschreiten. Ungeachtet dessen deckt die Realisierung solcher Maßnahmen gewisse technische Ungewissheiten auf.

7.2 Stochastische Modellierungen des kritischen Zustands der öffentlichen Steinzeugkanäle

Die stochastischen Modellierungen des kritischen Zustands der öffentlichen Steinzeugkanäle (DN 200–400 mm) basieren auf einer Stichprobe mit einem großen Umfang. Sie besteht aus den oberhalb des Grundwassers in Unterhaching funktionierenden Leitungen. Die unterhalb des Grundwassers in Oberhaching funktionierenden Steinzeugkanäle (DN 200–400 mm) bilden die zweite Stichprobe. Der baulich-betriebliche Zustand der betroffenen Leitungen wurde im Jahr 2000 optisch inspiziert und nach dem Arbeitsblatt ATV-M 149 [8] klassifiziert. Aus den beiden Stichproben wurden die Haltungen mit den drei besten Zustandsklassen ausgewählt, daraus wurden zwei maßgebende Stichproben für den kritischen Zustand gebildet. Die Population der ersten Stichprobe beträgt 1122; 56 Haltungen beträgt die zweite Stichprobe (Tab. 7.6). Die Ausgangs-Weibull-Parameter ($\hat{b}$ und $\hat{T}$) wurden anhand von statistischen Untersuchungen ermittelt. Die stochastische Schätzung der Weibull-Parameter beruht auf der Gl. 7.1 mit jeweils 1000, 2500, 5000 und 10.000 mathematischen Simulationen des Kanalalters. Dabei wurden die gleichverteilten Zufallszahlen gemäß Gl. 7.2 verwendet. Aufgrund des Umfangs der Stichprobe Nr. 1 wurden 2500, 5000 und 10.000 mathematische Simulationen durchgeführt.

Die Ergebnisse der stochastischen Ermittlungen der kritischen Weibull-Parameter für die oberhalb des Grundwassers funktionierenden Leitungen sind in Tab. 7.7 und für die Leitungen unterhalb des Grundwassers in Tab. 7.8 dargestellt. Auf Grundlage dieser Modellierungen wurden zwei kritische Übergangsfunktionen konstruiert (Abb. 7.4). Die Al-

Tab. 7.6 Allgemeine Charakteristik der Stichproben von öffentlichen Steinzeugkanälen

Stichprobe Nr.	Gemeinde	Anzahl der Haltungen der Klasse $Z_{4\text{-}2}$ (n)	Gesamtlänge (m)	Parameter $\hat{b}$	Parameter $\hat{T}$ (Jahre)
1	Unterhaching	1122	38.623	3,2527	28,6
2	Oberhaching	54	2726	3,0671	21,2

Tab. 7.7 Kritische Weibull-Parameter nach der Monte-Carlo-Methode für oberhalb des Grundwassers funktionierende Steinzeugkanäle

Methode	Parameter *b*	Parameter *T* (Jahre)
MM	3,2527	28,6
MMC(2500)	3,9766	27,2
MMC(5000)	3,5714	28,5
MMC(10.000)	3,5345	28,2

Tab. 7.8 Kritische Weibull-Parameter nach der Monte-Carlo-Methode für unterhalb des Grundwassers funktionierende Steinzeugkanäle

Methode	Parameter *b*	Parameter *T* (Jahre)
MM	3,0671	21,2
MMC(1000)	4,5579	20,8
MMC(2500)	4,5935	20,5
MMC(5000)	4,4935	20,5
MMC(10.000)	3,3802	21,3

gorithmen der 10.000 mathematischen Simulationen für die beiden Stichproben sind in Tab. 7.20 und 7.21 im Anhang dargestellt.

Infolge der 10.000 Simulationen erlangte der kritische Formparameter für die oberhalb des Grundwassers funktionierenden Leitungen den Wert $b = 3{,}53$ $(b > 3)$, der den kritischen Kanalzustand negativ beeinflusste. Nachdem die charakteristische Lebensdauer T den Wert von 28,2 Jahre erreichte, verschob sich die kritische Kurve zusätzlich nach links.

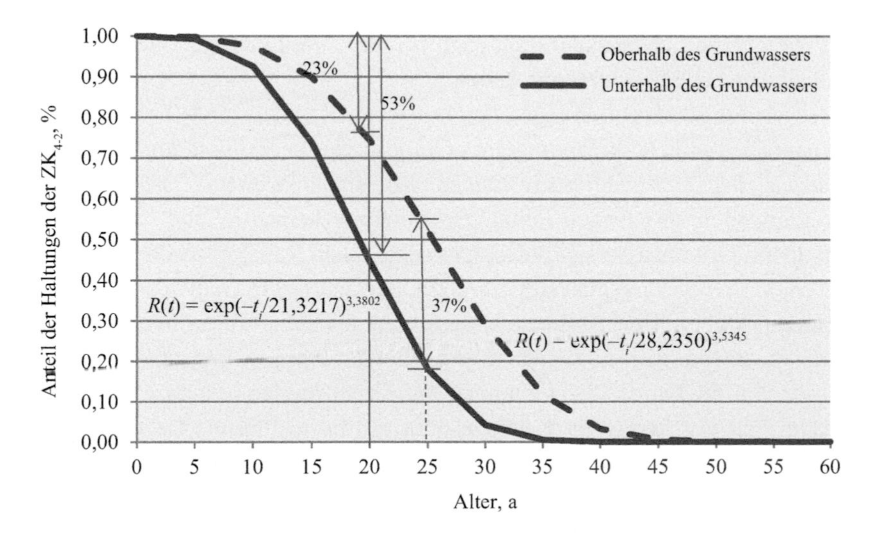

Abb. 7.4 Kritische Übergangsfunktionen nach der Monte-Carlo-Methode für oberhalb und unterhalb des Grundwassers funktionierende Steinzeugkanäle. *ZK* Zustandsklasse. (Quelle: Raganowicz)

Infolgedessen sind sogar 63 % der 28-jährigen Leitungen sanierungsbedürftig. Statistisch gewonnene Weibull-Parameter erreichten mit $b = 3{,}25$ und $T = 28{,}6$ Jahre unwesentlich günstigere Werte.

In der nächsten Simulationsserie wurden die kritischen Weibull-Parameter für die unterhalb des Grundwassers funktionierenden Steinzeugkanäle geschätzt. Der Formparameter nahm den Wert $b = 3{,}38$ und die charakteristische Lebensdauer $T = 21{,}3$ Jahre an. Die relativ kurze charakteristische Lebensdauer, die sich zwischen 20,5 und 21,3 Jahren bewegt, stellt ein typisches Merkmal dieser Untersuchungen dar. Relativ große Unterschiede der Parameterwerte sind zwischen 5000 und 10.000 Simulationen zu verzeichnen. Die Durchführung der 15.000 Simulationen brachte eine belanglose Änderung des Formparameters b um den Wert von 0,0034. Dieses Ergebnis bestätigt, dass 10.000 Simulationen zuverlässige Verteilungsparameter liefern. Der Vergleich der beiden kritischen Übergangskurven legt dar, dass die oberhalb des Grundwassers funktionierenden Leitungen einen besseren technischen Zustand als die unterhalb funktionierenden aufzeigen. Für diese Situation ist die unterschiedliche Lebensdauer der Leitungen verantwortlich.

Eine weitere Analyse der Daten aus den Tab. 7.7 und 7.8 verweist auf die mit der Anzahl an mathematischen Simulationen ansteigende Berechnungsgenauigkeit. In der Regel geling es, nach 10.000 Simulationen genaue Ergebnisse zu erhalten. Sie stimmen mit den statistischen Ergebnissen annähernd überein. Für den Formparameter b ergeben sich die Unterschiede im Bereich zwischen 0,2 und 0,3. Die charakteristische Lebensdauer hingegen ist von der Anzahl der Simulationen unabhängig, weil sie gemäß der Momentmethode direkt vom Formparameter abgeleitet wird. Die beiden Übergangsfunktionen präsentieren eine annähernde Steigung und sind trotzdem relativ weit voneinander entfernt. Dafür ist die charakteristische Lebensdauer verantwortlich, weil sie für die oberhalb des Grundwassers funktionierenden Leitungen 28 Jahre und für die unterhalb liegenden nur 21 Jahre beträgt. Eine längere Lebensdauer trägt dazu bei, dass die Leitungen länger ohne Sanierungsmaßnahmen betrieben werden können.

Die stochastischen Modellierungen des kritischen Kanalzustands belegen eine allgemein bekannte betriebliche Erfahrung: Das Grundwasser beeinflusst den technischen Kanalzustand negativ. Das belegt auch folgendes Beispiel: Während 53 % der im Grundwasser verlaufenden 20-jährigen Leitungen sanierungsbedürftig sind, weisen nur 23 % der oberhalb des Grundwassers wirkenden Objekte einen Reparaturbedarf auf (Abb. 7.4). Nach diesem Verfahren kann man alle Altersgruppen analysieren und den gesamten Sanierungsumfang festlegen. Der maximale Unterschied des Sanierungsumfangs beträgt 37 % und betrifft die 25-jährigen Leitungen. Die Leitungen ohne Grundwasser erreichen eine Lebensdauer von 50 Jahren, die Leitungen mit Grundwasser bestehen durchschnittlich 40 Jahre. Im Fall des kritischen Kanalzustands ist die technische Lebensdauer als ein Zeitraum zu verstehen, in dem alle Leitungen saniert werden sollten.

Die nächste Phase umfasst die Modellierungen des kritischen Zustands von öffentlichen Steinzeugkanälen in Abhängigkeit von der Gründungstiefe. Die 1162 Haltungen dieser Stichprobe wurden nach der Gründungstiefe sortiert, sodass drei neue (Unter-)Stichproben gebildet wurden:

- Stichprobe Nr. 1, Gründungstiefe $G < 2$ m;
- Stichprobe Nr. 2, Gründungstiefe $2 \leq G < 4$ m;
- Stichprobe Nr. 3, Gründungstiefe $G \geq 4$ m.

Aus jeder Stichprobe wurden die Haltungen mit den Zustandsklassen Z_4, Z_3 und Z_2 ausgewählt, die drei endgültige Stichproben bildeten. Sie waren dieselben wie bei den statistischen Modellierungen (s. Tab. 6.8). Für jede Stichprobe wurden 1000, 2500, 5000 und 10.000 mathematische Simulationen des Kanalalters nach der Gl. 7.1 durchgeführt. Anfangs wurden die gleichverteilten Zufallszahlen nach der Gl. 7.2 generiert. Die gewonnenen Daten wurden in die Gln. 6.17–6.21 eingesetzt, um die Weibull-Parameter stochastisch zu ermitteln. Die Ergebnisse dieser Berechnungen sind in den Tab. 7.9, 7.10, 7.11 und die Algorithmen der mathematischen Simulationen in Tab. 7.22, 7.23 und 7.24 im Anhang dargestellt.

Die vorliegenden Daten zeigen, dass die Weibull-Parameter für die Stichproben Nr. 1 und Nr. 2 ähnliche Werte liefern. Der Formparameter *b* bewegt sich im Bereich zwischen 4,20 und 4,85 und die charakteristische Lebensdauer *T* zwischen 29,1 und 29,3 Jahren.

Tab. 7.9 Kritische Weibull-Parameter nach der Monte-Carlo-Methode für öffentliche Steinzeugkanäle mit der Gründungstiefe $G < 2$ m

Methode	Parameter *b*	Parameter *T* (Jahre)
MM	4,4574	29,4
MMC(1000)	5,3257	29,7
MMC(2500)	5,4581	28,4
MMC(5000)	4,9178	29,4
MMC(10.000)	4,8545	29,1

Tab. 7.10 Kritische Weibull-Parameter nach der Monte-Carlo-Methode für öffentliche Steinzeugkanäle mit der Gründungstiefe $2 \leq G < 4$ m

Methode	Parameter *b*	Parameter *T* (Jahre)
MM	3,8663	29,6
MMC(2500)	4,7030	28,4
MMC(5000)	4,2566	28,4
MMC(10.000)	4,2063	29,3

Tab. 7.11 Kritische Weibull-Parameter nach der Monte-Carlo-Methode für öffentliche Steinzeugkanäle mit der Gründungstiefe $G \geq 4$ m

Methode	Parameter *b*	Parameter *T* (Jahre)
MM	1,8224	36,6
MMC(1000)	2,1168	37,5
MMC(2500)	2,2298	33,5
MMC(5000)	1,9836	36,5
MMC(10.000)	1,9771	35,8

Das deutet darauf hin, dass der technische Zustand von der Gründungstiefe der Steinzeugkanäle abhängt und sich ab einer Tiefe von 4 m signifikant auswirkt. Völlig andere Werte nahmen dagegen die Weibull-Parameter für die Leitungen der Stichprobe Nr. 3 an. Der Formparameter b erreichte den Wert von 1,97, die charakteristische Lebensdauer T den Wert von 35,8 Jahren. Sie unterscheiden sich unerheblich von den statistischen Werten. Bei 5000 Simulationen nähert sich der Formparameter b an den gesuchten Wert an. Die nächste Serie von 10.000 Simulationen erbringt keine wesentliche Änderung des Parameterwerts. Deshalb ist davon auszugehen, dass 10.000 mathematische Simulationen maßgebende Werte des Formparameters b sicherstellen. Aufgrund der simulierten Parameter wurden drei kritische Übergangsfunktionen konstruiert (Abb. 7.5). Sie markieren die Grenze zwischen Reparatur- und Sanierungszustand.

Anhand der Abb. 7.5 lassen sich zwei Betriebsphasen feststellen, deren Grenze bei den 25-jährigen Leitungen liegt. In der ersten Betriebsphase zeigen die flach gegründeten Leitungen einen besseren technischen Zustand als die tief gegründeten Leitungen. Die Situation normalisiert sich nach 25 Jahren, wobei die tief gegründeten Leitungen den besten Zustand aufweisen können. Bei den 30-jährigen Objekten mit der Gründungstiefe $G \geq 4$ m beträgt der erforderliche Sanierungsumfang 50 %, bei einer Gründungstiefe von $G < 4$ m sogar 67 % (Abb. 7.5). Der maximale Unterschied des Sanierungsumfangs von 28 % ergibt sich für die 35-jährigen Leitungen.

Die untersuchten Stichproben haben unterschiedliche Umfänge (87, 838 und 197), die die Modellierungsergebnisse stark beeinflussen. Ein wichtiges Ergebnis der stochastischen Untersuchungen ist die technische Lebensdauer, die für die tief gegründeten Leitungen 60 und für die flach gegründeten 40 Jahre beträgt. Bevor alle Leitungen dieses

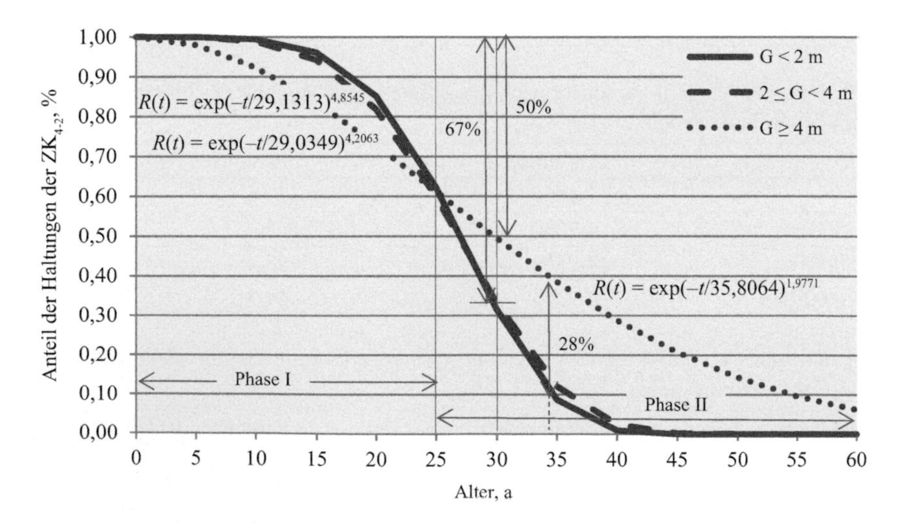

Abb. 7.5 Kritische Übergangsfunktionen nach der Monte-Carlo-Methode für öffentliche Steinzeugkanäle in Abhängigkeit von der Gründungstiefe. *ZK* Zustandsklasse. (Quelle: Raganowicz)

Alter erreichen, müssen sie saniert werden. Die Ergebnisse der stochastischen Modellierung können zusätzlich unter dem Aspekt der Altersstruktur von Leitungen beurteilt werden (Abb. 4.3). Die Leitungen, die jünger als 25 Jahre alt sind, machen 37 %, die älteren Leitungen 63 % der Population aus. Der Anteil der 30-jährigen Kanäle beträgt 42,5 %. Demzufolge sind der technische Zustand der älteren Leitungen sowie der zweite Teil des Diagramms (Abb. 7.5) für die Interpretation dieser stochastischen Modellierungen ausschlaggebend.

Die qualitativen Ergebnisse der statistischen Modellierung sind mit den stochastischen Modellierungen näherungsweise identisch. Bei der quantitativen Betrachtung sind jedoch gewisse Unterschiede zu verzeichnen. Sie betreffen den Sanierungsumfang sowie die technische Lebensdauer. Die durchgeführten Analysen erlauben Aussagen über Randbedingungen wie

- die Lage zum Grundwasser,
- die Gründungstiefe,
- der Rohrwerkstoff und
- der Durchmesser

die Alterungsprozesse von Hachinger Abwasserkanälen auslösen.

7.3 Stochastische Modellierungen des kritischen Zustands von Grundstücksanschlüssen

Die Modellierung des kritischen Zustands von Grundstücksanschlüssen stellt die letzte stochastische Untersuchungsphase dar, die eine identische Struktur der öffentlichen Steinzeugkanäle aufweist. In der ersten Modellierungsphase wird der Einfluss des Grundwassers auf den kritischen Zustand von Grundstücksanschlüssen untersucht. In der zweiten Phase wird dann der Einfluss der Gründungstiefe erforscht. Die Zustandsklassifizierung von den oberhalb des Grundwassers in der Gemeinde Oberhaching funktionierenden Grundstücksanschlüssen beruht auf der optischen Inspektion 2010 [9] und der DIN 1986-30 [10]. Die erste Stichprobe besteht aus 673 Objekten. Die zweite setzt sich aus 100 unterhalb des Grundwassers funktionierenden Grundstücksanschlüssen zusammen, die ebenfalls in Oberhaching montiert sind. Der technische Zustand dieser Objekte wurde anhand der optischen Inspektion aus dem Jahr 2000 und des Arbeitsblatts ATV-M 149 [8] klassifiziert. Eine allgemeine Charakteristik der beiden Stichproben unter Berücksichtigung der statistischen Schätzung der Weibull-Parameter ist in Tab. 7.12 dargestellt.

Nach der Zustandsklassifizierung und der Festlegung der Sanierungsprioritäten wurden für den kritischen Zustand zwei maßgebende Stichproben gebildet, die aus den Grundstücksanschlüssen mit den Zustandsklassen ZK_4, ZK_3 und ZK_2 bestehen. Die erste Stichprobe enthält 509 oberhalb und die zweite 77 unterhalb des Grundwassers funktionierende Objekte. Demzufolge wurden für die beiden Stichproben die gleichverteilten Zufallszah-

Tab. 7.12 Allgemeine Charakteristik der Stichproben von oberhalb und unterhalb des Grundwassers funktionierenden Grundstücksanschlüssen

Stichprobe Nr.	Anzahl der GA der Klasse ZK_{4-0}	Anzahl der GA der Klasse ZK_{4-2}	Länge (m)	Parameter $\hat{b}$	Parameter $\hat{T}$ (Jahre)	Lage zum Grundwasser
1	673	509	5572	3,5018	26,2	Oberhalb
2	100	77	828	3,6784	23,2	Unterhalb

$\hat{b}$, $\hat{T}$ Weibull-Parameter nach der Momentmethode; *GA* Grundstücksanschlüsse; *ZK* Zustandsklasse

len generiert und anschließend 1000, 2500, 5000 und 10.000 mathematische Simulationen des Kanalalters nach der Gl. 7.1 durchgeführt. Die Simulationsergebnisse wurden in die Gln. 6.17–6.21 eingesetzt, um die endgültigen Weibull-Parameter zu ermitteln. Die Ergebnisse der Schätzung von Weibull-Parametern nach der Monte-Carlo-Methode sind in Tab. 7.13 und 7.14 präsentiert.

Die Anwendung der mathematischen Simulationen führt zur Erhöhung des statistischen Formparameters um den Wert von etwa 0,3. Infolgedessen erhöht sich die Steigung der Übergangskurven, auch der Sanierungsbedarf vergrößert sich. Die Realisierung der 10.000 Simulationen verursacht eine minimale Veränderung des Formparameters b um den Wert von $\Delta b = 0{,}0402–0{,}0453$. Folglich versichert die Serie von 10.000 Simulationen eine ausreichende Genauigkeit der Modellierungsergebnisse.

Die charakteristische Lebensdauer T gemäß der Gln. 6.17 und 6.18 ist nicht von der Anzahl der Simulationen abhängig, sondern sie wird direkt vom Formparameter b ab-

Tab. 7.13 Kritische Weibull-Parameter nach der Monte-Carlo-Methode für oberhalb des Grundwassers funktionierende Grundstücksanschlüsse

Methode	Parameter b	Parameter T (Jahre)
MM	3,5018	26,2
MMC(1000)	4,1580	26,5
MMC(2500)	4,2826	25,0
MMC(5000)	3,8495	26,1
MMC(10.000)	3,8042	25,9

Tab. 7.14 Kritische Weibull-Parameter nach der Monte-Carlo-Methode für unterhalb des Grundwassers funktionierende Grundstücksanschlüsse

Methode	Parameter b	Parameter T (Jahre)
MM	3,6784	23,2
MMC(1000)	4,3736	23,4798
MMC(2500)	4,4996	22,2
MMC(5000)	4,0466	23,2
MMC(10.000)	4,0004	22,9

geleitet. Sie erreicht für die Stichprobe Nr. 1 $T_1 = 25{,}9$ Jahre und für die Stichprobe Nr. 2 $T_2 = 22{,}9$ Jahre. Weil die Steilheit größer als 3 ist, beeinflusste sie negativ den technischen Zustand der Grundstücksanschlüsse. Anhand der stochastisch geschätzten Weibull-Parameter wurden zwei kritische Übergangskurven für die oberhalb und unterhalb des Grundwassers funktionierenden Grundstücksanschlüsse als die Grenze zwischen der Reparatur- und Sanierungszone konstruiert (Abb. 7.6). Der Algorithmus der Weibull-Parameterschätzung für die Grundstücksanschlüsse im Grundwasser mithilfe von 10.000 Simulationen nach der Monte-Carlo-Methode ist in Tab. 7.25 im Anhang präsentiert.

Die kritische Kurve für die Grundstücksanschlüsse ohne Grundwasser verläuft oberhalb der Kurve für die Grundstücksanschlüsse im Grundwasser. Dieser Verlauf deutet darauf hin, dass das Grundwasser den technischen Zustand von Grundstücksanschlüssen negativ beeinflusst. Die Grundwasserinfiltrationen gehören zu den größten Schäden und spielen deswegen bei der Kanalzustandsklassifizierung eine entscheidende Rolle.

Der technischen Rehabilitation bedürfen 30 % der 20-jährigen Grundstücksanschlüsse, die nicht im Grundwasser funktionieren, und 42 % derjenigen, die im Grundwasser funktionieren. Der maximale Unterschied des Sanierungsumfangs beträgt 20 % und betrifft die 25-jährigen Objekte. Die relativ steile Neigung der beiden kritischen Kurven trägt dazu bei, dass die Objekte der Stichproben Nr. 1 und Nr. 2 nur eine Lebensdauer von 35 bis 40 Jahren erlangen können. Bevor die Grundstücksanschlüsse dieses Alter erreichen, müssen sie aber komplett saniert werden. Bei den untersuchten Grundstücksanschlüssen können zwei Betriebsphasen angesetzt werden. Die erste, die 15 Jahre dauert, zeichnet

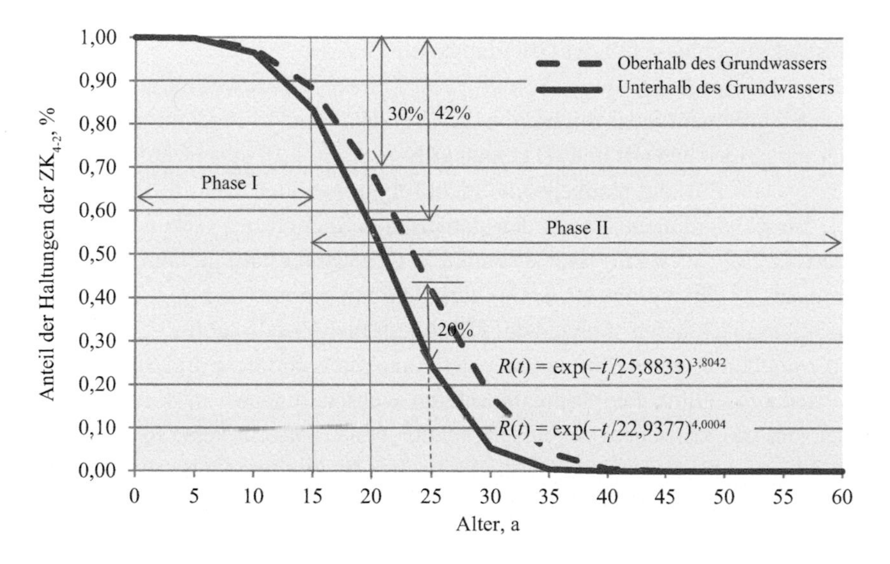

Abb. 7.6 Kritische Übergangsfunktionen nach der Monte-Carlo-Methode für oberhalb und unterhalb des Grundwassers funktionierende Grundstücksanschlüsse. *ZK* Zustandsklasse. (Quelle: Raganowicz)

sich durch eine kleine Neigung und langsame Schadensentwicklung aus. Nach 20 Jahren findet eine Wende statt, infolge derer die Alterungsprozesse der Grundstücksanschlüsse bedeutend schneller verlaufen und einen größeren Sanierungsumfang erfordern.

Die Ergebnisse der genannten Modellierungen sind von großer Bedeutung für den täglichen Kanalbetrieb, weil sie erlauben, die kostspieligen Sanierungsmaßnahmen zu optimieren. Die Realisierung von Sanierungsarbeiten kann unter gewissen Umständen die Erhöhung von Abwassergebühren bewirken. Diese Entwicklung wird von der Politik nicht gern akzeptiert [11, 12].

Die Untersuchungen machen deutlich, dass die öffentlichen Steinzeugkanäle einen besseren technischen Zustand als die Grundstücksanschlüsse aufweisen. Aus der Fachliteratur geht hervor, dass öffentliche Kanäle über die ersten 30 Betriebsjahre keiner Sanierung bedürfen [12, 13]. Es ist zu unterstreichen, dass die Grundstücksanschlüsse komplett oder teilweise von den Grundstückseigentümern betrieben werden können. Diese rechtliche Regelung erschwert ihren Betrieb und beeinflusst ihren technischen Zustand negativ.

Die letzte stochastische Untersuchungsphase umfasste die Modellierung des kritischen Zustands der Grundstücksanschlüsse, der abhängig von der Gründungstiefe ist. Sie stützte sich auf der Stichprobe von 673 funktionierenden Grundstücksanschlüssen, die oberhalb des Grundwassers in der Gemeinde Oberhaching liegen. Die Grundstücksanschlüsse wurden analog zu den statistischen Untersuchungen nach der Gründungstiefe sortiert und in drei neue Stichproben eingeteilt:

- Grundstücksanschlüsse mit der Gründungstiefe $G < 2$ m,
- Grundstücksanschlüsse mit der Gründungstiefe $2 \leq G < 4$ m,
- Grundstücksanschlüsse mit der Gründungstiefe $G \geq 4$ m.

Zunächst wurden aus jeder Stichprobe die Grundstücksanschlüsse mit den beiden besten Sanierungsprioritäten (III und II) gemäß DIN 1986-30 [10] ausgewählt und drei neue, für den kritischen Zustand maßgebende Stichproben, gebildet. Die drei neuen Stichproben Nr. 1, 2 und 3 sind identisch mit den statistischen Stichproben (Tab. 6.12). Die größte Stichprobe Nr. 2 ($2 \leq G < 4$ m) setzt sich aus 254 Grundstücksanschlüssen zusammen und die kleinste aus 28 (Stichprobe Nr. 3, $G \geq 4$ m). Die Stichprobe Nr. 1 ($G < 2$ m) besteht aus 88 Grundstücksanschlüssen. Anhand der gleichverteilten Zufallszahlen gemäß der Gl. 7.2 wurden die mathematischen Simulationen des Kanalalters für diese drei Stichproben nach der Gl. 7.1 durchgeführt. Die Simulationsdaten wurden zunächst in die Gln. 6.17–6.21 eingesetzt, um die kritischen Weibull-Parameter genau zu ermitteln. In den Tab. 7.15, 7.16 und 7.17 sind die Ergebnisse der stochastischen Bestimmung der kritischen Weibull-Parameter und deren Algorithmen in den Tab. 7.26, 7.27 und 7.28 im Anhang dargestellt.

Die durchgeführten Analysen der stochastischen Modellierungen zeigen die klare Tendenz, dass die Gründungstiefe $G < 4$ m keinen wesentlichen Einfluss auf den technischen Zustand von Grundstücksanschlüssen hat. Für die beiden Stichproben Nr. 1 und 2 erreichen die kritischen Weibull-Parameter ähnliche Werte. Der Formparameter b nimmt einen

Tab. 7.15 Kritische Weibull-Parameter nach der Monte-Carlo-Methode für Grundstücksanschlüsse mit der Gründungstiefe $G < 2$ m

Methode	Parameter b	Parameter T (Jahre)
MM	3,6954	26,9
MMC(1000)	4,3944	27,2
MMC(2500)	4,5205	25,7
MMC(5000)	4,0656	26,8
MMC(10.000)	4,0191	26,6

Tab. 7.16 Kritische Weibull-Parameter nach der Monte-Carlo-Methode für Grundstücksanschlüsse mit der Gründungstiefe $2 \leq G < 4$ m

Methode	Parameter b	Parameter T (Jahre)
MM	3,5525	26,2
MMC(1000)	4,2199	26,5
MMC(2500)	4,3449	25,0
MMC(5000)	3,9061	26,2
MMC(10.000)	3,8626	25,9

Tab. 7.17 Kritische Weibull-Parameter nach der Monte-Carlo-Methode für Grundstücksanschlüsse mit der Gründungstiefe $G \geq 4$ m

Methode	Parameter b	Parameter T (Jahre)
MM	2,4946	23,2
MMC(1000)	2,9304	23,6
MMC(2500)	3,0479	21,7
MMC(5000)	2,7274	23,1
MMC(10.000)	2,7069	22,8

Wert von etwa 4 bis 3 an, die charakteristische Lebensdauer erlangt den Faktor T von etwa 26 bis 30 Jahren. Die Ergebnisse deuten auf einen schlechten technischen Zustand und einen großen Sanierungsumfang hin. Bei der Stichprobe Nr. 2 ($G \geq 4$ m) wurde neben der Kurvensteilheit $b = 2{,}7–3$ eine kurze charakteristische Lebensdauer von 22,8 Jahren erreicht. Diese charakteristische Lebensdauer ruft eine ungünstige Verschiebung der Übergangskurve nach links hervor. Demzufolge nimmt die Sanierungszone eine größere Fläche ein. Die Parameter b aus den 5000 und 10.000 Simulationen unterscheiden sich um den belanglosen Wert von 0,026. Daher gewährleistet die letzte Simulationsserie (10.000) die zuverlässigen Testergebnisse.

Anhand der ermittelten Weibull-Parameter wurden die drei kritischen Übergangsfunktionen für Grundstücksanschlüsse abhängig von der Gründungstiefe konstruiert (Abb. 7.7). Die kritischen Kurven für die flach gegründeten Objekte zeichnen sich durch eine größere Neigung und eine Verschiebung nach rechts aus, die sich in Richtung der längeren Lebensdauer bewegt. Die Kurve für die tief verlegten Grundstücksanschlüsse ($G \geq 4$ m) zeigt eine kleinere Steigung und eine längere Lebensdauer auf. In der ersten,

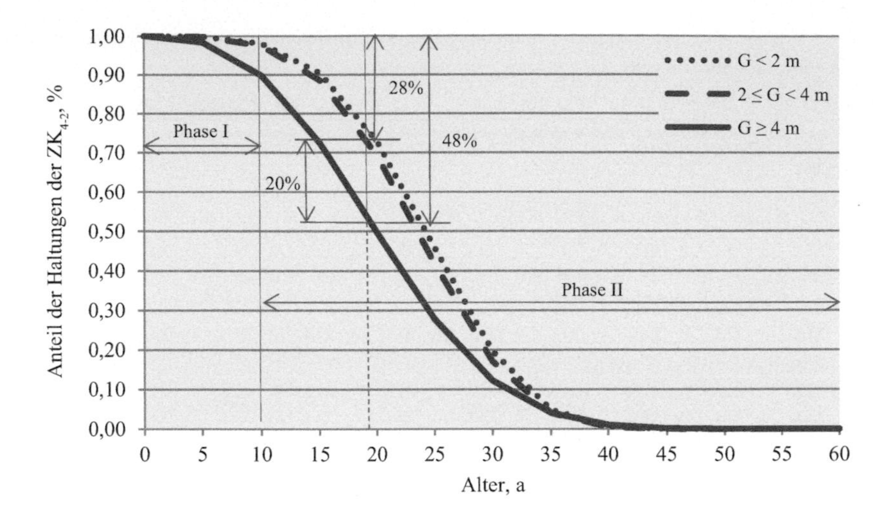

Abb. 7.7 Kritische Übergangsfunktionen nach der Monte-Carlo-Methode für Grundstücksanschlüsse in Abhängigkeit von der Gründungstiefe. *G* Gründungstiefe; *ZK* Zustandsklasse. (Quelle: Raganowicz)

etwa 15-jährigen Betriebsphase ist eine langsame Schadensentwicklung (kleine Neigung der kritischen Kurven) festzustellen. Nach diesem Zeitpunkt ist eine schnellere Schadensentwicklung (größere Neigung der kritischen Kurven) zu beobachten, die eine relativ kurze Lebensdauer von 45 bis 50 Jahren verursacht.

Die sog. kritische Lebensdauer bezieht sich ausschließlich auf die für diesen Zustand maßgebenden Grundstücksanschlüsse, die im genannten Zeitraum komplett saniert werden müssen. Wenn die notwendigen Sanierungsmaßnahmen nicht ausgeführt werden, ist mit einem schnelleren Alterungsprozess zu rechnen. Die Bestimmung von Weibull-Parametern hat neben einer theoretischen v. a. eine praktische, betriebliche Nützlichkeit.

Aus den durchgeführten Modellierungen kann der wichtige Schluss gezogen werden, dass die flach verlegten Grundstücksanschlüsse einen besseren technischen Zustand als die tief verlegten aufweisen. Dieser Befund ist mit den betrieblichen Erfahrungen nicht im Einklang. Da diese Untersuchungen auf einer umfangreichen Stichprobe basieren, dürfen sie als repräsentativ gelten. Eine plausible Erklärung des Phänomens könnte in der schlechteren Ausführungsqualität der tief verlegten Grundstücksanschlüssen liegen. Die Gegenüberstellung der kritischen Kurven für Betonkanäle, öffentliche Steinzeugkanäle und Grundstücksanschlüsse mit einer vergleichbaren Gründungstiefe kann zu einer neuen Auslegung dieses Problems führen.

Die von der Gründungstiefe abhängigen Unterschiede des technischen Zustands von Grundstücksanschlüssen wurden anhand der 20-jährigen Leitungen aufgezeigt (Abb. 7.7). Die flach verlegten Leitungen bedürfen jeweils eines Sanierungsumfangs von 28 %, bei den tief verlegten Leitungen müssen sogar 48 % saniert werden.

7.4 Diskussion der Testergebnisse unter Berücksichtigung der Untergrundverhältnisse

Die Ergebnisse der stochastischen Untersuchung sind sehr wertvoll, weil sie eindeutig zeigen, dass die nicht im Grundwasser arbeitenden Leitungen einen besseren baulich-betrieblichen Zustand aufweisen als die analogen Leitungen im Grundwasser. Die kritischen Übergangsfunktionen haben eine kleine Steigung und sind in Richtung einer längeren Lebensdauer verschoben (Abb. 7.4 und 7.6). Eine wichtige Feststellung betrifft die 25-jährigen Steinzeugkanäle und Grundstücksanschlüsse, die oberhalb und unterhalb des Grundwassers arbeiten. Bei den Steinzeugkanälen ist die Differenz des Sanierungsumfangs zweimal größer als bei den Grundstücksanschlüssen.

Das Hauptkriterium jeder Kanalzustandsanalyse ist der Untergrund. Die präsentierten Untersuchungsergebnisse sind repräsentativ, weil die Untergrundverhältnisse in Form der Münchner Schotterebene im gesamten Einzugsgebiet des Hachinger Bachs sehr homogen sind. Die höheren oder niedrigeren Grundwasserstände können eine negative oder positive Auswirkung auf den technischen Kanalzustand haben. Die Wirksamkeit des Grundwassers auf den baulich-betrieblichen Zustand des Netzes wurde anhand der Modellierung von öffentlichen Steinzeugkanälen und Grundstücksanschlüssen dokumentiert. Die Ergebnisse der statistisch-stochastischen Modellierungen lassen eine klare Regel erkennen: Die im Grundwasser arbeitenden Leitungen besitzen einen schlechteren technischen Zustand als die Leitungen ohne Grundwasser. Die Leitungen im Grundwasser altern schneller, erfordern einen größeren Sanierungsumfang und besitzen eine kürzere Lebensdauer. Diese Erkenntnisse zeigen, dass das Grundwasser am besten die baulichen Schwächen der Abwasserleitungen offenbart. Auch die undichten Stellen spielen bei der Kanalzustandsanalyse eine entscheidende Rolle. Solche Schäden, die den Kanalzustand im negativen Sinn beeinflussen, werden den schlechtesten Schadensklassen zugeordnet. Die unsanierten Undichtigkeiten können in der Leitungszone zur Entstehung von Hohlräumen führen, die abermals gefährliche Rohrbrüche und bei ungünstigen Umständen eine bauliche Katastrophe verursachen können.

Eine destruktive Auswirkung des Grundwassers auf den technischen Kanalzustand stellten Abraham und Wirahadikusumah am Beispiel der Kanalisation der amerikanischen Stadt Indianapolis fest [14]. Ihre Modellierungen basieren auch auf der Korrelation von technischem Zustand und Alter. Die empirischen Daten bearbeiteten die Autoren anhand des Markov-Modells. Dabei wurden folgende Bedingungen mitberücksichtigt:

- Rohrwerkstoff (biegesteife und biegeweiche Rohre);
- Lage des Rohrscheitels zum Grundwasser;
- Untergrundverhältnisse (Untergrund mit und ohne Kohäsion);
- Gründungstiefe
  - flach, $G < 0{,}90\,\mathrm{m}$;
  - normal, $0{,}90 \leq G \leq 6{,}00\,\mathrm{m}$;
  - tief, $G > 6{,}00\,\mathrm{m}$.

Die negative Auswirkung des Grundwassers auf das Kanalnetz bei normaler Gründungstiefe und einem Untergrund ohne Kohäsion wurde anhand der technischen Lebensdauer nachgewiesen. Die Autoren stellten aufgrund der stochastischen Modellierungen mithilfe des Markov-Modells fest, dass die Leitungen im Grundwasser eine Lebensdauer von 80 und ohne Grundwasser von 100 Jahren erlangen können. Die Ergebnisse der amerikanischen Untersuchungen stimmen mit den Ergebnissen der Modellierungen des Kanalnetzes Hachinger Tal überein.

Die Untersuchungen der Betonkanäle im Grundwasser wurden aufgrund der lückenhaften Baudokumentation nicht durchgeführt. Sie hätten eine relevante wissenschaftliche und applikative Bedeutung, weil sich die Hachinger Betonkanäle durch eine spezielle Konstruktion auszeichnen. Die Betonkanäle sind starre, kilometerlange Bauwerke, die keine Dehnungsfugen besitzen. Sogar die Einstiegschächte sind mit den Leitungen monolithisch verbunden. Es wäre empfehlenswert, die Jahrgänge der Betonkanäle im Grundwasser chronologisch zu rekonstruieren und die Korrelation zwischen technischem Zustand und Alter zu untersuchen.

7.5 Diskussion der Testergebnisse unter Berücksichtigung der Gründungstiefe

Die stochastischen Modellierungen des kritischen Zustands in Abhängigkeit von der Gründungstiefe umfassten die Hauptsammler aus Beton (DN 600/1100 mm, DN 800/1200 mm und DN 900/1350 mm), die öffentlichen Steinzeugkanäle (DN 200–400 mm) sowie die Grundstücksanschlüsse aus Steinzeug (DN 150 mm). Bei den Hauptsammlern wurden zwei Gründungstiefen ($G<3$ m, $G\geq 3$ m) und bei den Steinzeugkanälen sowie Grundstücksanschlüssen drei Gründungstiefen ($G<2$ m, $2\leq G<4$ m und $G\geq 4$ m) in die Modellierung des kritischen Zustands einbezogen.

Der technische Zustand der Betonkanäle entspricht nicht den bekannten betrieblichen Erfahrungen, weil ihre tiefere Gründung einen schlechteren Kanalzustand verursacht (Abb. 7.3). Diese ausdrückliche Eigenschaft der Hachinger Betonkanäle ist auf die Bauweise und Konstruktion dieser Leitungen zurückzuführen.

Zu den weiteren interessanten Forschungsergebnissen gehören die Befunde, dass der technische Zustand der öffentlichen Steinzeugkanäle nach 25-jährigem Betrieb zunächst von der Gründungstiefe abhängt. Folglich weisen die am tiefsten verlegten Objekte den besten technischen Zustand auf (Abb. 7.5).

Ähnliche Modellierungsergebnisse ergaben sich für die Grundstücksanschlüsse, sodass die flach verlegten Leitungen den besten und die tief verlegten den schlechtesten technischen Zustand präsentieren. Diese Anomalien sind der Abb. 7.7 zu entnehmen. Die Übergangskurven der flach und mitteltief verlegten Leitungen verlaufen nicht weit voneinander entfernt, aber eindeutig oberhalb der Kurve der tief verlegten Objekte. Die untersuchte Abhängigkeit des kritischen Zustands von der Gründungstiefe ist genau das Gegenteil der betrieblichen Standards. Es gibt keine konkreten Hinweise, die dieses Phänomen erklären können, dennoch es gibt zahlreiche Hypothesen zur Lösung dieses Problems. Eine davon ist die spezielle Konstruktion vieler Hachinger Grundstücksanschlüsse. Zur Überwindung des Höhenunterschieds zwischen dem Revisionsschacht auf dem Grundstück und dem öffentlichen Kanal wurde ein Absturz ausgeführt. Der senkrechte Teil dieser Leitung hat eine direkte Verbindung mit dem Scheitel oder über ein Formstück mit dem Kämpfer des Hauptkanals (Abb. 7.8). Die sog. Pfeifen gehören nicht zu den fachgemäßen Kanalbauweisen und sind sehr schadensanfällig. Der Absturz (eine Fallleitung) ist standardmäßig im Revisionsschacht auszuführen, der in eine horizontale Gefälleleitung übergeht und in den Straßenkanal einmündet. Alle Grundstücksanschlüsse mit Abstürzen am Straßenkanal wurden den tief verlegten Objekten zugeordnet, die einen schlechten technischen Zustand aufwiesen.

Eine andere Erklärung für den schlechten technischen Zustand der tief verlegten Grundstücksanschlüsse könnte eine nicht fachgerechte Ausführung der Tiefbauarbeiten und ein geringer Stichprobenumfang sein. Andererseits können die Untersuchungsergebnisse als ein spezielles Merkmal des Hachinger Kanalnetzes verstanden werden.

Die erwähnten Untersuchungen des Kanalnetzes der amerikanischen Stadt Indianapolis beschäftigten sich auch mit dem Einfluss der Gründungstiefe auf den technischen Zustand der Leitungen [14]. Eine Untersuchungsserie wurde für biegeweiche Leitungen, die nicht im Grundwasser arbeiten, mit einer normalen ($0{,}90 \leq G < 6{,}00\,\mathrm{m}$) und einer großen ($G \geq 6{,}00\,\mathrm{m}$) Gründungstiefe durchgeführt. Sie zeigte, dass Leitungen mit einer normalen Gründungstiefe eine Lebensdauer von 100 Jahren und mit einer großen nur von 90 Jahren (Abb. 7.9) aufwiesen. Da die Lebensdauer ein Maß des baulich-betrieblichen Kanalzustands darstellt, ist anzunehmen, dass die tief verlegten Leitungen in Indianapolis einen schlechteren Zustand als die flach verlegten präsentieren. Diese Forschungsergebnisse sind eine Antithese der betrieblichen Erfahrungen, aber sie richten sich nach den Ergebnissen für die Hachinger öffentlichen Kanäle und Grundstücksanschlüsse.

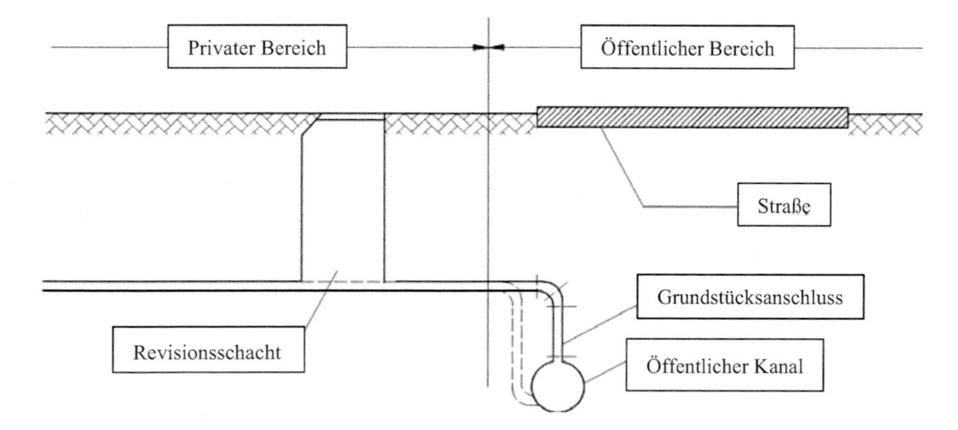

Abb. 7.8 Verbindung des Grundstücksanschlusses mit dem öffentlichen Kanal. (Quelle: Raganowicz)

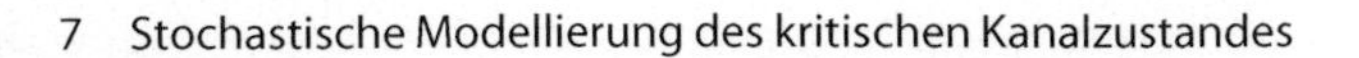

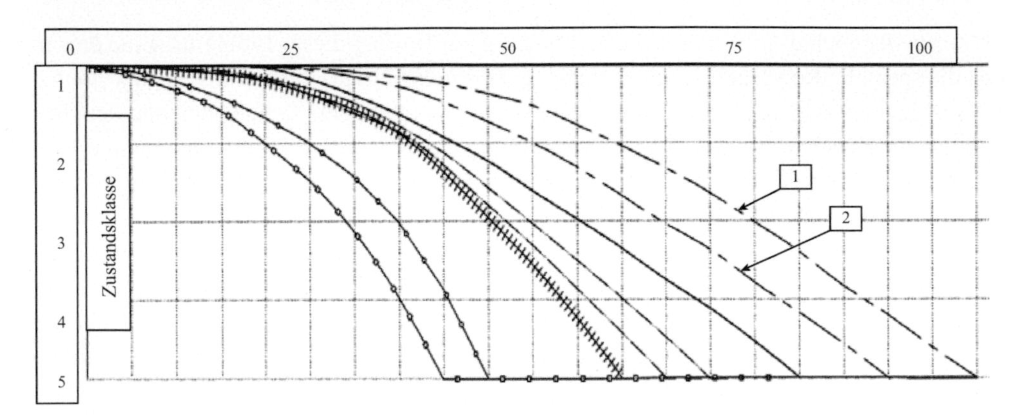

Abb. 7.9 Der Verlauf von Übergangsfunktionen nach dem Markov-Modell für biegeweiche, im Untergrund ohne Kohäsion und Grundwasser arbeitende Leitungen. *1* Gründungstiefe von $0{,}90 \leq G < 6{,}00\,\text{m}$; *2* Gründungstiefe von $G \geq 6{,}00\,\text{m}$ [14]

A Anhang

Tab. 7.18 Algorithmus der Ermittlung von Weibull-Parametern nach der Monte-Carlo-Methode (10.000 Simulationen) für Betonkanäle mit einer Gründungstiefe $G < 3$ m

MMC	U	$a = 1/1 - U$	$(\ln a)^{1/b}$	t_i	i	$i \cdot t_i$	$(n+1)^2$	$t_i - t_{i-1}$	$\ln V_1$	$\ln V_2$	***b***	***T***
500	0,01	1,01	0,31	9,77	1	9,77	1E+08	9,7694	3,35	3,17	**3,9761**	**31,3106**
506	0,01	1,0[illegible]	0,31	9,79	2	19,58		0,0191				
512	0,01	1,01	0,31	9,81	3	29,42		0,0190				
518	0,01	1,01	0,31	9,83	4	39,31		0,0189				
524	0,01	1,01	0,31	9,85	5	49,23		0,0188				
530	0,01	1,01	0,31	9,86	6	59,18		0,0187				
536	0,01	1,01	0,31	9,88	7	69,18		0,0187				
542	0,01	1,01	0,31	9,90	8	79,21		0,0186				
548	0,01	1,01	0,31	9,92	9	89,28		0,0185				
554	0,01	1,01	0,31	9,94	10	99,38		0,0184				
560	0,01	1,01	0,31	9,96	11	109,5		0,0183				
566	0,01	1,01	0,32	9,97	12	119,7		0,0182				
572	0,01	1,01	0,32	9,99	13	129,9		0,0181				
578	0,01	1,01	0,32	10,00	14	140,2		0,0180				
.												
.												
60.428	0,98	44,00	1,44	45,50	9989	5E+05		0,0139				
.												
.												
60.458	0,98	44,90	1,44	45,6	9994	5E+05		0,0142				
60.464	0,98	45,10	1,44	45,60	9995	5E+05		0,0142				
60.470	0,98	45,30	1,44	45,60	9996	5E+05		0,0143				
60.476	0,98	45,50	1,44	45,60	9997	5E+05		0,0143				
60.482	0,98	45,70	1,44	45,60	9998	5E+05		0,0144				
60.488	0,98	45,90	1,44	45,70	9999	5E+05		0,0144				
60.494	0,98	46,1	1,44	45,7	**10.000**	5E+05		0,0145				
$\sum$						2E+09		45,674				

Tab. 7.19 Algorithmus der Ermittlung von Weibull-Parametern nach der Monte-Carlo-Methode (10.000 Simulationen) für Betonkanäle mit einer Gründungstiefe $G \geq 3$ m

MMC	U	$a = 1/1 - U$	$(\ln a)^{1/b}$	t_i	i	$i \cdot t_i$	$(n+1)^2$	$t_i - t_{i-1}$	$\ln V_1$	$\ln V_2$	b	T
500	0,01	1,01	0,21	5,10	1	5,10	1E+08	5,100	3,1	2,8	**2,9637**	**24,2385**
506	0,01	1,01	0,21	5,12	2	10,2		0,010				
512	0,01	1,01	0,21	5,13	3	15,4		0,010				
518	0,01	1,01	0,21	5,14	4	20,6		0,010				
524	0,01	1,01	0,21	5,15	5	25,8		0,010				
530	0,01	1,01	0,21	5,17	6	31,00		0,010				
536	0,01	1,01	0,21	5,18	7	36,3		0,010				
542	0,01	1,01	0,21	5,19	8	41,61		0,010				
548	0,01	1,01	0,21	5,21	9	46,9		0,010				
554	0,01	1,01	0,21	5,22	10	52,2		0,018				
.												
.												
60.362	0,98	42,00	1,62	39,8	9978	4E+05		0,020				
.												
.												
60.434	0,98	44,20	1,62	40,00	9990	4E+05		0,020				
60.440	0,98	44,4	1,63	40,00	9991	4E+05		0,020				
60.446	0,98	44,5	1,63	40,10	9992	4E+05		0,020				
60.452	0,98	44,7	1,63	40,10	9993	4E+05		0,020				
60.458	0,98	44,90	1,63	40,10	9994	4E+05		0,020				
60.464	0,98	45,10	1,63	40,10	9995	4E+05		0,020				
60.470	0,98	45,30	1,63	40,10	9996	4E+05		0,020				
60.476	0,98	45,50	1,63	40,10	9997	4E+05		0,020				
60.482	0,98	45,70	1,63	40,20	9998	4E+05		0,020				
60.488	0,98	45,90	1,63	40,20	9999	4E+05		0,020				
60.494	0,98	46,10	1,63	40,20	**10.000**	4E+05		0,020				
$\sum$						1E+09		40,20				

Tab. 7.20 Algorithmus der Ermittlung von Weibull-Parametern nach der Monte-Carlo-Methode (10.000 Simulationen) für oberhalb des Grundwassers funktionierende öffentliche Steinzeugkanäle

MMC	U	$a = 1/1 - U$	$(\ln a)^{1/b}$	t_i	i	$i \cdot t_i$	$(n+1)^2$	$t_i - t_{i-1}$	$\ln V_1$	$\ln V_2$	b	T
500	0,001	1,01	0,270	7,630	1	7,63	1E+08	7,63	3,24	3,04	**3,5345**	**28,2350**
506	0,010	1,01	0,270	7,64	2	15,29		0,02				
512	0,010	1,01	0,270	7,66	3	22,98		0,02				
518	0,010	1,01	0,270	7,68	4	30,70		0,02				
524	0,010	1,01	0,270	7,69	5	38,46		0,02				
530	0,010	1,01	0,270	7,71	6	46,25		0,02				
536	0,010	1,01	0,270	7,73	7	54,08		0,02				
542	0,010	1,01	0,270	7,74	8	61,93		0,02				
.												
.												
60.344	0,976	41,50	1,498	42,80	9975	4E+05		0,014				
.												
.												
60.422	0,977	43,80	1,505	42,99	9988	4E+05		0,015				
60.428	0,977	44,00	1,505	43,00	9989	4E+05		0,015				
60.434	0,977	44,20	1,506	43,02	9990	4E+05		0,015				
60.440	0,977	44,4	1,507	43,03	9991	4E+05		0,015				
60.446	0,978	44,50	1,507	43,04	9992	4E+05		0,015				
60.452	0,978	44,70	1,508	43,06	9993	4E+05		0,015				
60.458	0,978	44,90	1,508	43,08	9994	4E+05		0,015				
60.464	0,978	45,10	1,509	43,09	9995	4E+05		0,015				
60.470	0,978	45,30	1,509	43,11	9996	4E+05		0,015				
60.476	0,978	45,50	1,510	43,12	9997	4E+05		0,015				
60.482	0,978	45,70	1,510	43,14	9998	4E+05		0,015				
60.488	0,978	45,90	1,511	43,15	9999	4E+05		0,015				
60.494	0,978	46,10	1,511	43,17	**10.000**	4E+05		0,015				
$\sum$						1E+09		43,170				

Tab. 7.21 Algorithmus der Ermittlung von Weibull-Parametern nach der Monte-Carlo-Methode (10.000 Simulationen) für unterhalb des Grundwassers funktionierende öffentliche Steinzeugkanäle

MMC	U	$a = 1/1 - U$	$(\ln a)^{1/b}$	t_i	i	$i \cdot t_i$	$(n+1)^2$	$t_i - t_{i-1}$	$\ln V_1$	$\ln V_2$	b	T
500	0,027	1,028	0,310	6,552	1	6,552	1E+08	6,55	2,95	2,75	**3,3802**	**21,3217**
503	0,027	1,028	0,310	6,56	2	15,29		0,010				
506	0,027	1,028	0,310	6,57	3	19,70		0,010				
509	0,027	1,028	0,310	6,58	4	26,30		0,010				
512	0,027	1,028	0,310	6,58	5	31,91		0,010				
515	0,028	1,028	0,31	6,59	6	39,54		0,010				
518	0,028	1,028	0,31	6,60	7	46,19		0,010				
521	0,028	1,029	0,31	6,60	8	52,84		0,010				
524	0,028	1,029	0,31	6,60	9	59,52		0,010				
527	0,028	1,029	0,31	6,60	10	66,21		0,010				
.												
.												
30.452	0,99	104,30	1,62	34,92	9985	3E+05		0,020				
.												
.												
30.470	0,99	111,00	1,66	35,07	9991	4E+05		0,030				
30.473	0,99	112,204	1,66	35,10	9992	4E+05		0,030				
30.476	0,99	113,40	1,66	35,12	9993	4E+05		0,030				
30.479	0,99	114,70	1,668	35,15	9994	4E+05		0,030				
30.482	0,99	116,00	1,66	35,18	9995	4E+05		0,030				
30.485	0,99	117,30	1,664	35,20	9996	4E+05		0,030				
30.488	0,99	118,60	1,669	35,23	9997	4E+05		0,030				
30.491	0,99	120,00	1,67	35,26	9998	4E+05		0,030				
30.494	0,99	121,40	1,67	35,29	9999	4E+05		0,030				
30.497	0,99	122,90	1,67	35,31	**10.000**	4E+05		0,030				
$\sum$						1E+09		35,30				

Tab. 7.22 Algorithmus der Ermittlung von Weibull-Parametern nach der Monte-Carlo-Methode (2500 Simulationen) für öffentliche Steinzeugkanäle mit einer Gründungstiefe $G < 2$ m

MMC	U	$a = 1/1 - U$	$(\ln a)^{1/b}$	t_i	i	$i \cdot t_i$	$(n+1)^2$	$t_i - t_{i-1}$	$\ln V_1$	$\ln V_2$	b	T
1500	0,030	1,031	0,494	14,69	1	14,69	6E+06	14,69	3,29	3,17	**4,8545**	**29,1313**
1522	0,030	1,031	0,495	14,73	2	29,46		0,036				
1544	0,030	1,031	0,496	14,77	3	44,30		0,035				
1566	0,031	1,032	0,497	14,80	4	59,20		0,035				
1588	0,031	1,032	0,498	14,84	5	74,18		0,035				
1610	0,031	1,032	0,500	14,87	6	89,22		0,034				
1632	0,032	1,033	0,501	14,90	7	104,30		0,034				
1654	0,032	1,033	0,502	14,94	8	119,50		0,034				
1676	0,032	1,034	0,503	14,97	9	134,70		0,034				
1698	0,033	1,034	0,504	15,00	10	150,00		0,033				
.												
.												
1874	0,036	1,037	0,513	15,26	18	274,70		0,031				
.												
.												
56.280	0,911	11,18	1,194	35,54	2491	88.536		0,012				
56.302	0,911	11,22	1,195	35,55	2492	88.601		0,012				
56.324	0,911	11,27	1,195	35,57	2493	88.666		0,012				
56.346	0,912	11,31	1,195	35,58	2494	88.731		0,012				
56.368	0,912	11,36	1,196	35,59	2495	88.796		0,012				
56.390	0,912	11,41	1,196	35,60	2496	88.861		0,012				
56.412	0,913	11,45	1,197	35,61	2497	88.926		0,012				
56.434	0,913	11,50	1,197	35,63	2498	88.992		0,012				
56.456	0,913	11,55	1,197	35,64	2499	89.057		0,012				
56.478	0,914	11,59	1,198	35,65	**2500**	89.123		0,012				
$\sum$						9E+07		35,65				

Tab. 7.23 Algorithmus der Ermittlung von Weibull-Parametern nach der Monte-Carlo-Methode (2500 Simulationen) für öffentliche Steinzeugkanäle mit einer Gründungstiefe $2 \leq G < 4$ m

MMC	U	$a = 1/1 - U$	$(\ln a)^{1/b}$	t_i	i	$i \cdot t_i$	$(n+1)^2$	$t_i - t_{i-1}$	$\ln V_I$	$\ln V_2$	b	T
1500	0,03	1,031	0,40	11,93	1	11,93	6E+06	11,93	3,26	3,11	**4,2063**	**29,3049**
1522	0,03	1,031	0,40	11,97	2	23,94		0,04				
1544	0,03	1,031	0,41	12,01	3	36,02		0,04				
1566	0,03	1,032	0,41	12,04	4	48,18		0,04				
1588	0,03	1,032	0,41	12,08	5	60,41		0,04				
1610	0,030	1,032	0,41	12,12	6	72,70		0,04				
1632	0,030	1,033	0,41	12,15	7	85,07		0,04				
1654	0,03	1,033	0,41	12,19	8	97,51		0,04				
1676	0,03	1,033	0,41	12,19	9	97,51		0,04				
1698	0,03	1,034	0,41	12,22	10	150,00		0,04				
.												
.												
56.060	0,91	10,75	1,25	37,00	2481	91.807		0,02				
.												
.												
56.280	0,91	11,18	1,26	37,16	2491	92.564		0,02				
56.302	0,91	11,22	1,26	37,18	2492	92.641		0,02				
56.324	0,91	11,27	1,26	37,19	2493	92.717		0,02				
56.346	0,91	11,31	1,26	37,21	2494	92.794		0,02				
56.368	0,91	11,36	1,26	37,22	2495	92.871		0,02				
56.390	0,91	11,41	1,26	37,24	2496	92.948		0,02				
56.412	0,91	11,45	1,26	37,25	2497	93.025		0,02				
56.434	0,91	11,50	1,26	37,27	2498	93.103		0,02				
56.456	0,91	11,55	1,26	37,29	2499	93.180		0,02				
56.478	0,91	11,59	1,26	37,30	**2500**	93.258		0,02				
$\sum$						9E+07		37,30				

Tab. 7.24 Algorithmus der Ermittlung von Weibull-Parametern nach der Monte-Carlo-Methode (10.000 Simulationen) für öffentliche Steinzeugkanäle mit einer Gründungstiefe $G \geq 4$ m

MMC	U	$a = 1/1 - U$	$(\ln a)^{1/b}$	t_i	i	$i \cdot t_i$	$(n+1)^2$	$t_i - t_{i-1}$	$\ln V_1$	$\ln V_2$	b	T
500	0,010	1,014	0,09	3,50	1	3,5	1E+08	3,50	3,50	3,10	**1,9771**	**35,8064**
506	0,010	1,014	0,10	3,5	2	7,0		0,01				
512	0,010	1,014	0,10	3,5	3	10,5		0,01				
518	0,010	1,041	0,10	3,5	4	14,0		0,01				
524	0,010	1,014	0,10	3,5	5	17,5		0,01				
530	0,010	1,014	0,10	3,5	6	21,0		0,01				
536	0,010	1,014	0,10	3,5	7	24,5		0,01				
542	0,010	1,014	0,10	3,6	8	28,8		0,01				
.												
.												
608	0,02	1,016	0,10	3,7	19	70,3		0,01				
.												
.												
60.434	0,98	44,17	2,08	76	9990	759.238		0,05				
604.340	0,98	44,35	2,08	76	9991	759.784		0,05				
60.446	0,98	44,50	2,08	76	9992	760.331		0,05				
60.452	0,98	44,74	2,08	76	9993	760.881		0,05				
60.458	0,98	44,93	2,08	76	9994	761.432		0,05				
60.464	0,98	45,13	2,08	76	9995	761.985		0,05				
60.470	0,98	45,33	2,08	76	9996	762.540		0,05				
60.476	0,98	45,52	2,09	76	9997	763.097		0,05				
60.482	0,98	45,73	2,09	76	9998	763.656		0,05				
60.488	0,98	45,93	2,09	76	9999	764.217		0,05				
60.482	0,98	46,13	2,09	76	**10.000**	764.780		0,05				
$\sum$						2E+09		76,50				

Tab. 7.25 Algorithmus der Ermittlung von Weibull-Parametern nach der Monte-Carlo-Methode (10.000 Simulationen) für unterhalb des Grundwassers funktionierende Grundstücksanschlüsse

MMC	U	$a = 1/1 - U$	$(\ln a)^{1/b}$	t_i	i	$i \cdot t_i$	$(n+1)^2$	$t_i - t_{i-1}$	$\ln V_1$	$\ln V_2$	b	T
500	0,01	1,014	0,31	8,39	1	8,39	1E+08	8,39	3,20	3,01	**4,0191**	**26,5884**
506	0,01	1,014	0,31	8,42	2	16,86		0,02				
512	0,01	1,014	0,31	8,43	3	25,30		0,02				
518	0,01	1,014	0,31	8,45	4	33,80		0,02				
524	0,01	1,014	0,32	8,46	5	42,30		0,02				
530	0,01	1,014	0,32	8,48	6	50,88		0,02				
536	0,01	1,014	0,32	8,50	7	59,50		0,02				
542	0,01	1,014	0,32	8,51	8	68,08		0,02				
548	0,01	1,015	0,32	8,53	9	76,77		0,02				
554	0,01	1,015	0,32	8,54	10	85,40		0,02				
.												
.												
620	002	1,016	0,32	8,71	21	183		0,01				
.												
.												
60.434	0,98	44,20	1,44	38,51	9990	4E+05		0,01				
60.440	0,98	44,40	1,44	38,52	9991	4E+05		0,01				
60.446	0,98	44,55	1,44	38,52	9992	4E+05		0,01				
60.452	0,98	44,74	1,44	38,55	9993	4E+05		0,01				
60.458	0,98	44,93	1,44	38,56	9994	4E+05		0,01				
60.464	0,98	45,10	1,44	38,57	9995	4E+05		0,01				
60.470	0,98	45,30	1,44	38,58	9996	4E+05		0,01				
60.476	0,98	45,50	1,44	38,59	9997	4E+05		0,01				
60.482	0,98	45,70	1,44	38,61	9998	4E+05		0,01				
60.488	0,98	45,90	1,44	38,62	9999	4E+05		0,00				
60.494	0,98	46,10	1,44	38,63	**10.000**	4E+05		0,01				
$\sum$						1E+09		38,60				

Tab. 7.26 Algorithmus der Ermittlung von Weibull-Parametern nach der Monte-Carlo-Methode (10.000 Simulationen) für Grundstücksanschlüsse mit einer Gründungstiefe $G < 2$ m

MMC	U	$a = 1/1 - U$	$(\ln a)^{1/b}$	t_i	i	$i \cdot t_i$	$(n+1)^2$	$t_i - t_{i-1}$	$\ln V_1$	$\ln V_2$	b	T
500	0,01	1,014	0,31	7,21	1	7,21	1E+08	7,21	3,03	2,86	**4,0004**	**22,9377**
506	0,01	1,014	0,31	7,22	2	14,44		0,010				
512	0,01	1,014	0,31	7,24	3	21,72		0,010				
518	0,01	1,014	0,31	7,25	4	29,00		0,010				
524	0,01	1,014	0,31	7,26	5	36,30		0,010				
530	0,01	1,014	0,31	7,27	6	43,62		0,010				
536	0,01	1,014	0,31	7,29	7	51,03		0,010				
542	0,01	1,014	0,32	7,30	8	58,40		0,010				
548	0,01	1,015	0,32	7,32	9	65,90		0,010				
554	0,01	1,015	0,32	7,33	10	73,30		0,010				
.												
.												
620	002	1,016	0,32	7,48	21	157		0,010				
.												
.												
60.434	0,98	44,20	1,44	33,28	9990	3E+05		0,010				
60.440	0,98	44,40	1,44	33,28	9991	3E+05		0,010				
60.446	0,98	44,50	1,44	33,30	9992	3E+05		0,010				
60.452	0,98	44,74	1,44	33,31	9993	3E+05		0,010				
60.458	0,98	44,90	1,44	33,32	9994	3E+05		0,010				
60.464	0,98	45,10	1,44	33,33	9995	3E+05		0,010				
60.470	0,98	45,30	1,44	33,34	9996	3E+05		0,010				
60.476	0,98	45,50	1,44	33,35	9997	3E+05		0,010				
60.482	0,98	45,70	1,443	33,36	9998	3E+05		0,010				
60.488	0,98	45,90	1,44	33,37	9999	3E+05		0,010				
60.494	0,98	46,10	1,44	33,38	**10.000**	3E+05		0,010				
$\sum$						1E+09		33,40				

Tab. 7.27 Algorithmus der Ermittlung von Weibull-Parametern nach der Monte-Carlo-Methode (1000 Simulationen) für Grundstücksanschlüsse mit einer Gründungstiefe $2 \leq G < 4$ m

MMC	U	$a = 1/1 - U$	$(\ln a)^{1/b}$	t_i	i	$i \cdot t_i$	$(n+1)^2$	$t_i - t_{i-1}$	$\ln V_1$	$\ln V_2$	b	T
3000	0,05	1,057	0,44	11,6	1	11,6	1E+08	11,6	3,18	3,00	**4,2199**	**26,5324**
3058	0,05	1,058	0,44	11,6	2	23,2		0,06				
3116	0,06	1,059	0,45	11,7	3	35,1		0,06				
3174	0,06	1,060	0,45	11,8	4	47,2		0,06				
3232	0,06	1,061	0,45	11,8	5	59,0		0,06				
3290	0,06	1,062	0,45	11,9	6	71,4		0,06				
3348	0,06	1,063	0,46	11,9	7	83,4		0,05				
3406	0,06	1,064	0,46	12,0	8	96,0		0,05				
3464	0,06	1,065	0,46	12,0	9	108,0		0,05				
3522	0,06	1,066	0,46	12,1	10	121,0		0,05				
.												
.												
3928	007	1,074	0,48	12,4	17	210,8		0,05				
.												
.												
60.362	0,98	42,02	1,45	37,9	999	37.554		0,11				
60.420	0,98	43,73	1,45	38,0	991	37.704		0,11				
60.478	0,98	45,59	1,46	38,2	992	37.869		0,12				
60.536	0,98	47,62	1,46	38,3	993	38.018		0,12				
60.594	0,98	49,83	1,47	38,4	994	38.182		0,13				
60.652	0,98	52,26	1,47	38,5	995	38.350		0,13				
60.710	0,98	54,94	1,48	38,7	996	38.525		0,14				
60.768	0,98	57,9	1,48	38,8	997	38.705		0,14				
60.826	0,98	61,2	1,49	39,0	998	38.893		0,15				
60.884	0,98	64,9	1,50	39,1	999	39.087		0,16				
60.942	0,99	69,1	1,50	39,3	**1000**	39.291		0,16				
$\sum$						1E+07		39,3				

Tab. 7.28 Algorithmus der Ermittlung von Weibull-Parametern nach der Monte-Carlo-Methode (10.000 Simulationen) für Grundstücksanschlüsse mit einer Gründungstiefe $G \geq 4$ m

MMC	U	$a = 1/1 - U$	$(\ln a)^{1/b}$	t_i	i	$i \cdot t_i$	$(n+1)^2$	$t_i - t_{i-1}$	$\ln V_1$	$\ln V_2$	b	T
500	0,01	1,014	0,18	4,14	1	4,14	1E+08	4,14	3,01	2,75	**2,7069**	**22,8099**
506	0,01	1,014	0,18	4,15	2	8,30		0,01				
512	0,01	1,014	0,18	4,16	3	12,48		0,01				
518	0,01	1,014	0,18	4,17	4	16,68		0,01				
524	0,01	1,014	0,18	4,19	5	20,95		0,01				
530	0,01	1,014	0,18	4,19	6	25,14		0,01				
536	0,01	1,014	0,18	4,21	7	29,47		0,01				
542	0,01	1,014	0,18	4,22	8	33,78		0,01				
548	0,01	1,015	0,18	4,23	9	38,07		0,01				
554	0,01	1,015	0,18	4,25	10	42,50		0,01				
.												
.												
602	002	1,015	0,19	4,34	21	91,14		0,01				
.												
.												
60.434	0,98	44,20	1,71	39,51	9990	394.680		0,01				
60.440	0,98	44,40	1,71	39,53	9991	394.898		0,01				
60.446	0,98	44,50	1,71	39,54	9992	395.116		0,01				
60.452	0,98	44,74	1,71	39,56	9993	395.335		0,01				
60.458	0,98	44,90	1,71	39,58	9994	395.555		0,02				
60.464	0,98	45,10	1,71	39,60	9995	395.776		0,02				
60.470	0,98	45,30	1,71	39,62	9996	395.997		0,02				
60.476	0,98	45,50	1,71	39,63	9997	396.219		0,02				
60.482	0,98	45,70	1,71	39,65	9998	396.442		0,02				
60.488	0,98	45,90	1,71	39,67	9999	396.665		0,02				
60.494	0,98	46,10	1,71	39,69	**10.000**	396.889		0,02				
$\sum$						1E+09		39,70				

Literatur

1. Cottin C., Döhler S.: Risikoanalyse – Modellierung, Beurteilung und Management von Risiken mit Praxisbeispielen, 2. Auflage, Springer Fachmedien Wiesbaden 2009, 2013.
2. Hengartner W., Theodorescu R.: Einführung in Monte-Carlo-Methode, Carl Hanser Verlag, München-Wien 1978.
3. Müller-Gronbach T., Novak E., Ritter K.: Monte Carlo – Algorithmen, Springer-Verlag, Berlin Heidelberg 2012.
4. Leisch F.: Computerintensive Methoden, LMU München, WS 2010/2011, 8 Zufallszahlen.
5. ATV-A 127, Richtlinie für die statische Berechnung von Entwässerungskanälen und -leitungen, 2. Auflage 1988.
6. Falter B.: Experimentale Standsicherheitsuntersuchung an einem gemauerten Abwasserkanal mit Eiquerschnitt, Korrespondenz Abwasser (46) Nr. 2, 1999.
7. Raganowicz A.: Injektionsverfahren erfüllt die Erwartungen, UmweltBau Nr. 2, 2007.
8. ATV-M 149, Zustandserfassung, -klassifizierung und –bewertung von Entwässerungssystemen außerhalb von Gebäuden, 1999.
9. Zweckverband zur Abwasserbeseitigung im Hachinger Tal, Dokumentation der zweiten kompletten optischen Inspektion des Abwasserkanalnetzes im Verbandsgebiet, 2009–2013.
10. DIN 1986-30, Entwässerungsanlagen für Gebäude und Grundstücke – Teil 30, Instandhaltung, 2012.
11. Pecher R.: Kostengünstige und wirtschaftliche Kanalnetzplanung – Einflussgrößen auf die Abwassergebühren, Abwassertechnik-Abfalltechnik+Recycling (awt) (48) Nr. 6, 1997.
12. Wolf M.: Untersuchungen zu Sanierungsstrategien von Abwasserkanalnetzen und deren Auswirkungen auf Wertentwicklung und Abwassergebühren; Korrespondenz Abwasser (54) Nr. 11, 2007.
13. Wolf M.: Untersuchungen zur Wertentwicklung von Abwassernetzen und deren Auswirkungen auf Sanierungsstrategie und Abwassergebühren, Doktorarbeit, Universität der Bundeswehr München, 2005.
14. Abraham D. M., Wirahadikusumah R.: Development of prediction models for sewer deterioration; Proceedings of the Eight International Conference on Durability of building materials and components, Ottawa 1999.

8 Analyse der Testergebnisse und Planungsvorschläge für Kanalsanierungsmaßnahmen

Die durchgeführten stochastischen Modellierungen des kritischen Kanalzustands umfassen die Betonkanäle aus Ortbeton (DN 600/110 mm, DN 800/1200 mm und DN 900/1350 mm), die öffentlichen Steinzeugkanäle (DN 200–400 mm) sowie die Grundstücksanschlüsse, die ebenfalls aus Steinzeug (DN 150 mm) bestehen. Sie sollten den Einfluss der Gründungstiefe und des Grundwassers auf den kritischen Zustand der drei Kanalarten aufzeigen. In der nächsten Phase lag der Fokus auf dem Rohrmaterial und der Bedeutung der Leitung im Netz.

In der Voruntersuchungsphase wurde der kritische Zustand der drei oberhalb des Grundwassers funktionierenden Kanalarten verglichen. Die Untersuchungsgrundlage besteht aus drei Stichproben, die in Tab. 8.1 präsentiert sind.

In Übereinstimmung mit dem zuvor angenommenen Untersuchungsverfahren wurden die kritischen Weibull-Parameter mithilfe von 1000, 2500, 5000 und 10.000 Simulation nach der Monte-Carlo-Methode ermittelt (Tab. 8.2).

Anhand der ermittelten Parameter wurden die kritischen Übergangsfunktionen (Übergang vom Reparatur- zum Sanierungszustand) konstruiert (Abb. 8.1). Die beiden Parameter für die Betonkanäle und die öffentlichen Steinzeugkanäle erreichten fast die gleichen Werte ($b = 3{,}4231–3{,}5345$, $T = 28{,}2350–28{,}7836$ Jahre). Die beiden Übergangskurven verlaufen sehr nah beieinander und präsentieren einen vergleichbaren technischen Zustand. Im Zusammenhang damit kann man die Hachinger Leitungen in zwei Gruppen aufteilen: Straßenkanäle (öffentliche Kanäle) und Grundstücksanschlüsse.

Die kritische Übergangsfunktion für Grundstücksanschlüsse zeichnet sich hingegen durch eine größere Steigung ($b = 3{,}8–3$) und eine kürzere charakteristische Lebensdauer ($T = 25{,}9–30$ Jahre) aus. Die unvorteilhaften Weibull-Parameter bewirken eine Verschiebung dieser Kurve nach links, wodurch sich der Sanierungsumfang vergrößert. Aus dieser Analyse lässt sich der generelle Schluss ziehen, dass die öffentlichen Kanäle einen besseren baulich-betrieblichen Zustand als die Grundstücksanschlüsse aufzeigen. Nach den betrieblichen Erfahrungen ist die Schadensdichte für Grundstücksanschlüsse doppelt so

A. Raganowicz, *Nutzen statistisch-stochastischer Modelle in der Kanalzustandsprognose*,
DOI 10.1007/978-3-658-16117-0_8

Tab. 8.1 Allgemeine Charakteristik der Stichproben von Betonkanälen, öffentlichen Steinzeugkanälen sowie Grundstücksanschlüssen, die oberhalb des Grundwassers funktionieren

Stichprobe Nr.	Anzahl der Haltungen der Klasse $ZK_{4\text{-}2}$	Länge (m)	Material	DN (mm)
1	84	5572	Beton	600/1100–900/1350
2	1122	36.784	Steinzeug	200–400
3	509	828	Steinzeug	150

Tab. 8.2 Kritische Weibull-Parameter nach der Monte-Carlo-Methode für die oberhalb des Grundwassers funktionierenden Betonkanäle, öffentlichen Steinzeugkanäle und Grundstücksanschlüsse

Kanaltyp	Parameter *b*	Parameter *T* (Jahre)
Betonkanäle	3,4231	28,8
Öffentliche Steinzeugkanäle	3,5345	28,2
Grundstücksanschlüsse	3,8042	25,9

hoch wie für öffentliche Kanäle. Für das Hachinger Kanalnetz ergibt sich ein Verhältnis von 2,07:1 (137,5 Schäden pro 1000 m zu 66,34 Schäden pro 1000 m).

Vergleichbare Untersuchungen, die 350 Grundstücksanschlüsse mit einer Gesamtlänge von 30.120 m umfassten, wurden in Bayern von Cvaci und Günthert durchgeführt [1–4]. Davon beziehen sich 21.320 m auf öffentliche und 8800 m auf private Liegenschaften. Auf Grundlage dieser Untersuchungen wurde die Schadenshäufigkeit von etwa 150 Schäden pro 1000 m bestimmt.

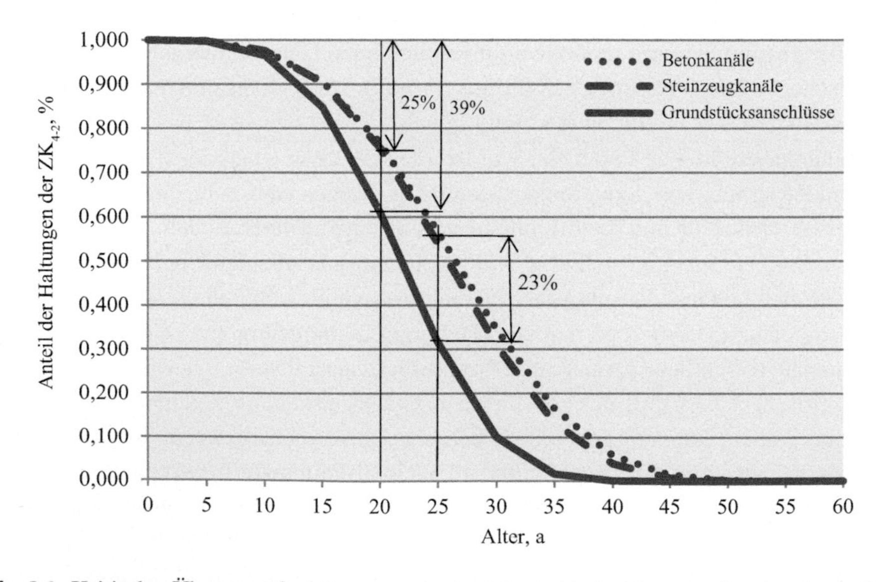

Abb. 8.1 Kritische Übergangsfunktionen nach der Monte-Carlo-Methode für die oberhalb des Grundwassers funktionierenden Betonkanäle, öffentlichen Steinzeugkanäle und Grundstücksanschlüsse. *ZK* Zustandsklasse. (Quelle: Raganowicz)

Thoma befasste sich ebenso mit dem technischen Zustand von Grundstücksanschlüssen [5–7]. Er untersuchte 88 private Objekte mit einer Gesamtlänge von 2813 m. Sie setzten sich aus 361 Haltungen zusammen. Die von Thoma bestimmte Schadenshäufigkeit betrug 249 Schäden pro 1000 m. Sie ist wesentlich höher als die von Cvaci und Günthert ermittelte Schadensrate. Dies ergibt sich aus der Tatsache, dass die Studien von Thoma ausschließlich die privaten Grundstücksanschlüsse behandeln.

Die Weibull-Parameter der kritischen Übergangsfunktion haben einen entscheidenden Einfluss auf die technische Lebensdauer der untersuchten Leitungen. Für die Hachinger Grundstücksanschlüsse beträgt sie 40–45 und für die Straßenkanäle 45–50 Jahre. Aus Abb. 8.1 ist es zu entnehmen, dass 50 % der 20-jährigen Grundstücksanschlüsse und 25 % der öffentlichen Kanäle eine Sanierungsmaßnahme benötigen. Der maximale Sanierungsumfangsunterschied erreicht für beide Kanalarten 27 % und ist charakteristisch für die 25-jährigen Leitungen. Dieses Alter stimmt mit der charakteristischen Lebensdauer überein. Die Ergebnisse dieser stochastischen Modellierungen decken sich mit den betrieblichen Erfahrungen, d. h. dass die öffentlichen Kanäle einen besseren baulich-betrieblichen Zustand als die Grundstücksanschlüsse aufweisen.

In Rahmen der weiteren Untersuchungsserie wurde der kritische Zustand von verschiedenen im Grundwasser funktionierenden Kanalarten modelliert. Diese Analyse basierte auf zwei Stichproben. Eine setzt sich aus 100 Haltungen der öffentlichen Steinzeugkanäle und die zweite aus 100 Grundstücksanschlüssen zusammen. Die Bestimmungsergebnisse der kritischen Weibull-Parameter nach der Monte-Carlo-Methode sind in Tab. 8.3 präsentiert.

Der Formparameter b für die beiden Übergangsfunktionen erreichte 3,3802–4,0004 und die charakteristische Lebensdauer T 21,3–22,9 Jahre. Die ermittelten Werte sprechen für einen schlechten technischen Zustand der beiden im Grundwasser verlaufenden Kanalarten. Die grafische Interpretation der kritischen Übergangskurven ist in Abb. 8.2 dargestellt. Die kritische Kurve der Grundstücksanschlüsse verläuft oberhalb der Kurve der öffentlichen Steinzeugkanäle. Die Grafik deutet an, dass die Grundstücksanschlüsse in einem besseren baulich-betrieblichen Zustand als die öffentlichen Steinzeugkanäle sind. Die Ergebnisse dieser Studien sind für die Praxis besonders wertvoll, weil der Betrieb von Abwasserkanälen im Grundwasser speziellen Regeln unterliegt.

Die untersuchten Leitungen können eine technische Lebensdauer von maximal 35 Jahren erreichen, die wesentlich kürzer als für die oberhalb des Grundwassers funktionierenden Kanäle ist. Die Analyse von 20-jährigen Objekten belegt, dass 43 % der Grundstücksanschlüsse und 55 % der öffentlichen Kanäle sanierungsbedürftig sind. Der maximale

Tab. 8.3 Kritische Weibull-Parameter nach der Monte-Carlo-Methode für unterhalb des Grundwassers funktionierende öffentliche Steinzeugkanäle und Grundstücksanschlüsse

Kanaltyp	Parameter b	Parameter T (Jahre)
Öffentliche Steinzeugkanäle	3,3802	21,3
Grundstücksanschlüsse	4,0004	22,9

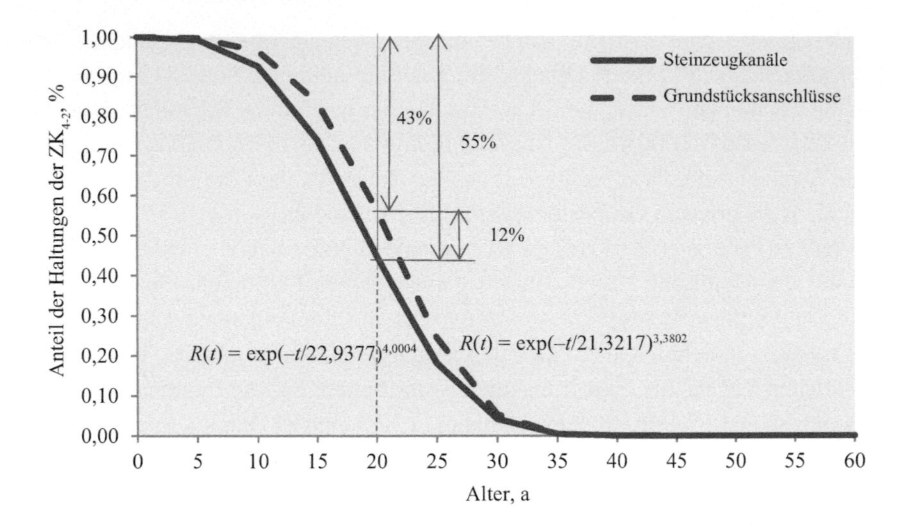

Abb. 8.2 Kritische Übergangsfunktionen nach der Monte-Carlo-Methode für unterhalb des Grundwassers funktionierende öffentliche Steinzeugkanäle und Grundstücksanschlüsse. *ZK* Zustandsklasse. (Quelle: Raganowicz)

Unterschied des Sanierungsumfangs von 12 % bezieht sich auf die 20-jährigen Leitungen. Anhand der durchgeführten Modellierungen, die auf eine kurze Lebensdauer und einen großen Sanierungsumfang hindeuten, lässt sich schlussfolgern, dass die im Grundwasser funktionierenden Steinzeugkanäle in einem schlechten technischen Zustand sind.

In der Fachliteratur wurden bis jetzt keine Beispiele des technischen Zustands von Grundstücksanschlüssen unter Berücksichtigung des Grundwassers beschrieben. Daher haben die Modellierungen der Grundstücksanschlüsse eine große praktische und theoretische Nützlichkeit. Nachdem jegliche Vergleichsbasis fehlt, sind entsprechende Vergleichsanalysen sowie Diskussionen nicht möglich. Da alle im Grundwasser funktionierenden Kanalarten einen schlechteren technischen Zustand präsentieren, scheint es sinnvoll zu sein, spezielle technische Regeln des Kanalbetriebs und der Kanalsanierung anzufertigen.

Aufgrund der Gegenüberstellung der stochastischen Modellierungsergebnisse wurden die Auswirkungen des Rohrmaterials und der Gründungstiefe auf den kritischen Zustand der oberhalb des Grundwassers funktionierenden Abwasserleitungen analysiert. Nach der Selektion von Abwasserleitungen mit der Gründungstiefe von $G < 2$ m und der Übergangsklasse $ZK_{4\text{-}2}$ wurden drei Stichproben für Betonkanäle, öffentliche Steinzeugkanäle sowie Grundstücksanschlüsse gebildet. Die Weibull-Parameter der kritischen Übergangsfunktionen wurden anhand von 10.000 Simulationen nach der Monte-Carlo-Methode ermittelt (Tab. 8.4). Die grafische Interpretation dieser Modellierungen ist in Abb. 8.3 dargestellt.

Der nach der Monte-Carlo-Methode ermittelte Formparameter b für diese drei Übergangsfunktionen erlangte die Werte 3,9761–4,8545. Die kleinste Steigung zeigt die Kurve für Betonkanäle, die größte für Grundstücksanschlüsse. Die Funktionswerte implizieren den besten technischen Zustand für die Betonkanäle und den schlechtesten für die

Tab. 8.4 Kritische Weibull-Parameter nach der Monte-Carlo-Methode für die oberhalb des Grundwassers funktionierenden Betonkanäle, öffentlichen Steinzeugkanäle und Grundstücksanschlüsse (Gründungstiefe $G < 2$ m)

Kanalart	Parameter b	Parameter T (Jahre)
Betonkanäle	3,9761	31,3
Öffentliche Steinzeugkanäle	4,0191	26,6
Grundstücksanschlüsse	4,8545	29,1

Grundstücksanschlüsse. Der Parameter T mit dem Wert von 26,6 Jahren für die öffentlichen Steinzeugkanäle verändert diese Reihenfolge insofern, als dass sie den schlechtesten Zustand anzeigen. Dadurch wird die Hypothese nicht bestätigt, dass die Grundstücksanschlüsse den schlechtesten Teil eines Kanalnetzes repräsentieren. Die kritische Übergangskurve der Grundstücksanschlüsse wird leicht nach rechts verschoben und verläuft deshalb zwischen den beiden anderen Kurven. Infolge solcher Konstellationen zeigen die öffentlichen Steinzeugkanäle einen schlechteren Zustand als die Grundstücksanschlüsse. Eine eindeutige Interpretation der Untersuchungsergebnisse war für die Betonkanäle möglich, weil ihre Übergangskurve eine kleine Steigung und eine lange charakteristische Lebensdauer aufzeigte. Sie weisen einen besseren Zustand als die öffentlichen Steinzeugkanäle auf, was mit den betrieblichen Erfahrungen übereinstimmt. Kanäle mit größeren Dimensionen benötigen i. d. R. eine tiefere Gründung, die einer genaueren Verdichtung der Leitungszone bedarf. Eine fachgemäße Ausführung der Bauarbeiten garantiert eine gute Bettung von verlegten Objekten, wodurch sie eine längere Lebensdauer erreichen

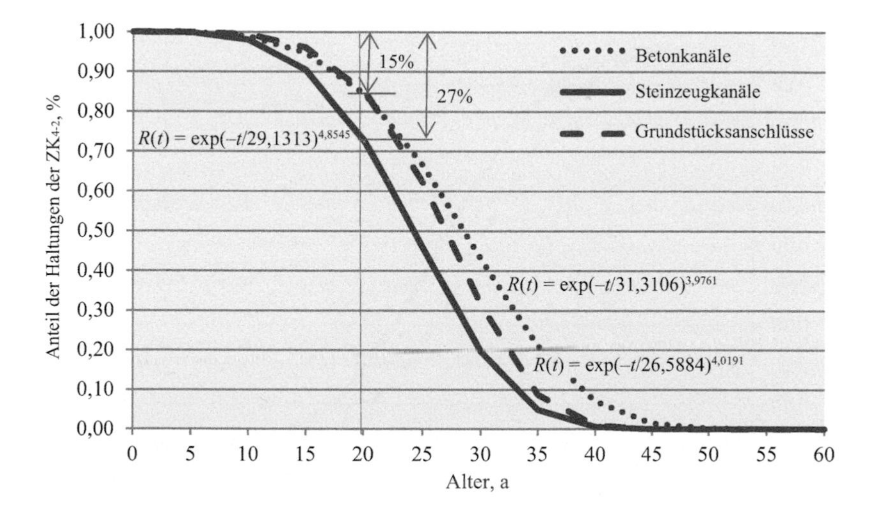

Abb. 8.3 Kritische Übergangsfunktionen nach der Monte-Carlo-Methode für die oberhalb des Grundwassers funktionierenden Betonkanäle, öffentlichen Steinzeugkanäle und Grundstücksanschlüsse ($G < 2$ m). *ZK* Zustandsklasse. (Quelle: Raganowicz)

Tab. 8.5 Kritische Weibull-Parameter nach der Monte-Carlo-Methode für oberhalb des Grundwassers funktionierende öffentliche Steinzeugkanäle und Grundstücksanschlüsse (Gründungstiefe $2 \leq G < 4$ m)

Kanalart	Parameter *b*	Parameter *T* (Jahre)
Öffentliche Steinzeugkanäle	4,2063	29,3
Grundstücksanschlüsse	3,8626	26,0

können. Aus Abb. 8.3 ist zu entnehmen, dass die technische Lebensdauer von Betonkanälen 50 Jahre und von öffentlichen Steinzeugkanälen und Grundstücksanschlüssen 40–45 Jahre erreicht. Die Analyse der 20-jährigen Leitungen (Abb. 8.3) zeigt, dass die Betonkanäle und Grundstücksanschlüsse einen Sanierungsumfang von 15 % und die öffentlichen Steinzeugkanäle von 27 % benötigen. In der ersten Betriebsphase von etwa 15 Jahren zeigen alle Übergangskurven eine kleine Steigung, die auf eine langsame Schadensentwicklung der untersuchten Leitungen hindeutet. In diesem Zeitraum werden keine Sanierungsmaßnahmen erforderlich.

Die nächste Modellierungsserie umfasste die Analyse des kritischen Zustands der oberhalb des Grundwassers arbeitenden öffentlichen Steinzeugkanäle und Grundstücksanschlüsse, die auf der Tiefe $2 \leq G < 4$ m gegründet sind. Dabei wurden die Betonkanäle nicht mitberücksichtigt, weil deren Stichprobenumfang zu klein war. Als Ergebnis von 10.000 mathematischen Simulationen nach der Monte-Carlo-Methode wurden die kritischen Weibull-Parameter bestimmt (Tab. 8.5) und zwei Übergangsfunktionen konstruiert (Abb. 8.4).

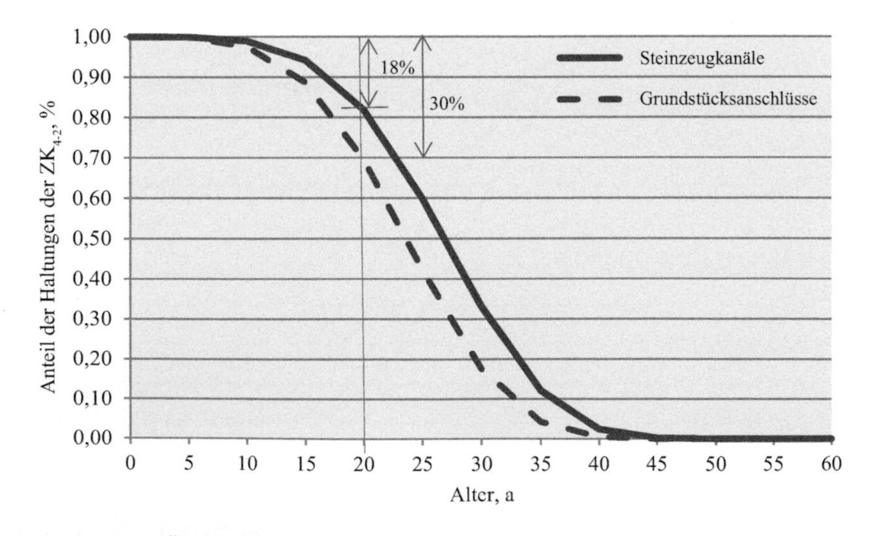

Abb. 8.4 Kritische Übergangsfunktionen nach der Monte-Carlo-Methode für oberhalb des Grundwassers funktionierende öffentliche Steinzeugkanäle und Grundstücksanschlüsse ($2 \leq G < 4$ m). *ZK* Zustandsklasse. (Quelle: Raganowicz)

Der Formparameter b nahm den Wert von 3,8626 für die öffentlichen Steinzeugkanäle und 4,2062 für die Grundstücksanschlüsse an, während die charakteristische Lebensdauer T den Wert von 29,3 und 26,0 Jahren betrug. Demzufolge ist die kritische Übergangsfunktion für die öffentlichen Steinzeugkanäle relativ steil und nach rechts verschoben, wodurch sich die Sanierungszone verkleinert. Die Schlussfolgerung daraus ist, dass die öffentlichen Kanäle einen besseren baulich-betrieblichen Zustand als die Grundstücksanschlüsse aufweisen. Die Alterungsprozesse von Leitungen mit einer Gründungstiefe $2 \leq G < 4$ m stellen einen regulären Charakter dar und stimmen mit den betrieblichen Erfahrungen überein. Der Sanierungsumfang für die 20-jährigen öffentlichen Steinzeugkanäle beträgt 18 % und für die Grundstücksanschlüsse fast doppelt so viel – 30 %. Die technische Lebensdauer beträgt jeweils 40–45 Jahre (Abb. 8.4).

Aufgrund des beachtlichen Umfangs der zu untersuchenden Stichproben (838 und 254 Objekte) können sie sowie die Modellierungsergebnisse als repräsentativ betrachtet werden. Die Gründungstiefe von $2 \leq G < 4$ m ist typisch für öffentliche Leitungen, die im Hachinger Tal in den Straßenkörpern verlaufen. Bei den Grundstücksanschlüssen ist es eine tiefere Gründung, die den Einfluss des Verkehrs auf den technischen Zustand stark reduziert. Der schlechtere Zustand von Grundstücksanschlüssen ist mit ihrer Bauweise zu erklären. Zuerst wird der komplette Hauptkanal (Straßenkanal) in einem Bauabschnitt verlegt. Anschließend werden Rohrgräben für die einzelnen Zuläufe ausgehoben und Leitungen eingebaut. Vermutlich hat eine solche Bauweise, die eigentlich keine technische Berechtigung findet, eine schlechte Einflussnahme auf den baulich-betrieblichen Zustand der Grundstücksanschlüsse. Kurze Ausgrabungen und eine einfachere Bauweise ohne Lasertechnik hatten die Ausführungsqualität möglicherweise verringert.

Die letzte Vergleichsanalyse betrifft den kritischen Zustand der am tiefsten verlegten Betonkanäle ($G \geq 4$ m), öffentlichen Steinzeugkanäle und Grundstücksanschlüsse. Aufgrund der Population der Betonkanäle wurden die Kanäle mit einer Gründungstiefe $G \geq 3$ m analysiert. Die kritischen Weibull-Parameter wurden mithilfe von 10.000 Simulationen nach der bekannten Modellierungsmethodik ermittelt (Tab. 8.6). Die grafische Interpretation dieser Untersuchungsserien ist in Abb. 8.5 dargestellt.

Die Analyse der am tiefsten verlegten Leitungen zeigt, dass die öffentlichen Straßenkanäle sich in einem besseren baulich-betrieblichen Zustand befinden als die Grundstücksanschlüsse. Die durchgeführten Modellierungen der Betonkanäle und Grundstücksanschlüsse basieren auf kleinen statistischen Stichproben, die sich aus 28 Objekten zu-

Tab. 8.6 Kritische Weibull-Parameter nach der Monte-Carlo-Methode für die oberhalb des Grundwassers funktionierenden Betonkanäle, öffentlichen Steinzeugkanäle und Grundstücksanschlüsse (Gründungstiefe $G \geq 4$ m)

Kanalart	Parameter b	Parameter T (Jahre)
Betonkanäle	2,9637	24,2
Öffentliche Steinzeugkanäle	1,9771	35,8
Grundstücksanschlüsse	2,7069	22,8

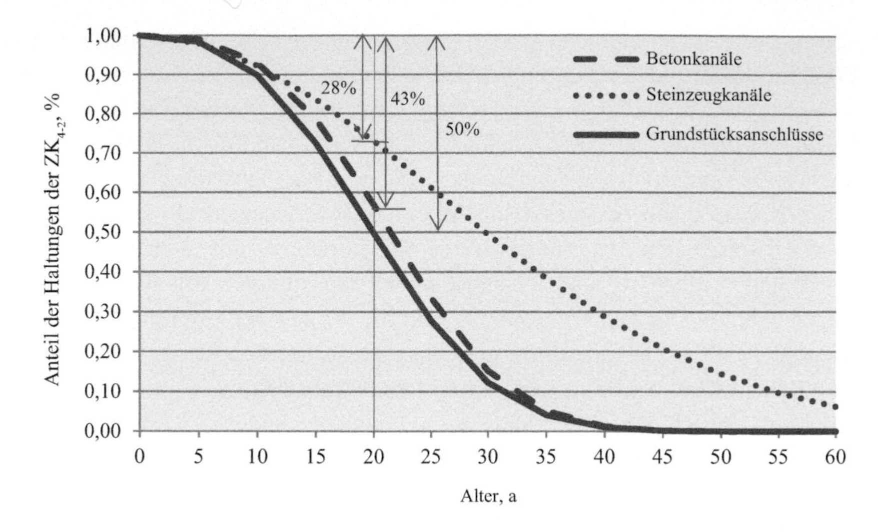

Abb. 8.5 Kritische Übergangsfunktionen nach der Monte-Carlo-Methode für die oberhalb des Grundwassers funktionierenden Betonkanäle, öffentlichen Steinzeugkanäle und Grundstücksanschlüsse ($G \geq 4$ m). *ZK* Zustandsklasse. (Quelle: Raganowicz)

sammensetzen. Hingegen ist der Stichprobenumfang der öffentlichen Steinzeugkanäle mit 197 Objekten verhältnismäßig groß. Der notwendige Sanierungsumfang für die 20-jährigen Leitungen schildert sehr gut die Kanalzustandsverhältnisse, wonach 40–50 % der Betonkanäle und Grundstücksanschlüsse und 28 % der öffentlichen Steinzeugkanäle sanierungsbedürftig sind. Die Betonkanäle und Zuläufe erreichen eine technische Lebensdauer von 45 Jahren. Die kritische Übergangsfunktion der öffentlichen Steinzeugkanälen zeigt eine kleine Steilheit ($b = 1{,}9771$) und eine relativ lange charakteristische Lebensdauer von 35,8064 Jahren. Diese günstigen Weibull-Parameter weisen darauf hin, dass die technische Lebensdauer sogar 60 Jahre überschreitet.

Die Ergebnisse der letzten Modellierungsserie bestätigen generell die betrieblichen Erfahrungen. Die Hauptkanäle weisen einen besseren technischen Zustand als die Grundstücksanschlüsse auf; das Grundwasser beeinflusst den Kanalzustand negativ. Bei den statistisch-stochastischen Untersuchungen wurden drei wesentliche Bedingungen, nämlich Rohrwerkstoff, Gründungstiefe sowie Grundwasser mitberücksichtigt, die den kritischen Kanalzustand einschränken. Die durchgeführten Modellierungen umfassen alle Kanalarten: die Hauptsammler (Betonkanäle), die Straßenkanäle (die öffentlichen Steinzeugkanäle) und die Grundstücksanschlüsse ebenfalls aus Steinzeug.

Diese Untersuchungsergebnisse wurden nicht mit anderen nationalen oder internationalen Forschungen verglichen, da entsprechend umfangreiche Tests dem Autor gegenwärtig nicht bekannt sind. Eine Ausnahme stellen die vorgenannten amerikanischen Modellierungen dar, die sich auf biegeweiche Hauptleitungen beschränken [8]. Sie berücksichtigen zudem die Gründungstiefe und das Grundwasser. Daher ist ein direkter Vergleich mit den erwähnten Untersuchungen nicht möglich.

In der deutschsprachigen Fachliteratur sind viele Beispiele der Schadensanalysen von Zuläufen ohne Berücksichtigung des Leitungsalters zu finden [3, 9]. In den 1990er-Jahren wurden in Deutschland und Europa viele Kanalzustandsmodelle erstellt. Diese Kanalzustandsprognosen umfassen keine Zuläufe und berücksichtigen keine betrieblichen Randbedingungen [10]. Eine im Vergleich zu den Kanalzustandsprognosen originelle Methode zur Beurteilung von Alterungsprozessen scheint eine kontinuierliche Muffendruckprüfung zu sein [6]. Die Erstellung statistischer oder stochastischer Kanalzustandsprognosen ist sowohl aufwendig als auch kostspielig. Sie werden daher von Kanalnetzbetreibern meist sporadisch verwendet. Eine beschränkte Nachfrage hinderte die intensive Entwicklung von Kanalzustandsprognosen der 1990er-Jahre. Die Entwicklung sowie Anwendung von Kanalzustandsmodellen wird durch die finanzielle Leistungsfähigkeit der Kanalnetzbetreiber angeregt. Ziel einer Kanalzustandsprognose ist es, einen Überblick über den aktuellen Kanalzustand zu erhalten und darauf aufbauend den notwendigen Sanierungsumfang zu bestimmen, die Alterungsprozesse zu stoppen und das Netz wirtschaftlich zu betreiben. Die Kanalnetzbetreiber, die mit finanziellen Problemen konfrontiert sind, müssen einen minimalen Sanierungsumfang realisieren. Eine solche Vorgehensweise ist kontraproduktiv und führt zu einer unkontrollierten Alterung des Abwassernetzes. Nur wenige europäische Städte wenden Kanalzustandsprognosen als Grundlage eines wirtschaftlichen Betriebs an. Eine Kanalzustandsprognose liefert relevante Informationen über den baulich-betrieblichen Kanalzustand und den erforderlichen Sanierungsumfang. Diese Erkenntnisse verpflichten die Netzbetreiber, ihre Anlagen zu renovieren. Falls die Betreiber über diese Einblicke nicht verfügen, besteht keine Renovierungspflicht. Viele Betreiber nutzen diese Gelegenheit aus, indem sie die sog. Feuerwehrstrategie anwenden und nur die nötigsten Maßnahmen realisieren. Eine ähnliche Strategie der kleinen Schritte stützt sich auf die optische Inspektion kleiner, abgeschlossener Gebiete und die Durchführung lokaler Kanalsanierungen. Beide Strategien verschaffen keinen Überblick über den technischen Zustand der gesamten Anlage. Lokale Kanalsanierungen werden gern von den Städten angewendet, die nicht in der Lage sind, die erste komplette optische Inspektion des Kanalnetzes zu realisieren.

Diese Vorgehensweisen können sehr oft folgenschwere Konsequenzen haben, sodass viele relevante Schäden unentdeckt bleiben und im unsanierten Zustand zu einer Baukatastrophe führen. In solchen Fällen müssen spezielle Verfahren unter schwierigen Randbedingungen zur Anwendung kommen, die sehr hohe Kosten generieren. Der kritische Kanalzustand beschreibt eine wichtige Grenze, ab der die Leitungen sanierungsbedürftig sind. Eine Missachtung dieser Betriebsphase führt zu einer unkontrollierten Entwicklung von gefährlichen Schäden und bei ungünstigen Bedingungen zu Rohrbrüchen und möglicherweise weiteren bedrohlichen Ausgängen.

Um eine Abwasserkanalanlage technisch optimal und wirtschaftlich zu betreiben, ist ein aussagekräftiger Überblick über ihren technischen Zustand zwingend erforderlich. Die Erstellung einer Kanalzustandsprognose erfüllt diese Anforderungen und gewährleistet einen effizienten Kanalbetrieb. Diese Strategie basiert auf einem komplexen Untersuchungs- und Sanierungsprogramm. Sie wird vom Zweckverband zur Abwasserbeseitigung im Hachinger Tal in vollem Ausmaß verfolgt.

Der Abschluss jeder Modellierungsphase motiviert, weitere Untersuchungen zu planen. Das Kanalnetz im Einzugsgebiet des Hachinger Tals wurde in den vergangenen 20 Jahren aufgrund der ersten kompletten optischen Inspektion einer Grundrenovierung unterzogen. Der Zweckverband zur Abwasserbeseitigung im Hachinger Tal bemüht sich, in einer absehbaren Zeit die zweite vollständige optische Inspektion abzuschließen. Demzufolge besteht die seltene Möglichkeit, die Ergebnisse der beiden Inspektionen zu vergleichen. Dabei ist es möglich, die Schadensentwicklung analytisch zu parametrisieren und die Effektivität der ausgeführten Kanalrenovierung zu beurteilen. Diese wertvollen Datenbestände bestimmen die Richtungen der künftigen Analysen. In Zusammenhang damit ist geplant, die neuen anspruchsvollen Aufgaben mithilfe der Weibull-Verteilung in Kombination mit dem Markov-Modell mathematisch zu lösen, um noch genauere Modellierungsergebnisse zu erzielen.

Literatur

1. Cvaci D., Günthert F. W.: Grundstücksentwässerungsanlagen, Zustandsdaten und Handlungsempfehlungen, Wasser/Abwasser 03/07, 2007.
2. Cvaci D., Günthert F. W.: Zustandsdaten von Grundstücksentwässerungsanlagen und daraus resultierende Handlungsempfehlungen, 2. Deutsches Symposium für Grabenlose Leitungserneuerung, Universität Siegen 2007.
3. Cvaci D.: Zustandserfassung und Bewertung von Grundstücksentwässerungsanlagen, Dissertation, Universität der Bundeswehr München, 2009.
4. Günthert F. W., Cvaci D.: Inspektions- und Sanierungsstrategien für nicht öffentliche Grundstücksentwässerungsanlagen, Bundesamt für Bauwesen und Raumordnung, 2009.
5. Thoma R.: Instandhaltung von Grundstücksentwässerungsanlagen, Korrespondenz Abwasser Nr. 6, 2005.
6. Thoma W.: Kontinuierliche Messung von Alterungslauf und Dichtheitsverhalten bei Rohr-Verbindungssystemen, Korrespondenz Abwasser (46) Nr. 9, 1999.
7. Thoma R., Goetz D.: Grundstücksentwässerungsanlagen mit häuslichem Abwasser – Zustand, Schäden, Exfiltration, Bodenkontamination – Gefährdungspotential? DWA-Tagungsband „Undichte Kanäle – (k)ein Risiko?“, Gemeinschaftstagung 11.–12. Oktober 2006.
8. Abraham D. M., Wirahadikusumah R.: Development of prediction models for sewer deterioration; Proceedings of the Eight International Conference on Durability of building materials and components, Ottawa 1999.
9. Thoma R., Goetz D.: Zustand von Grundstücksentwässerungsanlagen, Korrespondenz Abwasser (55) Nr. 2, 2008.
10. Herz R.: Alterung und Infrastrukturbeständen – Kohortenüberlebensmodell, Jahrbuch für Regionalwissenschaft 14/15, 1995.

9 Abschlussbemerkungen

Die hier präsentierten Modellierungen des kritischen Kanalzustands berücksichtigen ein breites Spektrum von verschiedenen, für den Hachinger Kanalbetrieb maßgeblichen Aspekten. Diese Abwasseranlage entwässert drei im Einzugsgebiet des Hachinger Bachs, am südlich-östlichen Rand der Stadt München gelegene bayerische Kommunen: Oberhaching, Taufkirchen und Unterhaching. Die ersten Kanalstrecken wurden in den 1950er-Jahren in der Gemeinde Unterhaching verlegt. Im Untergrund sind die Schichten der Münchner Schotterebene zu treffen. Diese geologische Formation besteht aus teilweise verlehmten Grobkiesen. Im Schwankungsbereich des Grundwassers liegen 30 % des Kanalnetzes. Die durchgeführten Untersuchungen umfassten alle in der Anlage vertretenen Kanalarten. Darunter fallen Hauptsammler (Betonkanäle aus Ortbeton), Hauptkanäle (öffentliche Steinzeugkanäle) und Grundstücksanschlüsse (Zuläufe ebenfalls aus Steinzeug). Die untersuchten Betonkanäle entwässern die Gemeinde Unterhaching, die öffentlichen Steinzeugkanäle die Gemeinde Unterhaching und Oberhaching und die Grundstücksanschlüsse die Gemeinde Oberhaching.

In der Voruntersuchungsphase wurden anhand der optischen Inspektion Schadens- und Zustandsklassifikationen festgestellt, die eine Grunddatenbasis bildeten. Danach wurden für alle Kanalarten und verschiedene Randbedingungen statistische Stichproben zusammengestellt, die aus den für den kritischen Zustand maßgeblichen Leitungen bestanden. Anhand der gebildeten Stichproben wurden einleitend die statistischen und anschließend die stochastischen Modellierungen des kritischen Kanalzustands für alle Kanalarten in Abhängigkeit von der Grundungstiefe und der Lage zum Grundwasser durchgeführt. Der kritische Kanalzustand beschreibt die Übergangsfunktion von der Reparatur- zur Sanierungszone, die mithilfe der Weibull-Verteilung konstruiert wurde. Die Interpretation der Alterungsprozesse von Abwasserkanälen basiert auf der Korrelation zwischen technischem Zustand und Alter. Die Modellierung des kritischen Zustands vereinfachte die aufwendige komplette Kanalzustandsprognose. Die Weibull-Parameter wurden mit der Momentmethode geschätzt.

A. Raganowicz, *Nutzen statistisch-stochastischer Modelle in der Kanalzustandsprognose*,
DOI 10.1007/978-3-658-16117-0_9

Anschließend wurden die stochastischen Modellierungen des kritischen Zustands aller Kanalarten durchgeführt. Bei der Schätzung von Weibull-Parametern kamen mathematische Simulationen nach der Monte-Carlo-Methode zur Anwendung, um die Populationen der vorhandenen Stichproben zu erweitern und genauere Forschungsergebnisse zu erzielen. Anhand dieser Parameter wurden die kritischen Übergangsfunktionen für alle Kanalarten und Randbedingungen konstruiert. Abschließend wurde eine qualitativ-quantitative Analyse des technischen Zustands der untersuchten Objekte durchgeführt.

Die letzte Phase der stochastischen Modellierung jeder Kanalart bestand in der Beurteilung der Einflüsse des Grundwassers und der Gründungstiefe. Dabei wurden auch konstruktiv-planerische Aspekte berücksichtigt.

Zu den weiteren Untersuchungserfolgen zählte die Festlegung des notwendigen Sanierungsumfangs. Er erlaubt, eine vertretbare Sanierungsstrategie abhängig von den zur Verfügung stehenden finanziellen Mitteln zu erarbeiten.

Die erzielten Ergebnisse der statistisch-stochastischen Untersuchungen sind maßgebend, weil sie auf repräsentativen Stichproben basieren. Die kleinste Stichprobe besteht aus 100 Objekten. Darüber hinaus herrschen hinsichtlich der Untergrundverhältnisse und der Verkehrsbelastung der gemeindlichen Straßen im Einzugsgebiet des Hachinger Bachs homogene Bedingungen. Zu den einzigen Bedingungen, die den Kanalbetrieb differenzieren, gehören Rohrwerkstoff, Gründungstiefe sowie Grundwasser.

Einer der besonderen Aspekte der durchgeführten Versuche war die Aufnahme der Grundstücksanschlüsse, die einen integralen Bestandteil jedes Kanalnetzes darstellen. Noch vor 25 Jahren stellten die Grundstücksanschlüsse kein Thema in der Kanalsanierungsdebatte dar. Die damalige Sanierungsbranche verfügte für die Dimensionen DN $\leq$ 200 mm über keine leistungsfähigen Kameras sowie Kanalroboter [1]. Diese Situation resultierte v. a. aus den fehlenden Richtlinien und Verordnungen. Inzwischen fand diesbezüglich eine Wende statt, sodass der Sanierungsfokus eigentlich auf den Grundstücksanschüssen und Grundstücksentwässerungsanlagen liegt. Ein zusätzlicher Impuls, konkrete Maßnahmen zu ergreifen, war die Veröffentlichung einer neuen Version der DIN 1986-30 im Jahr 2003 [2] mit der Aktualisierung im Jahr 2012 [3, 4] sowie die Veröffentlichung der speziellen DIN SPEC 19748 [5], die eine ausführliche Anleitung zur Renovierung der Grundstücksentwässerungsanlagen enthält. Von großer Bedeutung für die Grundstücksentwässerung war die DIN 1986-30 im Jahr 2003 [4], die bis zum Ende des Jahres 2015 alle deutschen Grundstückseigentümer verpflichtete, ihre Grundstücksentwässerungsanlagen zu überprüfen. Dieser untypische Passus in der DIN hat eine direkte Verbindung mit der EU-Wasserrahmenrichtlinie 2000, nach der alle großen europäischen Flüsse bis Ende 2015 eine gute Gewässergüteklasse erreichen sollten. Jährlich war die Problematik der Grundstücksentwässerung ein Hauptthema der deutschen Sanierungsbranche. Sogar die Politik schaltete sich ein und erließ zur Regelung von Untersuchungen und Sanierungen von Grundstücksentwässerungsanlagen entsprechende Landesverordnungen. Diese oben genannten Maßnahmen hatten eine positive Auswirkung auf die technische Entwicklung der Sanierung von klein dimensionierten Abwasserleitungen.

Die Grundstücksanschlüsse können, in Abhängigkeit von rechtlichen Regulierungen, komplett von Grundstückseigentümern betrieben werden (die sog. Anliegerregie). Offiziell sind die Betreiber von öffentlichen Kanalisationen für diese Objekte nicht zuständig. Abgesehen von der Zuständigkeit beeinflussen sie den technischen Zustand der öffentlichen Anlagen. Ansonsten sind Grundstückseigentümer nicht immer bereit, diese Leitungen zu überprüfen und zu sanieren.

Eine andere rechtliche Variante sieht vor, dass der Grundstücksanschluss bis zur Grundstücksgrenze zur öffentlichen Anlage und zwischen der Grundstücksgrenze und dem Revisionsschacht auf dem Grundstück zur privaten Anlage gehört. Bei solchen Konstellationen sind die Kanalnetzbetreiber im technischen Sinn für die Grundstücksanschlüsse bis hin zum Revisionsschacht zuständig. Der Zweckverband zur Abwasserbeseitigung im Hachinger Tal realisiert die komplette Sanierung einschließlich der Anbindung im Revisionsschacht. Die großen deutschen Städte interpretieren ihre Zuständigkeit ganz genau und realisieren die Sanierung nur bis zur Grundstücksgrenze. Eine solche Vorgehensweise ist aus technischer Sicht sehr problematisch, sie birgt jedoch auch große finanzielle Vorteile.

Die durchgeführten Untersuchungen umfassen keine Grundstücksentwässerungsanlagen (Verbindung zwischen Revisionsschacht und Haus), weil der Zweckverband für diese Anlagen nicht zuständig ist. Aus diesem Grund verfügt der Zweckverband Hachinger Tal über keine Dokumentation der optischen Inspektionen und Sanierungsmaßnahmen von Grundstücksentwässerungsanlagen. Sie stellen ähnlich wie die Grundstücksanschlüsse einen integralen Teil des öffentlichen Kanalnetzes dar und haben Einfluss auf dessen technischen Zustand. Die Rolle des Zweckverbands beschränkt sich auf Beratung, Betreuung und Überwachung. Viele, insbesondere ältere Grundstückseigentümer sind aufgrund der fehlenden Fach- und Rechtskenntnisse überfordert, die notwendigen Sanierungsmaßnahmen zu managen.

Die zugeleiteten Untersuchungen, Modellierungen sowie Analysen basieren auf einem umfangreichen empirischen Datensatz, der gestattet, gewisse Vorschläge mit großer applikativer Bedeutung zu formulieren. Sie werden am deutlichsten von der Praxis bestätigt.

1. Die zweiparametrige Weibull-Verteilung mit der vertikalen Momentmethode stellt ein effektives Instrument dar, den kritischen Kanalzustand (Übergang vom Reparatur- zum Sanierungszustand) statistisch zu modellieren.
2. Die Kombination der Weibull-Verteilung mit der Monte-Carlo-Methode birgt den Vorteil einer beliebigen Erweiterbarkeit der Stichprobenumfänge. Diese Option ist bei Stichproben mit einem kleinen Umfang besonders wichtig, weil sie repräsentative Modellierungsergebnisse sichert. Die Kanalnetzbetreiber verfügen i. d. R. nur über kleine zuverlässige Datensätze.
3. Die Anzahl von 10.000 mathematischen Simulationen nach der Monte-Carlo-Methode garantiert die Bestimmung genauer Weibull-Parameter und darauf aufbauend die Konstruktion kritischer Übergangskurven.

4. Die stochastischen Modellierungen des kritischen Zustands zeigen einen besseren baulich-betrieblichen Zustand öffentlicher Kanäle im Vergleich zu Grundstücksanschlüssen.
5. Alle Untersuchungen belegen den negativen Einfluss des Grundwassers auf den technischen Kanalzustand.
6. Eine tiefere Gründung hat einen positiven Einfluss auf den Kanalbetrieb.
7. Die Schadenshäufigkeit der Grundstücksanschlüsse ist gegenüber öffentlichen Kanäle doppelt so hoch.
8. Die erstellte Prognose des kritischen Kanalzustands lässt die genaue Bestimmung des notwendigen Sanierungsumfangs zu. Der Sanierungsbedarf im Einzugsgebiet des Hachinger Bachs beträgt aufgrund der angefertigten Kanalzustandsprognose für öffentliche Kanäle inklusive Grundstücksanschlüsse etwa 40 %. In Deutschland liegt dieser Anteil bei etwa 36 %.
9. Die Analyse der Modellierungsergebnisse unter Wahrnehmung der Schadensentwicklung zeigt, dass Straßenkanäle 30 Jahre und Grundstücksanschlüsse 20 Jahre ohne jegliche Sanierungsmaßnahmen betrieben werden können.
10. Die öffentlichen Kanäle erreichen eine technische Lebensdauer von 50–60 Jahren, die Grundstücksanschlüsse von 40–50 Jahren.

Die umfangreichen Untersuchungsergebnisse bestätigen generell alle allgemein bekannten Erfahrungen aus der Kanalbetriebspraxis. Sie beweisen auch, dass die stochastischen Modellierungen des kritischen Kanalzustands einen applikativen Charakter haben und auf andere Kanalnetze ohne aufwendige Kalibrierungen direkt übertragbar sind. Erforderlich sind die Angaben über den baulich-betrieblichen Zustand und das Alter der untersuchten Kanalhaltungen. Jeder Betreiber in Deutschland ist in der Lage, diese Daten zu liefern. Die vorgeschlagene Vorgehensweise kann auch bei Alterungsprognosen für andere städtische Infrastrukturen, beispielsweise Trinkwasser- und Straßensysteme sowie Brücken, zum Einsatz kommen, wenn dieselben Angaben zur Verfügung stehen. Die tatsächlichen Vorzüge dieses Modells werden durch praktische Anwendungen bestätigt. Da dieses Modells universale Eigenschaften besitzt, können damit viele Naturereignisse nachsimuliert und auf diese Weise einige wasserwirtschaftliche Probleme sowie Aufgaben (z. B. Prognose von Grundwasserständen oder Wasserständen eines Gewässers) gelöst werden.

Die Anwendung dieser Kanalzustandsprognose bietet den Netzbetreibern einen Ausblick auf die Problematik des baulich-betrieblichen Zustands von Abwasserleitungen. Die aus der Prognose resultierenden Erkenntnisse sowie Vorschläge bilden eine solide Grundlage der betrieblichen Anlagenoptimierung. Zur optimalen finanziellen und technischen Planung dieser Maßnahmen sind Informationen über den notwendigen Sanierungsumfang besonders wichtig. Die Realisierung der Sanierungsmaßnahmen führt u. a. zur Reduzierung der Grundwasserinfiltration sowie einer Grundwasserexfiltration, die eine schonende Auswirkung auf die Umwelt haben.

Die vorgeschlagene Methodik der Kanalzustandsprognose ermöglicht die Abwicklung einer neuen und originellen Art der Bewertung des baulich-betrieblichen Kanalzustands. Zur Vereinfachung einer aufwendigen Kanalzustandsprognose wurde sie auf den Übergang vom Reparatur- zum Sanierungszustand begrenzt. Die Auswertung der Untersuchungsergebnisse basiert auf einem umfangreichen Satz an empirischen Daten und beachtet die Randbedingungen der Funktionalität der Hachinger Abwasseranlage. Zu den homogenen Randbedingungen gehören die Untergrundverhältnisse und die Verkehrsbelastung. Daher wurden bei den Modellierungen des kritischen Kanalzustands allein Faktoren wie Gründungstiefe, Grundwasser sowie Rohrwerkstoff einbezogen. Die einzelnen Modellierungsserien wurden ferner einer Mehrkriterienanalyse unterzogen, die das Alter und die damit verbundene technisch-technologische Entwicklung der Rohrherstellung berücksichtigte.

Die statistische Untersuchungsphase basierte auf der zweiparametrigen Weibull-Verteilung, die stochastische auf der Bestimmung der Weibull-Parameter mithilfe mathematischen Simulationen nach der Monte-Carlo-Methode. Durch die Anwendung dieser Modellierungsmethodik war es möglich, die vorhandenen Stichprobenumfänge zu vergrößern und genauere Untersuchungsergebnisse zu erzielen. Die statistisch-stochastische Analyse des kritischen Kanalzustands erwies sich als eine effiziente Alterungsprognose der städtischen Infrastruktur. Eine Überschreitung des kritischen Kanalzustands führt zur Havarie, die bei ungünstigen Umständen in eine Baukatastrophe mit tragischen Konsequenzen übergehen kann.

Die durchgeführten Untersuchungen präsentieren eine vornehmliche theoretische und praktische Bedeutung und müssen demzufolge fortgeführt werden. Zur Gewinnung neuer Erkenntnisse ist eine Erweiterung der Datenbasis notwendig. Die angenommene homogene Verkehrsbelastung der Straßen, die nicht der Wirklichkeit entspricht, vereinfachte die durchgeführten Modellierungen. Die Verkehrsbelastung der Gemeinde-, Kreis- und Staatsstraßen sollte genauer untersucht und in die Kanalzustandsprognose integriert werden. Es ist auch geplant, zur Interpretation der empirischen Daten andere mathematische Instrumente anzuwenden, um die Genauigkeit der Untersuchungsergebnisse zusätzlich zu erhöhen. Denkbar wäre, die Weibull-Verteilung in Kombination mit Markov-Ketten anzuwenden. Anhand von zwei optischen Inspektionen und dem Markov-Modell sollte eine analytische Lösung der Schadensentwicklung erarbeitet werden.

Literatur

1. Kipp B., Möllers K.: Inspizierbarkeit von Grundstücksentwässerungsleitungen, Korrespondenz Abwasser (39) Nr. 4, 1992.
2. DIN 1986-30, Entwässerungsanlagen für Gebäude und Grundstücke – Teil 30: Instandhaltung, 2003.
3. DIN 1986-30, Entwässerungsanlagen für Gebäude und Grundstücke – Teil 30, Instandhaltung, 2012.

4. IKT Seminar: Neue DIN 1986-30, Entwässerungsanlagen für Gebäude und Grundstücke, München-Unterhaching, 2013.
5. DIN SPEC19748, Anforderungen an Schlauchliner zur Renovierung von Abwasser-Hausanschlussleitungen, Beuth Verlag GmbH, Berlin 2012.

10 Simulationen von wasserwirtschaftlichen Ereignissen

Zur umfassenden komplexen Optimierung des Kanalbetriebs wird die Erstellung von mehreren Prognosen benötigt. Eines der bedeutenden Probleme des Hachinger Tals ist, dass 30 % des Netzes im Grundwasser verlaufen. Dieser Zustand bringt gewisse betriebliche Schwierigkeiten mit sich. Die Erkenntnisse über lokale Grundwasserstände und deren Änderungstendenzen haben für viele Bereiche des Kanalbetriebs einen wichtigen Stellenwert. Die hohen Grundwasserstände erschweren z. B. die Ausführung von Reparatur- und Sanierungsarbeiten. Die regelmäßigen Beobachtungen oder Prognosen der Grundwasserstände erlauben die optimale Organisation und Planung solcher Maßnahmen. Andererseits bietet die Periode der hohen Grundwasserstände die beste Möglichkeit zur Durchführung aussagekräftiger Infiltrationsprüfungen.

Die Grundwasserprognosen sollten auch eine weitere Aufgabe übernehmen. Sie können die Grundlagen für eine qualifizierte Planung von Niederschlagswasserversickerungsanlagen bilden. Da die Kanäle das Einzugsgebiet des Hachinger Tals im Trennsystem entwässern, hat die Niederschlagswasserbewirtschaftung in Form der Versickerung ein besonderes Gewicht. Die Niederschlagswasserversickerungsanlagen im Hachinger Tal müssen funktionsfähig sein, um die Kanalisation nicht zusätzlich mit Niederschlagswasser zu belasten. Nur eine qualifizierte, auf einer Grundwasserprognose basierende Planung der Niederschlagswasserversickerungsanlagen kann eine einwandfreie Ableitung des Regenwassers in den Untergrund garantieren. Diese Prognose ermöglicht, die Grundwasserstände in Abhängigkeit zur Anlagenzuverlässigkeit zu analysieren.

Ein weiterer wichtiger Aspekt des Kanalbetriebs stellt das Fremdwasser dar. Diese Problematik ist außerordentlich wichtig, wenn dem Kanalnetz eine eigene Kläranlage fehlt. Dieses Fremdwasser belastet hydraulisch sowohl das Netz als auch die Kläranlage und beeinflusst deren Reinigungsprozesse negativ. Die Erstellung einer Fremdwasserprognose hilft bei der Beurteilung der Effektivität der durchgeführten Kanalsanierung und des baulich-betrieblichen Kanalzustands. Sie wird zur Erzielung genauer Ergebnisse ebenfalls auf Basis von mathematischen Simulationen konzipiert. Ein anderer Vorteil ist, dass im Fall eines kleinen Stichprobenumfangs repräsentative Modellierungsergebnisse gewon-

A. Raganowicz, *Nutzen statistisch-stochastischer Modelle in der Kanalzustandsprognose*,
DOI 10.1007/978-3-658-16117-0_10

nen werden. Zur Gewährleistung eines aktuellen Einblicks in den technischen Zustand des Kanals sollte die Fremdwasserprognose stets aktualisiert werden.

10.1 Stochastische Auswertung der Grundwasserstände als Planungsgrundlage für Niederschlagswasserversickerungsanlagen

Lange Zeit lösten die Stadtplaner das Problem der Regenwasserbeseitigung von befestigten Flächen durch Einleitung in die Kanalisationsnetze. Inzwischen hat ein Umdenken stattgefunden, das von Flächenversiegelung und Ableitung des Regenwassers in die Kanalnetze weg führt hin zur Entsiegelung und Versickerung in den Untergrund. Ziel dieser Wende ist die naturnahe Regenbewirtschaftung unter Berücksichtigung des Boden- und Grundwasserschutzes. Zur wirtschaftlichen und nachhaltigen Planung von Niederschlagswasserversickerungsanlagen werden v. a. repräsentative Daten über Grundwasserstände benötigt.

Tab. 10.1 Sortierte Grundwasserstände bezogen auf die Geländeoberkante [2]

i	Grundwasserstand (m)	*i*	Grundwasserstand (m)	*i*	Grundwasserstand (m)	*i*	Grundwasserstand (m)	*i*	Grundwasserstand (m)
1	0,68	21	1,29	41	1,48	61	1,85	81	2,24
2	0,87	22	1,3	42	1,49	62	1,87	82	2,3
3	0,99	23	1,32	43	1,5	63	1,88	83	2,34
4	1,01	24	1,38	44	1,5	64	1,88	84	2,5
5	1,03	25	1,39	45	1,51	65	1,9	85	2,53
6	1,05	26	1,4	46	1,51	66	1,91	86	2,56
7	1,05	27	1,42	47	1,52	67	2,02	87	2,58
8	1,05	28	1,43	48	1,54	68	2,02	88	2,58
9	1,07	29	1,43	49	1,56	69	2,04	89	2,59
10	1,07	30	1,43	50	1,56	70	2,04	90	2,59
11	1,07	31	1,44	51	1,57	71	2,07	91	2,64
12	1,11	32	1,45	52	1,57	72	2,07	92	2,66
13	1,13	33	1,46	53	1,6	73	2,09	93	2,66
14	1,13	34	1,46	54	1,65	74	2,09	94	2,68
15	1,16	35	1,47	55	1,68	75	2,14	95	2,68
16	1,17	36	1,48	56	1,69	76	2,14	96	2,69
17	1,19	37	1,48	57	1,75	77	2,18		
18	1,19	38	1,48	58	1,75	78	2,18		
19	1,25	39	1,48	59	1,78	79	2,2		
20	1,27	40	1,48	60	1,81	80	2,24		

In diesem Fachaufsatz wird eine statistisch-stochastische Methodik der Auswertung der gewonnenen Grundwasserstände für Planungszwecke von Niederschlagswasserversickerungsanlagen präsentiert [1]. Die empirischen Daten bestehen aus Beobachtungen des Grundwasserspiegels im Rahmen einer beispielhaften Grundwassermessstelle, die im Gleißental in der Gemeinde Oberhaching vom Zweckverband zur Abwasserbeseitigung im Hachinger Tal betrieben wird. Diese Messstelle bildet mit vier weiteren ein vom Zweckverband betreutes Messstellennetz. Die statistische Stichprobe setzte sich aus 96 Beobachtungen zusammen, die im Zeitraum von 2006 bis 2012 dokumentiert wurden [2]. Diese Stichprobe bildete aus statistischer Sicht eine repräsentative Grundlage für die geplanten Modellierungen. In Tab. 10.1 sind die sortierten Abstände zwischen Geländeoberkante und Grundwasserspiegel dargestellt. Im Beobachtungszeitraum erreichte der höchste Grundwasserstand das Niveau von 0,68 m und der niedrigste 2,69 m unter der Geländeoberkante. Daraus resultierte die maximale Grundwasserschwankung von 2,0 m.

10.1.1 Statistische Auswertung der empirischen Daten

Die empirischen Daten wurden in der ersten Untersuchungsphase sortiert und statistisch beurteilt. Zur Durchführung der statistischen Beurteilung der vorhandenen Daten wurden die empirische Dichtefunktion $f^*(x_i)$ und Verteilungsfunktion $F^*(x_i)$ ermittelt. Für die theoretische Interpretation der Daten wurde die Exponentialverteilung $\exp(\lambda)$ verwendet, um die späteren Modellierungsalgorithmen zu vereinfachen und dadurch die Berechnungszyklen zu verkürzen.

Die Exponentialverteilung ist eine einparametrige gedächtnislose stetige Wahrscheinlichkeitsverteilung über die Menge der positiven, realen Zahlen. Sie gehört zur Familie der Lebensdauerverteilungen und wird durch den Parameter λ definiert. Typische Beispiele für exponentialverteilte, zeitabhängige Zufallsgrößen sind die Dauer von Telefongesprächen, die Lebensdauer des radioaktiven Zerfalls sowie die Lebensdauer nicht verschleißbehafteter Bauteile. Die Funktionen dieser Klasse bewährten sich besonders bei Modellierungsproblemen der Zuverlässigkeitstheorie und wurden daher zur statistischen Auswertung von Grundwasserständen verwendet. Die beispielhaften Verteilungs- und Dichtefunktionen der Exponentialverteilung sind in den Abb. 10.1 und 10.2 dargestellt. Die Verteilungsfunktion einer mit $\lambda > 0$ exponentialverteilten Zufallsvariable x_i ist definiert als [3, 4]

$$F(x_i) = 1 - \exp(-\lambda \cdot x_i) \tag{10.1}$$

mit $x_i \geq 0$.

Der Graph der Verteilungsfunktion konvergiert, wie alle Verteilungsfunktionen, gegen Eins. Die Dichtefunktion ist somit gegeben durch

$$f(x_i) = \lambda \cdot \exp(-\lambda \cdot x_i) \tag{10.2}$$

mit $x_i \geq 0$.

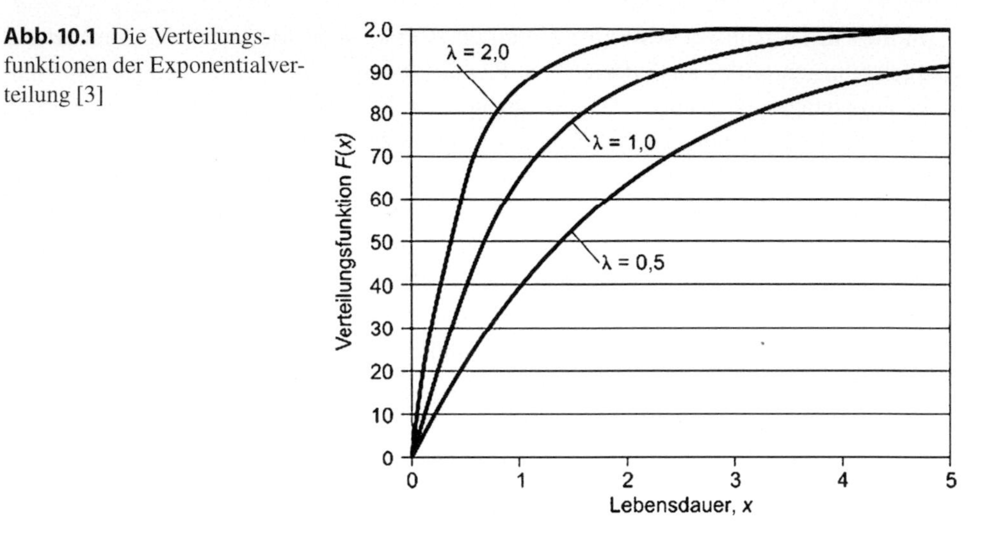

Abb. 10.1 Die Verteilungsfunktionen der Exponentialverteilung [3]

Aus der Verteilungsfunktion ergibt sich die komplementäre Zuverlässigkeitswahrscheinlichkeit

$$R(x_i) = 1 - F(x_i) = \exp(-\lambda \cdot x_i) \tag{10.3}$$

sowie die Ausfallrate

$$r(x_i) = f(x_i)/(1 - F(x_i)) = \lambda \tag{10.4}$$

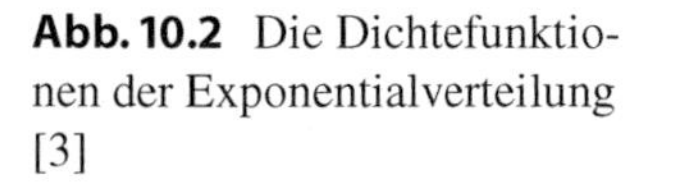

Abb. 10.2 Die Dichtefunktionen der Exponentialverteilung [3]

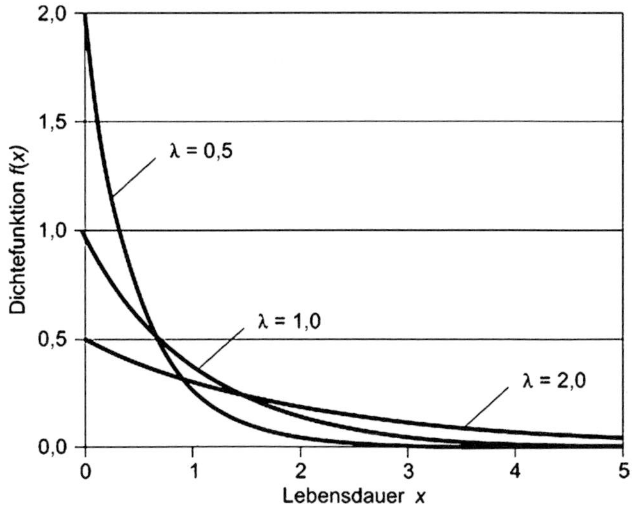

Zu den weiteren Eigenschaften gehören Erwartungswert, Varianz sowie Standardabweichung

$$E(x_i) = 1/\lambda \tag{10.5}$$

$$\mathrm{Var}(x_i) = 1/\lambda^2 \tag{10.6}$$

$$\sigma = 1/\lambda \tag{10.7}$$

Den Parameter λ kann man anhand der Gl. 10.8 schätzen (Punktschätzung):

$$\hat{\lambda} = 1/\frac{1}{n}\sum_{i=1}^{n} x_i = 1/\hat{x}_i. \tag{10.8}$$

Für die vorhandene Stichprobe der 96 Grundwasserstände wurde die Parameterschätzung durchgeführt, und λ erreichte den Wert von 0,5865. Aufgrund dieses Parameters und der Gl. 10.3 wurde die theoretische Zuverlässigkeitsfunktion konstruiert:

$$\hat{R}(x_i) = \exp(-0{,}5865 \cdot x_i) \tag{10.9}$$

mit

x_i Abstand zwischen Grundwasserspiegel und Geländeoberkante.

Die Genauigkeit der statistischen Approximation ist generell vom Umfang der Stichprobe und der Qualität der Daten abhängig. Nachdem die untersuchte Stichprobe aus $n = 96$ und somit mehr als 50 einheitlichen Elementen besteht, ist sie als repräsentativ zu betrachten. Der Vergleich der empirischen und theoretischen Modellierung zeigte eine brauchbare Näherung. Zur Erzielung eines genaueren Ergebnisses der λ-Schätzung wurden mathematische Simulationen gemäß des Inversionsverfahrens durchgeführt. Dieses Verfahren gehört zur großen Familie der Monte-Carlo-Methoden.

10.1.2 λ-Schätzung nach der Monte-Carlo-Methode

Der Begriff Monte-Carlo bezieht sich auf eine Gruppe numerischer Methoden, die anhand von Zufallszahlen Approximationslösungen oder Simulationen verschiedener Prozesse ermöglichen. Monte-Carlo ist die einzige Methode, die im Rahmen einer vernünftigen Berechnungszeit gute Simulationsergebnisse gewährleistet. Umso länger die Berechnung dauert, desto genauer sind die Ergebnisse.

Zur Simulation des λ-Parameters wurde das sog. Inversionsverfahren verwendet. Dieses Verfahren ermöglicht, die Simulationen $x_1, \ldots, x_n$ gemäß der gegebenen Verteilungsfunktion F zu erzeugen. Wenn $F\colon R \to [0, 1]$ eine Verteilungsfunktion mit Quantilfunktion F^{-1} und $Y \approx U(0, 1)$ eine gleichverteilte Zufallsvariable ist, wird $X := F^{-1}(Y)$ gesetzt. Somit ist $X \approx F$, d. h. dass die Verteilungsfunktion der Zufallsvariablen X tatsächlich F ist.

Tab. 10.2 λ-Schätzung nach der Monte-Carlo-Methode

Methode	λ
Statistische Methode	0,5865
MCM (1000)	0,6921
MCM (2500)	0,6011
MCM (5000)	0,6316
MCM (10.000)	0,60968
MCM (15.000)	0,60972

Im Fall der Exponentialverteilung werden die Grundwasserstände durch die folgende Formel simuliert [5, 6]:

$$x_i^{k*} = \left(1/\hat{\lambda}\right) \cdot \ln U_i^{k*} \tag{10.10}$$

mit

i $= 1, 2, \ldots, n$,
k^* $= 1, 2, \ldots, N$,
x_i^{k*} simulierter Grundwasserstand in Metern,
$\hat{\lambda}$ statistisch ermittelter Parameter der Exponentialverteilung,
U_i^{k*} gleichverteilte Zufallsvariable ($0 < U_i^{k*} < 1$).

Um eine lange Kette von Pseudozufallszahlen zu erzeugen, wurde ein Zufallszahlengenerator benötigt. Zur λ-Ermittlung wurde ein bekanntes Verfahren zur Erzeugung gleichverteilter Pseudozufallszahlen, der „multiplicative linear congruential generator", verwendet [7]. Anhand der gewonnen Datensätze wurde der λ-Parameter anhand der Gl. 10.8 zurückgerechnet. Die Ergebnisse der mathematischen Simulationen der Grundwasserstände sind in Tab. 10.2 dargestellt.

10.1.3 Diskussion der Untersuchungsergebnisse

Die durchgeführten Simulationen zeigten, dass der λ-Parameter im Bereich von 0,6011 bis 0,6921 variierte. Ab 10.000 Simulationen zeichnete sich eine gewisse Annäherung des gesuchten λ ab. Die nächste Serie von 15.000 Simulationen veränderte den λ-Wert geringfügig an der vierten Stelle nach dem Komma. Aus diesem Grund kann davon ausgegangen werden, dass 10.000 mathematische Simulationen eine ausreichende Genauigkeit der Approximation von λ sichern. Die Schwankungen des λ-Werts sind in Abhängigkeit von der Anzahl an Simulationen in Abb. 10.3 dargestellt. Für die weiteren Modellierungen der Grundwasserstände wurde der λ-Wert von 0,6097 angenommen, der aus 10.000 Simulationen ermittelt wurde.

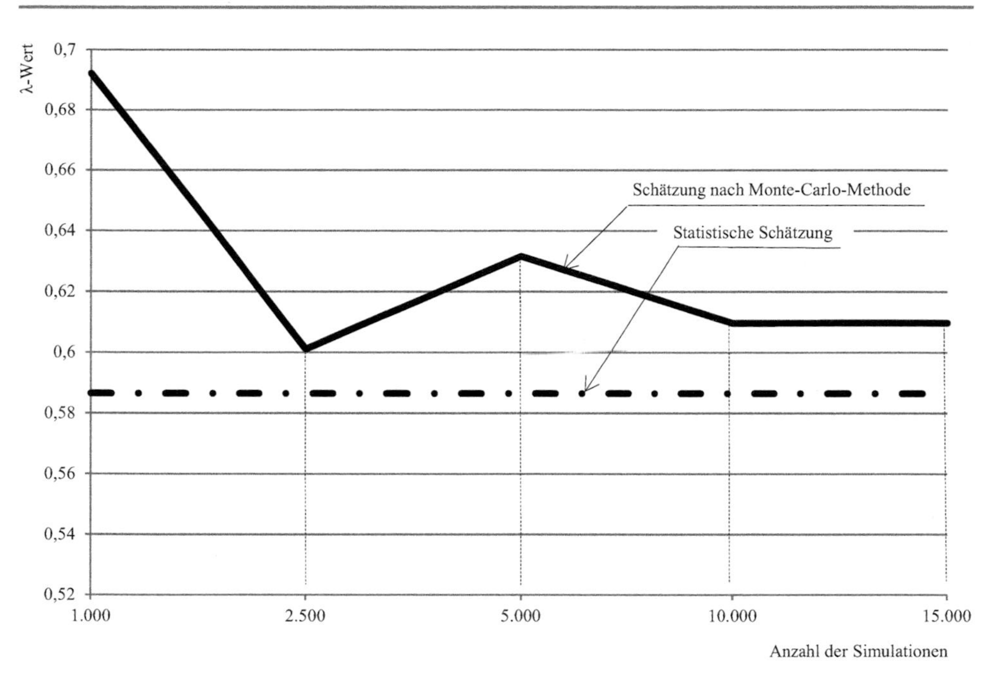

Abb. 10.3 Schwankungen des λ-Werts in Abhängigkeit von der Anzahl der Simulationen. (Quelle: Raganowicz)

Der Unterschied zwischen der statistischen und stochastischen λ-Schätzung ist geringfügig und beträgt $\Delta\lambda = 0{,}0232$. Die stochastische Erweiterung der vorhandenen Stichprobe führte letztendlich zu einer symbolischen Korrektur von λ.

Die durchgeführten Simulationen von λ nach der Monte-Carlo-Methode erlaubten, die repräsentative Zuverlässigkeitsfunktion zu ermitteln und in Form der Gl. 10.11 zu beschreiben

$$R(x_i) = \exp(-0{,}6097 \cdot x_i) \tag{10.11}$$

mit

x_i Abstand zwischen Grundwasserstand und Geländeoberkante in Metern.

Die anhand der Gl. 10.11 konstruierte Kurve ist in Abb. 10.4 präsentiert. Sie stellt eine Grenze zwischen zwei Bereichen dar. Die Fläche oberhalb der Kurve ist für die Wahrscheinlichkeit reserviert, mit der ein konkreter Grundwasserstand zu erwarten ist. Die Fläche unterhalb der Kurve beschreibt die betriebliche Sicherheit der Niederschlagsversickerungsanlage, die als Wahrscheinlichkeit ausgedrückt wird.

Die Analyse der theoretischen Zuverlässigkeitsfunktion aus Abb. 10.4 ermöglicht, wichtige Aussagen über die Grundwasserstände zu treffen. Die erste Standardaussage lautet, dass der Grundwasserspiegel 1,33 m unter der Geländeoberkante mit einer Wahrscheinlichkeit von 50 % zu erwarten ist. Der Erwartungswert beträgt EW = 1,64 m, was

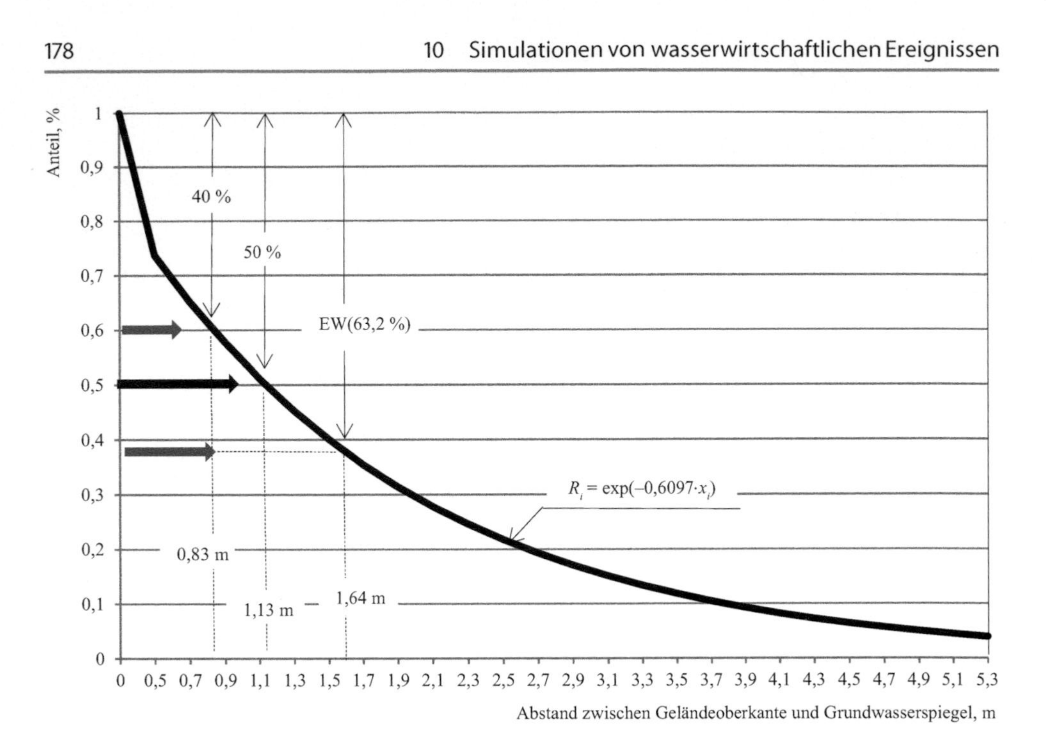

Abb. 10.4 Die Zuverlässigkeitsfunktion der Grundwasserstände im Gleißental in Oberhaching. *EW* Erwartungswert. (Quelle: Raganowicz)

dem mittleren Grundwasserstand entspricht. Dieser Wert kann eventuell für die Vorplanungsphase als Orientierungswert in Betracht gezogen werden. Bei der Annahme des mittleren Grundwasserstands ist das Risiko relativ groß, dass der Grundwasserspiegel bei einem intensiven Niederschlag wesentlich höher steht, wodurch die Funktionalität der Versickerungsanlage weitgehend beschränkt wird. Im nächsten Schritt der Analyse wurde eine 40 %ige Wahrscheinlichkeit angenommen, der eine Grundwassertiefe von 0,83 m entsprach (Abb. 10.4). Die Annahme eines höheren Grundwasserstands bietet eine größere, 60 %ige Betriebssicherheit der Anlage. Diese Annahme fordert aber einen kleineren Abstand der Anlagensohle von der Geländeoberkante, um eben den notwendigen Abstand zum Grundwasserspiegel einzuhalten (Abb. 10.5). Die höhere Betriebssicherheit hat einen hohen Preis, da der Bemessungsgrundwasserspiegel um 0,5 m ansteigt. Dieser Aspekt hat in der aktuellen Phase des Klimawandels eine besondere wasserwirtschaftliche Bedeutung. Die Erfahrungen aus dem Hachinger Tal zeigen, dass intensiver Niederschlag Grundwasserschwankungen von sogar 2 m innerhalb von 24 h verursachen kann.

Die Planung von Niederschlagswasserversickerungsanlagen erfordert einen repräsentativen Grundwasserstand, dessen Wahrscheinlichkeit individuell und abhängig von den lokalen Randbedingungen bestimmt werden sollte. Die oben geschilderte statistisch-stochastische Modellierung schafft eine gute Grundlage, die Grundwasserstände eingehend zu analysieren und darauf basierend die Niederschlagswasserversickerungsanlagen wirtschaftlich und nachhaltig zu planen.

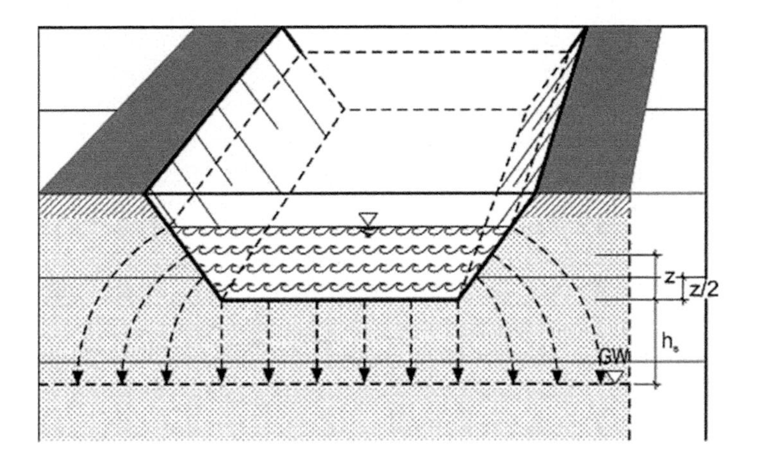

Abb. 10.5 Schema einer beispielhaften Niederschlagsversickerungsanlage. h_s Abstand zwischen Anlagensohle und Grundwasseroberfläche in Metern; z Einstauhöhe in der Versickerungsanlage in Metern [8]

Die statistisch-stochastischen Modellierungen der Grundwasserstände erweisen sich als eine praktische Bestimmungsmethodik der Planungsgrundsetze von Niederschlagswasserversickerungsanlagen. Die theoretische Zuverlässigkeitsfunktion bildet eine gute Basis für die ausführliche Analyse der Grundwasserstände unter Berücksichtigung der spezifischen Gegebenheiten. Dabei können verschiedene Betriebssicherheitsstufen von Versickerungsanlagen in die Planung integriert und ihre Auswirkungen auf die Gesamtheit eingeschätzt werden.

Bisherige Erfahrungen aus dem Hachinger Tal beweisen, dass die Annahme des mittleren Grundwasserstands keinen sicheren Betrieb der Niederschlagswasserversickerungsanlage gewährleistet. Bei extrem intensiven Niederschlägen wurden für manche Anlagen lokale Überflutungen registriert. In Zusammenhang damit sollten höhere Grundwasserstände zur Planung herangezogen werden, die zwar weniger wahrscheinlich sind, aber einen sicheren Anlagenbetreib garantieren.

10.2 Fremdwasserprognose für die Hachinger Kanalisation

Die Fremdwasserproblematik hat aus wasserwirtschaftlicher Sicht eine zentrale Bedeutung für den täglichen Kanalbetrieb. Die Auseinandersetzung mit Fremdwasser verlangt eine kontinuierliche und zuverlässige Messung und Analyse der registrierten Durchflussdaten. Die stochastische Fremdwasserprognose stellt eine praktische Variante der Fremdwasseranalyse dar. Sie erlaubt, Probleme zu erkennen und entsprechende Fremdwasserreduzierungsmaßnahmen vorzunehmen.

Der Zweckverband zur Abwasserbeseitigung im Hachinger Tal betreibt eine Abwasserbeseitigungsanlage, die drei bayerische Kommunen entwässert – Oberhaching, Taufkirchen und Unterhaching. Im Schwankungsbereich des Grundwassers liegen 30 % der Leitungen. Da ein wasserwirtschaftlich schwacher Vorfluter, der Hachinger Bach, das Hachinger Tal überquert, ist diese Abwasseranlage an die Kanalisation der Stadt München angeschlossen. Die zwei Eigenschaften des Hachinger Kanalnetzes, Leitungen im Schwankungsbereich des Grundwassers und fehlende eigene Kläranlage, deuten an, dass das Fremdwasser ein wichtiges betriebliches Problem darstellt. Die Grundwasserinfiltrationen belasten hydraulisch das Netz und die Kläranlage, verursachen zusätzliche Betriebskosten von Pumpwerken und beeinflussen die Reinigungsprozesse der Kläranlage negativ. Die Abwassermenge inklusive Fremdwasser, die in die Kanalisation der Stadt München eingeleitet wird, stellt für den Zweckverband ein technisch-wirtschaftlich-betriebliches Problem dar. Lösungen, deren Fokus auf der Fremdwasserreduzierung liegt, beschäftigen den Betreiber seit vielen Jahren.

Die Abwässer aus dem Hachinger Tal werden an drei Punkten (Biberger Straße, Minewittstraße und Kreuzbichlweg) in die Kanalisation der Stadt München eingeleitet. Jede Übergabemessstelle ist mit einem magnetisch-induktiven Durchflussmesser ausgestattet. Die registrierten Messdaten werden per Funktechnik in einen Zentralserver übertragen und gespeichert. Sie können im Netz abgerufen und analysiert werden. Der Zweckverband analysiert jeden Tag diese Durchflüsse mit großer Sorgfalt. Bei kleinsten Abweichungen von den Standardganglinien wird sofort eine Suche nach dem Einleiter vorgenommen. Die im Einzugsgebiet des Hachinger Bachs anfallende Abwassermenge beträgt jährlich etwa 3.000.000 m^3 und verursacht hohe Einleitungsgebühren. Aus diesem Grund haben die Begriffe Fremdwasser und Fremdwasserreduzierung im Hachinger Tal eine besondere Bedeutung [9].

Eine seriöse Auseinandersetzung mit dem Fremdwasser verlangt v. a. eine kontinuierliche und zuverlässige Durchflussmessung. Eine direkte Fremdwassermessung bereitet oft technische Probleme, die nicht immer bewältigt werden können. Der Zweckverband definiert das Fremdwasser als den minimalen Durchfluss, der an jeder Messstelle registriert wird. Sie tritt i. d. R. um 4:00 Uhr auf. Aus der Summe dieser Messungen ergibt sich der gesamte Fremdwasserabfluss. In Wirklichkeit beinhaltet er bei intensiven Niederschlägen auch Regenwasser, das durch die Schachtdeckelöffnungen ins Netz gelangt. Infolge der längeren Fließzeit ist auch ein kleiner Anteil häuslichen Abwassers dabei.

In diesem Beitrag wird eine statistisch-stochastische Auswertung der minimalen Durchflüsse von der Messstelle Biberger Straße in der Gemeinde Unterhaching beschrieben und in Form einer Fremdwasserprognose dargestellt. Diese Betrachtungsweise erlaubt eine quantitative Analyse der Fremdwasserproblematik und die Simulation verschiedener Abflussszenarien unter betrieblichen Aspekten.

10.2.1 Statistische Interpretation der empirischen Messdaten

Die Grundlage der statistischen Auswertung bildet eine Stichprobe, die aus 154 minimalen Abwasserdurchflüssen aus dem Zeitraum Januar bis September 2015 besteht [10].

Zur Vereinfachung der Auswertung der Messdaten wurden nur die Messungen von Januar, März, Mai, Juli und September 2015 berücksichtigt. Die Auflistung der Daten ist in Tab. 10.3 präsentiert. Die empirischen Daten sind zunächst allgemein zu beurteilen. Anhand der Daten aus Tab. 10.3 wurden die folgenden statistischen Größen festgelegt:

Maximaler Durchfluss $x_{max} = 10{,}3$ l/s,
Minimaler Durchfluss $x_{min} = 0{,}22$ l/s,
Maximaler Unterschied $\Delta x = 10{,}08$ l/s,
Mittelwert $x_m = 1/n \sum x_i = 2{,}7919$ l/s.

Anschließend wurde die statistische Beurteilung der Daten in Anlehnung an die empirische Dichtefunktion $f_e(x_i)$ und die Verteilungsfunktion $F_e(x_i)$ durchgeführt. Die detaillierte Analyse der beiden Funktionen zeigt, dass die Exponentialverteilung für die theoretische Interpretation der empirischen Daten verwendet werden kann. Die Verteilungsfunktion einer stetigen Zufallsgröße X beschreibt die Gl. 10.12 [11].

$$F(x_i) = 1 - \exp(-\lambda x_i) \quad \text{für } x_i \geq 0 \tag{10.12}$$

mit

λ Formparameter der Exponentialverteilung,
x_i Zufallsgröße.

Die Exponentialverteilung wird in der Praxis sehr oft zur Modellierung von Wartezeiten verwendet, insbesondere bei der Beschreibung von Vorgängen der folgender Art: Dauer von Telefongesprächen, Lebensdauer von Bauelementen, Zeit zwischen zwei eintreffenden Signalen oder Kunden bzw. allgemein zwischen zwei eintreffenden Forderungen in Bedienungssystemen. Eine charakteristische Eigenschaft dieser Verteilung ist die Gedächtnislosigkeit.

Der Formparameter λ wurde anhand der Gl. 10.13 bestimmt und beträgt 0,3607.

$$\lambda = 1/x_m \tag{10.13}$$

Nachdem der Parameter λ bekannt ist, nimmt die theoretische Verteilungsfunktion die folgende Form an:

$$F(x_i) = 1 - \exp(-0{,}3607/x_i) \tag{10.14}$$

In Anlehnung an diese Funktion kann das Fremdwasser mit beliebiger Wahrscheinlichkeit prognostiziert werden. Dabei sind die im Einzugsgebiet des Hachinger Bachs auftretenden wasserwirtschaftlichen Faktoren wie Niederschlag und Grundwasserschwankungen mit zu berücksichtigen. Da die vorhandene Stichprobe mit 154 Messdaten statistisch gesehen repräsentativ ist, sind die Modellierungsergebnisse maßgebend. Eine genauere

Tab. 10.3 Auflistung der minimalen Durchflusswerte

Tag	Minimaler Durchfluss (l/s)				
	Januar 2015	März 2015	Mai 2015	Juli 2015	September 2015
1	3,39	2,28	3,85	2,82	2,22
2	2,66	2,33	2,68	2,95	3,42
3	2,85	2,28	2,85	2,85	2,36
4	2,85	2,28	2,30	3,74	4,53
5	2,36	2,58	2,20	3,39	2,25
6	2,36	2,36	2,52	3,28	2,60
7	2,55	2,74	2,68	2,95	2,03
8	3,28	2,63	2,25	3,23	2,33
9	3,47	2,66	2,47	3,28	1,90
10	3,06	2,33	2,30	3,33	2,36
11	4,53	2,68	2,52	2,60	2,47
12	2,90	2,66	2,93	3,28	2,85
13	2,39	2,44	2,63	2,87	2,98
14	2,36	2,95	3,01	4,20	2,74
15	1,95	4,53	2,44	2,41	2,85
16	1,76	8,32	2,82	2,95	2,90
17	2,33	1,98	2,68	3,14	2,74
18	2,49	5,39	2,55	2,25	2,68
19	1,98	2,28	2,90	2,79	2,95
20	2,58	2,22	4,88	2,52	3,17
21	1,95	2,28	2,90	2,52	2,87
22	2,06	10,30	2,55	2,30	3,01
23	2,11	2,39	2,68	2,49	3,71
24	2,25	2,44	2,87	2,74	2,25
25	2,41	2,58	2,58	2,44	0,22
26	2,52	2,49	2,98	2,63	2,82
27	2,25	2,93	2,20	3,14	2,66
28	2,01	2,41	2,17	2,76	2,68
26	2,74	2,82	2,74	2,95	3,04
30	2,09	3,17	2,71	2,28	2,76
31	2,47	2,82	2,85	2,60	

Verteilungsfunktion $F(x_i)$ kann durch Unterstützung von mathematischen Simulationen konzipiert werden.

Jede Messtechnik ist durch eine gewisse Messgenauigkeit geprägt. Der magnetisch-induktive Durchflussmesser in der Biberger Straße (Gemeinde Unterhaching) sendet Impulse von 0 bis 20 μA aus. Anschließend werden sie von einem Wandler in die Durchflussmengen umgewandelt. Ein spezielles Programm sorgt für die Auswertung und Visualisierung der Daten. Diese komplizierte Datenumwandlungskette, unabhängig von der

Kalibrierung der Messgeräte, verursacht eine gewisse Messgenauigkeit. Für eine Stichprobe von Messungen lässt sich die Standardabweichung des Mittelwerts u_x ermitteln, die als Messgenauigkeit zu verstehen ist [11]. Anhand dieser Standardabweichung sowie eines konkreten Messwerts kann eine beliebige Anzahl normalverteilter Messergebnisse mathematisch simuliert werden. Auf diese Weise wurde die Population der vorhandenen Stichprobe von 154 auf 1500 Messdaten erweitert, um genauere Ergebnisse der Fremdwasserprognose zu gewinnen.

10.2.2 Mathematische Simulationen von Messdaten

Die Standardabweichung des Mittelwerts wird folgendermaßen ermittelt:

$$u_x = S_x / n^{0,5} \tag{10.15}$$

mit

$$S_x = \left(1/n - 1 \sum (x_i - x_m)\right)^{0,5} \tag{10.16}$$

n Population der Stichprobe.

Sie beträgt für die vorhandene Stichprobe $u_x = 0{,}08$ l/s. Wird dieser Wert auf den Mittelwert (x_m) bezogen, ergibt sich daraus eine Messungenauigkeit von 2,88 %. Diese Standardabweichung ist realistisch, da die Messungenauigkeit des magnetisch-induktiven Durchflussmessers mit 1 % geschätzt wird. Folglich wurden pro Messwert gemäß EXCEL-Befehl NORMINV(ZUFALLSZAHL(); x_m; u_x) 10 Durchflüsse simuliert und 1500 Daten generiert. Für die neue Stichprobe wurde erneut der Formparameter λ ermittelt und eine endgültige Verteilungsfunktion konstruiert. Sie ist in Abb. 10.6 dargestellt. Die Ergebnisse der statistischen und stochastischen Schätzung von λ sind in Tab. 10.4 präsentiert. Die statistischen Parameter (λ, x_m) unterscheiden sich von den stochastischen geringfügig. Bei der jährlichen Durchflussmenge an der Biberger Straße von etwa 400.000 m^3 spielen die kleinsten Abweichungen eine wichtige Rolle.

Tab. 10.4 Ergebnisse der statistischen und stochastischen Parameterschätzung

Art der Schätzung	x_m	λ
Statistische Schätzung	2,7918	0,3607
Stochastische Schätzung	2,7874	0,3587

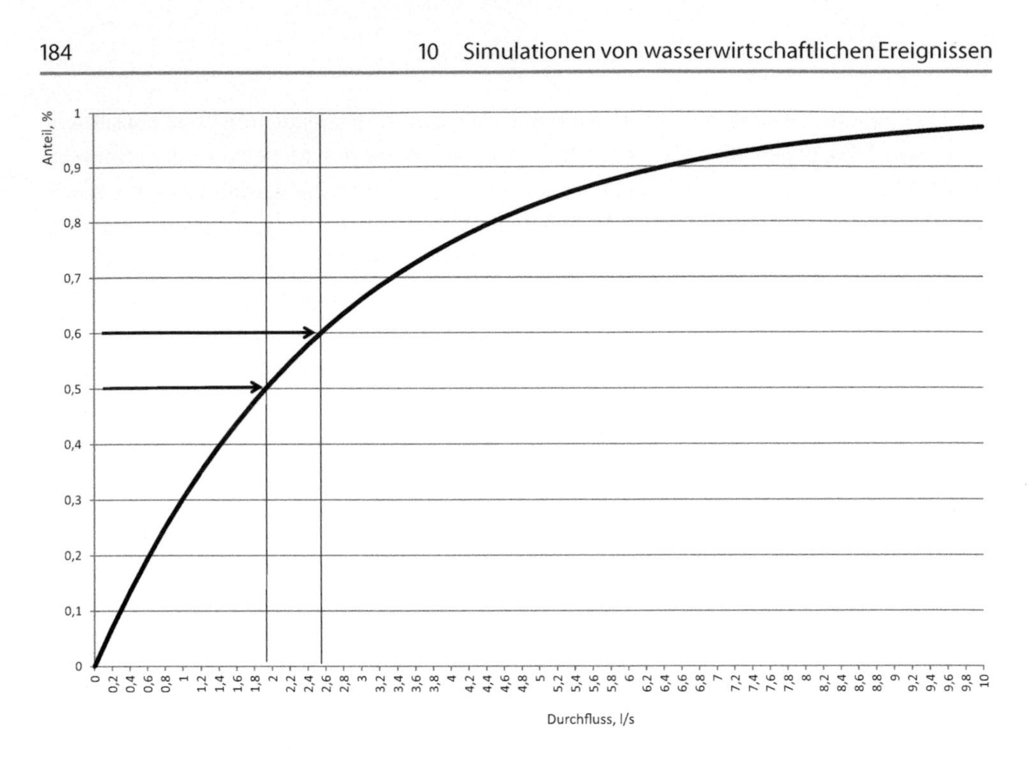

Abb. 10.6 Theoretische Verteilungsfunktion der minimalen Durchflüsse. (Quelle: Raganowicz)

10.2.3 Fazit

Die durchgeführten Fremdwassermodellierungen ermöglichen die Festlegung des Fremdwasseranteils im gesamten Abwasserabfluss. Der zulässige Fremdwasseranteil darf in Bayern 25 % nicht überschreiten. Bis zu dieser Grenze kann jedoch von einem guten Zustand des Kanalnetzes ausgegangen werden. Andere Bundesländer tolerieren einen größeren Fremdwasseranteil sogar bis 50 %. Die stochastische Schätzung von λ erlaubt die Konstruktion einer universalen Verteilungsfunktion. Mit 50 %iger Standardwahrscheinlichkeit tritt der Fremdwasserdurchfluss von 1,932 l/s auf. Jährlich sind dies etwa 61.000 m^3, was einem Fremdwasseranteil von 15 % entspricht. Aus der Multiplikation dieses Volumens mit der Abwassergebühr ergeben sich die Kosten, die für die Fremdwasserreduzierung investiert werden sollten. Solche Durchflüsse sind nur bei günstigen Witterungsereignissen zu erwarten. Mit einer Wahrscheinlichkeit von 60 % muss von einem größeren Durchfluss bis zu 2,555 l/s und einem Fremdwasseranteil von 20 % ausgegangen werden. Diese Prognose ist realistisch und kann für die Kalkulation der betrieblichen Kosten herangezogen werden.

Der prognostizierte Fremdwasseranteil für das Einzugsgebiet der Messstelle Biberger Straße von 20 % resultiert aus den seit 2000 regelmäßig durchgeführten Sanierungsmaßnahmen. Die Kanalsanierung in den Grundwassergebieten stellt sich hinsichtlich Technik und Strategie als anspruchsvolle Aufgabe dar. Sie verlangt vom Kanalnetzbetreiber eine komplexe Betrachtung des sanierten Einzugsgebiets. Die rechtlichen Zuständigkeiten erschweren die Realisierung dieser Aufgabe. Trotzdem dürften die Netzbetreiber die Grundstücksentwässerungsanlagen nicht außer Acht lassen. Die privaten Abwasseranlagen befinden sich i. d. R. in einem wesentlich schlechteren baulichen Zustand als die öffentlichen Leitungen und können eine unterschätzte Fremdwasserquelle darstellen. Bei den Netzen im Trennsystem sind im Rahmen der optischen Inspektionen illegale Drainagen- und Regenwasseranschlüsse zu dokumentieren. In solchen Fällen sind die Grundstückseigentümer aufzufordern, eine umweltschonende Lösung der Drainagen- und Regenwasserbeseitigung zu planen und auszuführen.

Literatur

1. Raganowicz A.: Stochastische Auswertung der Grundwasserstände als Planungsgrundlage für Niederschlagswasserversickerungsanlagen, WasserWirtschaft (11), 2014.
2. Zweckverband zur Abwasserbeseitigung im Hachinger Tal: Dokumentation der Grundwasserstände – Messstelle zentrale Pumpstation im Gleißental in Oberhaching, 2006–2012.
3. Wilker H.: Weibull-Statistik in der Praxis, Leitfaden zur Zuverlässigkeitsermittlung technischer Produkte, Books on Demand GmbH, Norderstedt 2004.
4. Grabowski B.: II. Wahrscheinlichkeitsrechnung. Vorlesungsmitschrift – Kurzfassung. HTW Saarlandes, 2005.
5. Cottin C., Döhler S.: Risikoanalyse – Modellierung, Beurteilung und Management von Risiken mit Praxisbeispielen, 2. Auflage, Springer Fachmedien Wiesbaden 2009, 2013.
6. Müller-Gronbach T., Novak E., Ritter K.: Monte Carlo – Algorithmen, Springer-Verlag, Berlin Heidelberg 2012.
7. Leisch F.: Computerintensive Methoden, LMU München, WS 2010/2011, 8 Zufallszahlen.
8. Arbeitsblatt DWA-A 138: Planung, Bau und Betreib von Anlagen zur Versickerung von Niederschlagswasser, 2005.
9. Raganowicz A.: Fremdwasserprognose für die Hachinger Kanalisation, WasserWirtschaft (4), 2016.
10. Dokumentation der Durchflüsse, Messstelle Biberger Straße in Unterhaching, Zweckverband zur Abwasserbeseitigung im Hachinger Tal, 2015.
11. Grabowski B.: Lexikon der Statistik, Elsevier GmbH, München 2004.

Sachverzeichnis

A. Raganowicz, *Nutzen statistisch-stochastischer Modelle in der Kanalzustandsprognose*,
DOI 10.1007/978-3-658-16117-0